大数据应用人才能力培养
新形态系列

Python

编程与数据分析

微课版

余本国◎编著

人民邮电出版社
北　京

图书在版编目（CIP）数据

Python编程与数据分析：微课版 / 余本国编著. --
北京：人民邮电出版社，2025.1
大数据应用人才能力培养新形态系列
ISBN 978-7-115-64119-9

Ⅰ．①P… Ⅱ．①余… Ⅲ．①软件工具－程序设计
Ⅳ．①TP311.561

中国国家版本馆CIP数据核字(2024)第066838号

内 容 提 要

本书是一本用于零基础学习 Python 并进行数据处理和分析的指导书。本书共 9 章，主要内容包括语法基础、数据类型、函数和类、正则表达式与格式化输出、NumPy 和 pandas、数据处理与分析、网络爬虫、数据可视化、综合应用案例分析。本书前 8 章介绍 Python 语言和数据分析基础知识，并在每章末尾设置"实战体验"环节，第 9 章则介绍综合应用案例分析，可帮助读者全面提升实践能力。

本书内容丰富、简单易懂，适合作为各类院校 Python 语言和数据分析相关课程的教材，也适合对 Python 语言感兴趣和拟使用 Python 语言进行数据分析的读者阅读。

◆ 编　著　余本国
　　责任编辑　韦雅雪
　　责任印制　陈　犇

◆ 人民邮电出版社出版发行　　北京市丰台区成寿寺路 11 号
　　邮编　100164　电子邮件　315@ptpress.com.cn
　　网址　https://www.ptpress.com.cn
　　涿州市京南印刷厂印刷

◆ 开本：787×1092　1/16
　　印张：16　　　　　　　　　2025 年 1 月第 1 版
　　字数：439 千字　　　　　　2025 年 1 月河北第 1 次印刷

定价：65.00 元

读者服务热线：(010)81055256　印装质量热线：(010)81055316
反盗版热线：(010)81055315
广告经营许可证：京东市监广登字 20170147 号

党的二十大报告中强调"实施科教兴国战略，强化现代化建设人才支撑"。人工智能、大数据、云计算和物联网均为前沿技术，在"数智"时代，人工智能、大数据的学习是非常必要的。对于从事大数据分析工作的人员来说，选择一种合适的程序设计语言是至关重要的。尽管程序设计语言的选择取决于具体的目的和想法，但对于"小白"或"半路出家"的"老手"，我强烈推荐选择Python。

Python 是一种解释型、面向对象、支持动态数据类型的高级程序设计语言。它简单易学，能够使用较少的代码实现其他语言使用很多语句才能实现的功能。Python 作为面向对象的解释型计算机程序设计语言，具有丰富和强大的库，已经成为继 Java 和 C++之后的第三大语言。Python 适用于系统运维、图形处理、数学运算、文本处理、数据库编程、网络编程、爬虫编写、机器学习等。

数据分析是科学研究中的重要环节，是有针对性地收集、加工、整理数据，并采用统计和挖掘技术分析和解释数据的科学与艺术。本书是为读者量身定做的关于数据分析的书，可带领对数据分析感兴趣和拟从事数据分析工作的读者入门，并利用大量的案例，让读者感受和领略 Python 在数据分析上的魅力。作者曾在自己编写的其他几本书中提到，在学习数据分析之前，一定有许多"小白"有胆怯情绪：数据分析要用到许多数学知识，还要用到程序设计语言，自己能行吗？先来说说数学，如果仅开发数据分析类的项目，那使用到的数学知识其实根本没有想象的那么难，甚至根本用不上"高大上"的数学知识；对于程序设计语言更是这样，Python 语言极其简单，完全可以现学现用，只要跟着本书努力编写代码，读者一定能够自如地使用 Python 这个工具去解决在项目中遇到的数据分析相关难题。

本书共 9 章，第 1 章到第 4 章介绍 Python 语言的基础知识，对于数据分析新手来说，这些基础知识足够入门了；第 5 章和第 6 章是数据分析的基础，主要介绍 NumPy 和 pandas 库，以及利用这两个库对数据的处理操作，从个人经验来看，这两章较为重要，因为数据分析的百分之七十到八十的工作都是数据处理；第 7 章简单介绍网络爬虫的基础知识；第 8 章对数据可视化进行介绍，主要介绍常用的 Matplotlib 和 NetworkX 库，还介绍与 R 作图一致的 ggplot 库 plotnine；第 9 章介绍的则是对本书所学的知识进行综合应用的案例分析。

本书具有以下特色。

（1）内容由浅入深，从 Python 基础知识入手，深入讲解数据分析的方法。

（2）选用丰富的案例进行分析，案例新颖、实用，将理论与实际相结合。

（3）提供微课视频，读者扫码即可观看；配套教学大纲、PPT 课件、案例素材、源代码和拓展案例等丰富资源，读者可登录人邮教育社区（www.ryjiaoyu.com），在本书页面进行下载；本书还配套考试系统和题库，读者可加入读者 QQ 群（群号：423384703），联系群主索取。

由于作者水平有限，书中疏漏之处在所难免，恳请读者将建议反馈给作者（邮箱：120487362@qq.com），同时欢迎读者在读者 QQ 群里交流、探讨。

余本国于海口

2024 年 10 月

目 录

第 5 章
NumPy 和 pandas

第 6 章
数据处理与分析

第 7 章
网络爬虫

第 8 章
数据可视化

第9章
综合应用案例分析

附录

参考文献

第1章 语法基础

Python 是数据处理与分析领域中使用最广泛的程序设计语言之一，已经遥遥领先于它的传统竞争对手 R 语言，并已跻身所有程序设计语言排行榜的前 3。据调查，十大最常用的数据工具中有 8 个来自或利用了 Python。Python 广泛应用于数据科学领域，包括数据分析、机器学习、深度学习和数据可视化等。

1.1 Python 概述

当下，大数据与人工智能异常火爆，与之相关的普遍使用的工具就是 Python。Python 到底可以做些什么呢？这个问题确实不太好回答，如果非要归纳，Python 的用途大致可以归纳为以下三大方面：Web 开发、数据科学和脚本。

Python 自 1991 年正式发布以来，由于其简洁易懂、可扩展性强，受到很多程序员的追捧，他们贡献了很多类库，使得 Python 的应用越来越方便，因此吸引了更多的人来使用 Python。尤其在近几年，随着机器学习、神经网络、模式识别、人脸识别、大数据等越来越火爆，Python 为各个领域都提供了很多可以直接引用的功能模块，现在最流行的深度学习框架之一——TensorFlow 便是使用 Python 编写的。随着人工智能的发展，ChatGPT 甚至可以按照指令自动生成 Python 代码（见图 1-1），Python 更是获得了"人工智能标配语言"的美誉。

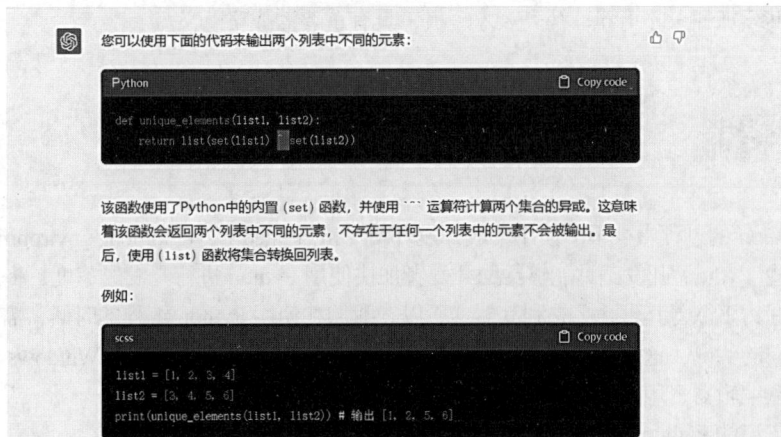

图 1-1　ChatGPT 按照指令自动生成 Python 代码

随着 Python 3 越来越稳定以及各种库越来越完善，Python 在数据分析、科学计算领域用得越来越多。Python 具有许多第三方库，这些库非常好用，常见的数据分析库有 pandas、NumPy、SciPy 等，在某些场景下它们已经完全取代了长期"称霸"工程领域的 MATLAB。

Python 语言无疑是优雅和简洁的，尤其在数据获取、数据清洗、数据分析、数据可视化等各个环节中。正因如此，Python 获得了无数应用开发工程师、运维工程师、数据科学家的喜欢。

关于 Python 的更多介绍，请关注相关网络资料。网络资料上有如下一段文字。

Python 的创始人为吉多·范罗苏姆（Guido van Rossum）（见图 1-2）。1989 年圣诞节期间，在阿姆斯特丹，吉多为了打发无趣的时光，决心开发一个新的程序设计语言，作为 ABC 语言的一种继承。之所以选择 Python（蟒蛇）作为该程序设计语言的名字，是因为他喜欢一个叫 *Monty Python's Flying Circus* 的喜剧。

图 1-2　吉多·范罗苏姆

ABC 是由吉多参与设计的一种教学语言。就吉多本人看来，ABC 这种语言非常优美和强大，是专门为非专业程序员设计的。但是 ABC 语言并没有成功，究其原因，吉多认为是其非开放造成的。吉多决心在 Python 中避免这一错误。同时，他还想实现在 ABC 中闪现过但未曾实现的东西。

就这样，Python 在吉多手中诞生了。可以说，Python 是从 ABC 发展起来的，主要受到了 Modula-3（另一种相当优美且强大的语言，它是为小型团体所设计的）的影响，并且结合了 UNIX Shell 和 C 的特性。

随着全球人工智能、大数据、云计算和物联网产业的发展，在越来越多的领域，"数智"时代的机器智慧正替代人类智慧，在未来人工智能战略竞争中，人才是第一资源。党的二十大报告强调"深入实施科教兴国战略、人才强国战略、创新驱动发展战略，开辟发展新领域新赛道，不断塑造发展新动能新优势。" 继续加强人才培养、补齐人才短板，具有重要的战略意义。

1.2　编辑器

在学习 Python 的过程中少不了使用集成开发环境（Integrated Development Environment，IDE）或者编辑器，这些 Python 开发工具能够帮助开发者加快使用 Python 进行开发的速度，提高效率。

古人说得好：工欲善其事，必先利其器。所以，我们在使用 Python 编程的时候，需要一个好用的工具来编写我们的代码，这个工具就是编辑器！ Python 编辑器有很多，甚至 Windows 自带的记事本都可以作为一款编辑器，用来编写代码。

当前比较主流的 Python 编辑器如下。

< 2 >

1．IDLE

如果你使用的是 Windows 操作系统，可以使用 IDLE 编写 Python 代码。IDLE 是 Python 自带的一款编辑器，所以初学 Python 时可以使用它。IDLE 具备语法高亮功能，还允许你在其中运行你的程序。

2．Sublime Text

Sublime Text 比较适合 Python 新手使用，支持跨平台，而且用户可以使用其丰富的插件和主题。它具有各种语法高亮和代码补全功能，用户使用体验较好。

3．Vim

Vim 是一款强大的编辑器。当用户熟练使用 Vim 的时候，完全可以不使用鼠标，双手在键盘上按键就像弹钢琴那般舒爽。不过使用 Vim，需要花一点时间去研究一下各种快捷命令和插件的使用方法。

4．PyCharm

PyCharm 有一整套可以帮助用户在使用 Python 语言进行开发时提高效率的工具，比如调试、语法高亮、Project 管理、代码跳转、智能提示、自动完成、单元测试、版本控制等。此外，该编辑器提供了一些高级功能，以支持 Django 框架下的专业 Web 开发。不过它的专业版并不是免费的。

5．Emacs

Emacs 是一款开源的编辑器，支持插件扩展，且支持所有程序设计语言。在编程方面，Emacs 的功能是非常全面的，它对基本的语法高亮、语法式结构编辑、代码浏览管理、智能代码补全、实时语法检测等高级功能都提供了全面的支持。

6．Spyder

Spyder 是开源的，针对数据科学进行了一定的优化。和其他编辑器相比，Spyder 有一个很大的特点，就是可以用表格的形式查看数据，如果你的工作是与数据相关的，我相信你一定会喜欢上这款编辑器。

如果你是 Python 初学者，只想编写几行简单的 Python 代码，感受一下 Python 的运行，那么使用 IDLE 确实方便，但是当代码越来越多或者越来越复杂的时候，IDLE 就显得力不从心了。这时，选择一款适合我们自己的 IDE 或者编辑器就显得很重要了。在这里，我推荐大家使用 Anaconda。

Anaconda 安装完毕，会得到两个常用的编辑器：Jupyter Notebook 和 Spyder。不管使用哪种类型的编辑器，适合自己的才是最好的。

1.2.1　安装 Anaconda

Anaconda 是一个开源的、控制 Python 版本和包管理的软件，用于大规模数据的处理、预测、分析和科学计算，致力于简化包的管理和部署。Anaconda 使用软件包管理系统 Conda 进行包管理。

微课视频

Anaconda 是一个非常好用且省心的 Python 学习工具，它预装了很多第三方库。在 Anaconda 中可以使用 conda install 命令来安装第三方库，而且该命令的使用方法跟 pip 的一样。当然，也可以使用 pip install 命令安装第三方库。下面介绍 Anaconda 的安装和简单使用。

（1）进入 Anaconda 官网的下载页面，找到适合自己机器的版本，单击下载链接，将安装包下载到本地。Anaconda 官网的下载页面如图 1-3 所示。

（2）下载安装包后，在本地进行安装。安装完毕，在"开始"菜单中会出现图 1-4 所示的目录。该目录包含几个常用的编辑器，其中就有 Jupyter Notebook 和 Spyder。两者启动后可以得到图 1-5 所示的界面。

< 3 >

Anaconda 安装时，会自动附带安装众多常用的 Python 库，如 NumPy、SciPy、pandas 等。

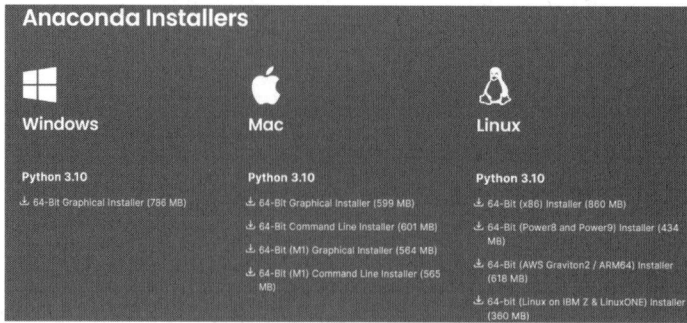

图 1-3　Anaconda 官网的下载页面

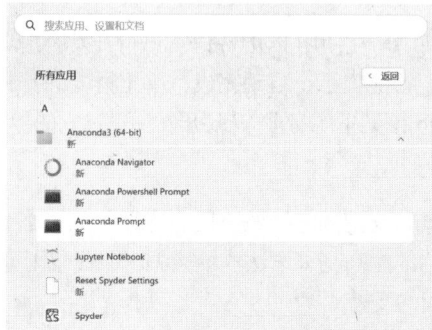

图 1-4　"开始"菜单中的 Anaconda 目录

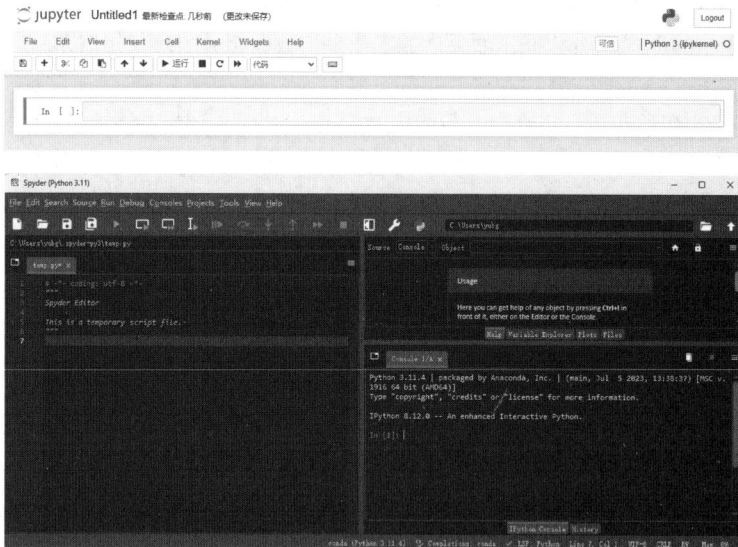

图 1-5　Jupyter Notebook 和 Spyder 的界面

　　当然，很多的包和库都在不断被开发和贡献出来，所以 Anaconda 不可能集齐所有的包和库，还有一些需要读者自行下载和安装。不过已有"好事者"收集好了相关的包和库，读者可以在本书的配套电子资源中查询相关链接，直接下载和安装这些包和库即可。在 Windows 操作系统上安装时，打开命令提示符窗口，进入下载的安装包所在的目录，在命令提示符窗口中执行 pip install ×××（×××表示实际下载的第三方库全称，不可修改）即可，如 pip install sci-0.18.1-cp35-cp35m-win_amd64.whl。

< 4 >

1.2.2　Anaconda 相关命令行

在终端中可以使用 conda 相关命令完成一些操作。在 Windows 操作系统中打开"开始"菜单，选择 Anaconda3 目录下的 Anaconda Prompt，在 macOS 中直接打开终端即可进行相关的操作。

（1）查找指定的库。

例如查找 jieba 库，在提示符下执行命令：conda search jieba。

conda 搜索结果如图 1-6 所示。

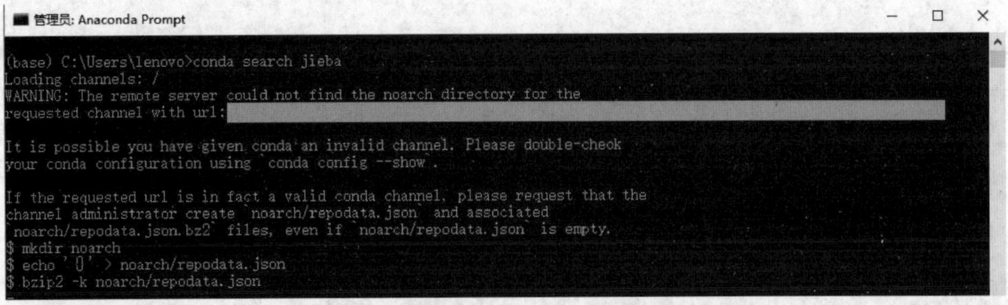

图 1-6　conda 搜索结果

（2）安装指定的库。

例如安装 jieba 库，在提示符下执行命令：conda install jieba 或者 pip install jieba。

（3）查看所有已安装的库。

在提示符下执行命令：conda list。

（4）创建一个名为 python35 的虚拟环境，指定 Python 版本为 3.5。

在提示符下执行命令：conda create --name python35 python=3.5。

（5）使用 activate 激活 python35 环境。

在 Windows 提示符下执行命令：activate python35。

在 Linux 和 macOS 提示符下执行命令：source activate python35。

（6）关闭激活的环境回到默认的环境。

在 Windows 提示符下执行命令：deactivate python35。

在 Linux 和 macOS 提示符下执行命令：source deactivate python35。

（7）删除一个已有的环境。

在提示符下执行命令：conda remove --name python35 --all。

（8）在指定环境中安装库。

例如安装 NumPy 库，在提示符下执行命令：conda install -n python35 numpy。

（9）在指定环境中删除库。

例如删除 NumPy 库，在提示符下执行命令：conda remove -n python35 numpy。

Python 已经更新到 3.12 版本了，但为了版本的稳定性以及与其他库的兼容性，本书所有示例均采用 Python 3.10 运行。

1.2.3　Spyder

安装 Anaconda 时就会在 Anaconda 目录下自动安装 Spyder。本书将主要使用 Spyder 和 Jupyter Notebook 两种编辑器。

Spyder 操作界面如图 1-7 所示。

< 5 >

图 1-7 中最上面的区域是工具栏区域，A 区域是代码编辑区，B 区域是变量信息属性显示区，C 区域是结果展示区。当要运行代码时，先在代码编辑区中选中要运行的代码或者单击要运行的代码行的任何位置，再在工具栏上单击"Run selection or current line(F9)"按钮（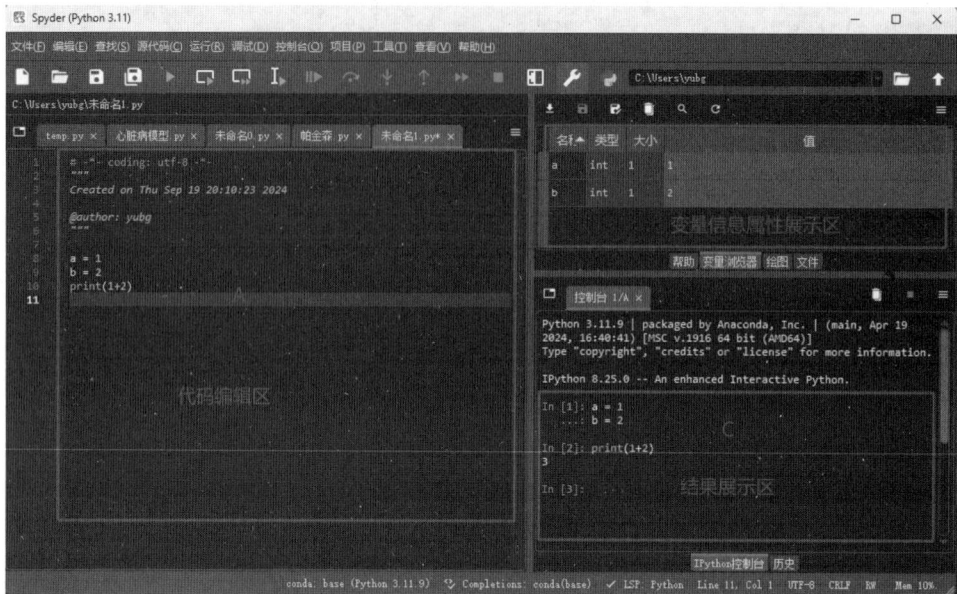）即可。

图 1-7　Spyder 操作界面

1.2.4　Jupyter Notebook

Jupyter Notebook（以前被称为 IPython Notebook）不同于 Spyder，它是一个交互式笔记本，支持 40 多种程序设计语言的运行。它的出现是为了方便科研人员随时可以把自己的代码和运行结果生成为 PDF 格式或者网页格式与大家分享、交流，其开始界面如图 1-8 所示。

微课视频

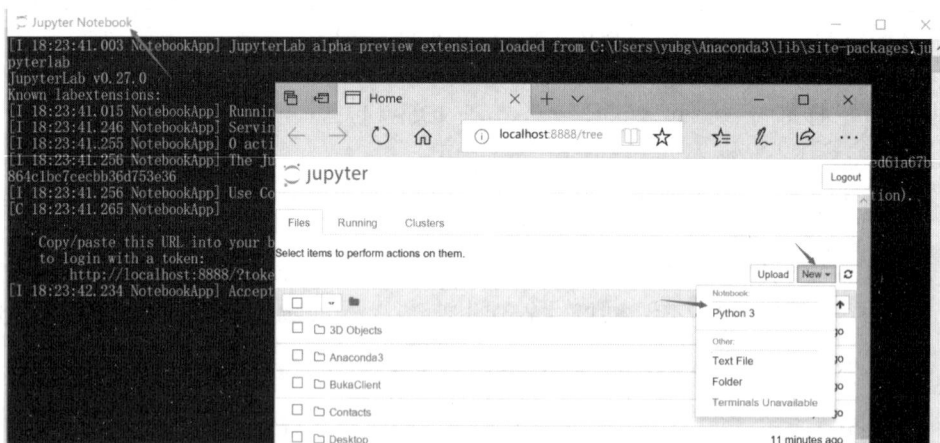

图 1-8　Jupyter Notebook 开始界面

选择图中的"New"下拉列表中的"Python 3"，进入主区域（编辑区），可以看到一个个单元（cell）。每个 Notebook 都由许多单元组成，每个单元的功能不尽相同，代码（code）单元前都带有"In[]"。Jupyter Notebook 操作界面如图 1-9 所示。

< 6 >

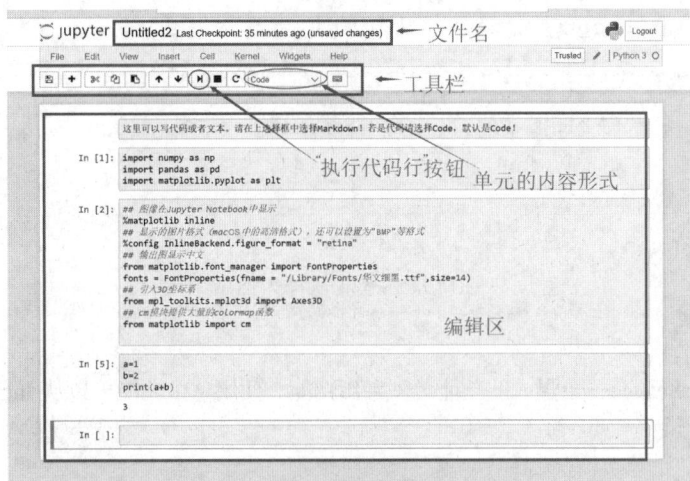

图 1-9　Jupyter Notebook 操作界面

在代码单元里，可以输入任何代码并执行。例如，输入 "a=1, b=2, print（a+b）"，然后按 "Shift+Enter" 组合键（或者单击 "执行代码行" 按钮），代码将被执行，并显示结果，同时光标切换到下一个新的单元中。

在操作界面中，可以对文件重命名。单击文件名区域即可弹出修改框进行修改。

Jupyter Notebook 的操作方法可以在网上查阅相关文档进行学习。这里简单列举一些。

1．单元操作

单元操作让编写 Jupyter Notebook 变得更加方便，举例如下：

- 如果想删除某个单元，可以选中该单元，然后依次单击 "Edit → Delete Cell"；
- 如果想移动某个单元，只需要选中该单元，然后依次单击 "Edit → Move Cell [Up | Down]"；
- 如果想剪贴某个单元，可以选中该单元，先单击 "Edit → Cut Cell"，再单击 "Edit → Paste Cell [Above | Below]"；
- 如果 Jupyter Notebook 中有很多单元只需要执行一次，或者想一次性执行大段代码，那么可以选择合并这些单元。选中这些单元，单击 "Edit → Merge Cell [Above | Below]" 即可合并它们。

记住这些操作可以帮助我们节省大量的时间。

2．Markdown 单元高级用法

虽然，Markdown 单元的类型是 Markdown，但这类单元也接收 HTML（Hypertext Markup Language，超文本标记语言）代码。HTML 代码可以在单元内实现更加丰富的样式，如添加图片等。例如，想在 Jupyter Notebook 中嵌入 Python 的 logo 图片，将其大小设置为 100px × 100px，并且放置在单元的左侧，可以这样编写代码：

```
<img src="https://www.python.org/static/img/python-logo@2x.png"
style="width:100px;height:100px;float:left">
```

执行该单元代码之后，会出现图 1-10 所示的结果。

图 1-10　在 Markdown 单元中嵌入图片

< 7 >

另外，Markdown 单元还支持 LaTeX 语法，例如：

```
$$\int_0^{+\infty} x^2 dx$$
```

计算上述单元，将获得下面的 LaTeX 方程式，如图 1-11 所示。

$$\int_0^{+\infty} x^2 \mathrm{d}x$$

```
In [ ]:
```

图 1-11　在 Markdown 单元中嵌入 LaTeX 方程式

3．导出功能

Jupyter Notebook 还有一个强大的功能——导出功能。使用这个功能可以从 Jupyter Notebook 导出多种格式的文件：

- HTML；
- Markdown；
- PDF（通过 LaTeX）；
- Raw。

使用导出功能，可以不用写 LaTeX 就创建出漂亮的 PDF 文档；还可以将 Jupyter Notebook 中的内容导出为网页，将其发布在网站上；甚至可以将它导出为 ReST 格式，作为软件库的文档。

4．Matplotlib 集成

Matplotlib 是一个用于创建图形的 Python 库，它结合 Jupyter Notebook 使用时体验更佳。在 Jupyter Notebook 中使用 Matplotlib，需要告诉 Jupyter Notebook 获取 Matplotlib 生成的所有图形，并将其嵌入 Jupyter Notebook 中。为此，需要执行下面的代码：

```
%matplotlib inline
```

执行这行代码可能要花费几秒的时间，但在 Jupyter Notebook 中只需执行一次即可。下面的例子用于绘制一个图形，看一看具体的效果。

```
import matplotlib.pyplot as plt
import numpy as np

x = np.arange(20)
y = x**3

plt.plot(x, y)
```

上面的代码将绘制方程式 $y=x^3$ 对应的图像。计算单元后，会得到图 1-12 所示的图像。

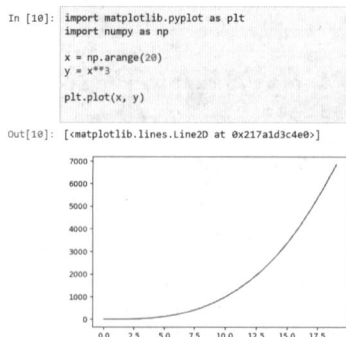

图 1-12　Matplotlib 绘制的图像

< 8 >

我们看到，绘制的图像直接嵌入 Jupyter Notebook 中，并显示在代码的下方，这就是%matplotlib inline 这行代码所起的作用。之后若修改了代码，重新执行时，图像会动态更新，这是每位数据科学家都想要的一个特性：将代码和图片放在同一个文件中，清楚地看出每段代码执行的效果，方便分享与交流。

1.3 语法规范

Python 是一种解释型、面向对象、支持动态数据类型的高级程序设计语言。为了快速掌握 Python，我们先了解几个常用的 Python 语法规范。

1. 用缩进来表示分层

编写的程序要有层次感，也就是说，要让我们很清晰地看出某段代码或某个代码块的功能。这跟我们写的文章一样，要有段落层次感，文章不能从头到尾全是逗号，仅末尾有一个句号。

微课视频

Python 的代码块是使用缩进 4 个空格的方式来进行分层的，不像其他语言使用括号来进行分层。当然，可以使用一个 Tab 键来替代 4 个空格，但不要在程序中混合使用 Tab 键和空格来进行缩进，这会使程序在跨平台的情况下不能正常运行，官方推荐的做法是使用 4 个空格。例如：

```
i = 2
lis=[1,2,3]
if i in lis:     #半角冒号不能少，注意下一行要缩进 4 个空格
    print(i)
```

一般来说，行尾的 ":" 表示下一行缩进的开始，如上面代码中的 "if i in lis:" 行尾有半角冒号，下一行的 "print(i)" 就需要缩进 4 个空格。

2. 引号的使用

字符串（String）是由数字、字母、下画线组成的。Python 可以使用单引号（'）、双引号（"）、三引号（''' 或 """）来表示字符串。开始引号的类型与结束引号的类型必须相同，即引号需成对使用。

例如，当我们把 3k 赋值给变量时，需要用引号对 3k 进行标识：'3k'或者"3k"。单引号和双引号没有本质的区别。

三引号可以表示由多行组成的文本或字符串，在文件的特定位置被当作注释使用。

3. 代码注释方法

所谓注释，就是解释、说明此行代码的功能、用途等的语句，但注释部分不被计算机执行，如同我们看书时在页眉上或页脚旁做的标注。注释是给读者看的，用于加深读者的记忆或者对相应内容进行解释与说明，它不是正文。在写代码的时候，要养成给代码写注释的好习惯。很多时候，开始写代码时思路非常清晰，但隔三五天，或者更长时间，再回过头来看自己写的代码时，就会不知所云，甚至理解不了，这种现象时有发生。所以，养成写注释的好习惯不仅是为了给自己带来方便，也是为了给读你的代码的其他人带来方便。记住，注释是程序员看的，不是给机器执行的，所以尽可能多地对代码进行必要的注释。

注释代码有以下两种方法。

（1）在一行中，"#" 后的语句表示注释，不会被执行，如例 1-1 中的第 1、7、8、9、11 行中 "#" 后的语句。

（2）可以使用三引号（'''或"""）对大段注释内容进行标识，如例 1-1 中的第 3~5 行被第 2 行和第 5 行的三引号标识。

【**例 1-1**】代码注释。为了方便说明，我们给下面的代码加上了行号。

```
 1  # -*- coding: utf-8 -*-
 2  """
 3  接收来自键盘的输入，判断键盘输入的是数字还是字母
 4  Created on Sun Apr 13 21:20:06 2019
 5  @author: yubg
 6  """
 7  k = input("请输入: ")                    #接收来自键盘的输入
 8  if k.isdigit():                          #判断输入是否为数字
 9      print("您输入的是: ",k)               #将输入与判断结果输出
10  else:
11      print("您输入的不是数字，而是字母: ",k) #将输入与判断结果输出
```

第 1 行，使用了#注释符，它只是一个声明，说明使用的是 UTF-8 编码格式。其中的-*-没有什么特殊的作用，只是为了好看。

第 2~6 行，使用了三引号"""，表明这部分语句是一个注释，它说明了这段代码要干什么，是什么时间创建的，以及作者信息。

第 7~11 行，是正式的代码行，其功能是判断来自键盘的输入是数字还是字母。其中第 8 行和第 10 行语句后带有半角冒号 ":"，则下一行的开始必须缩进 4 个空格。

4．print() 的作用

所有的计算机语言基本上都有这么一行开篇的代码：print("Hello World!")。

Python 当然不能例外。在 Jupyter Notebook 下输入 print("Hello World!")并执行，观察其效果。

如果不出意外，输出如下。

```
In [1]:print("Hello World !")
        Hello World !
```

如果出现意外，一般只有以下两种可能的情况。

（1）print 后面的()输成了中文状态下的（）。一定要牢记，代码里的圆括号均是英文状态下的圆括号，即半角状态下的()。在 Python 语法中，各种符号均为半角状态，如冒号、引号、括号、逗号等。

（2）忘记了 Hello World !是需要用半角状态下的引号进行标识的。

print()会在输出窗口中显示一些文本或结果，便于监控、验证和显示数据。

```
In [2]: A=input('从键盘接收输入: ')
        从键盘接收输入: 我输入的是这些
In [3]: print("输出刚才的输入A: ",A)
Out[3]: 输出刚才的输入A: 我输入的是这些
```

5．变量的命名

我们学过一元二次方程 $ax^2+bx+c=0$，其求根公式为 $x = \dfrac{-b \pm \sqrt{b^2-4ac}}{2a}$，这里的 a、b、c 就类似于我们说的变量，这里的根 x 完全取决于 a、b、c 的值，当需要计算出根是多少时，需要对 a、b、c 进行赋值。

其实，变量的主要作用就是存储数据。例如，一个人的年龄可以用数字来存储，他的姓名可以用字符来存储，那么这里的年龄和姓名可以做成变量来记录。

变量分为不同的类型，如上面说到的年龄是数字，而姓名是字符，数字和字符就是变量的类型。

< 10 >

Python 定义了一些标准类型，用于存储各种类型的数据。Python 有 5 个标准的变量类型。

（1）number（数字）。

（2）string（字符串）。

（3）list（列表）。

（4）tuple（元组）。

（5）dictionary（字典）。

变量的命名规则如下。

（1）变量名的长度不受限制，但其中的字符必须是字母、数字或下画线（_），不能是空格、连字符、标点符号或其他字符。

（2）变量名的第一个字符不能是数字，必须是字母或下画线。

（3）变量名区分大小写。

（4）不能将关键字（如 while、in、type 等）用作变量名。

6．语句断行

一般来说，Python 的一条语句占一行，在每条语句的结尾处不需要使用分号。但在 Python 中可以使用分号来表示将两条简单语句写在一行。但如果一条语句较长要分几行来写，可以使用 "\" 来进行换行。分号还有一个作用：在一行语句的末尾使用分号，表示不输出本行语句的执行结果。

例如，前面的代码我们也可以写成：

```
i = 2; lis=[1,2,3]
if i in lis:
    print(i)
```

再如，下面两条语句的输出效果是一样的。

```
print("11111111111111111111111111111111111111111111111111111")

print("11111111111111111111111111\
11111111111111111111111111111")
```

一般地，系统能够自动识别换行，如在一对括号之间或三引号之间均可换行。例如上面代码中的第一行较长，若要换行，则必须在括号（包括圆括号、方括号和花括号）内进行，换行后的第二行一般会缩进 4 个空格，在 3.5 以后的版本中已经优化，可以不缩进 4 个空格，但是在较低的 3.x 版本中不缩进 4 个空格会报错。然而，为了代码美观，以及层次感清晰，一般还是建议分行后的第二行要缩进一些合适的空格进行对齐，例如：

```
print("您输入的不是数字，而是字母: ",
    "k")
```

输出如下：

```
您输入的不是数字，而是字母: k
```

7．标识符

标识符是开发人员在程序中自定义的一些符号和名称，如变量名、函数名等。标识符由字母、下画线和数字组成，定义标识符时需要注意以下 3 点。

（1）标识符必须以字母或下画线开头。

（2）标识符其他部分是字母、下画线和数字。

（3）标识符对大小写敏感。

< 11 >

变量、函数等的命名规则是见名知意，即应给它们起一个有意义的名字，尽量做到看一眼就知道这个变量或函数的作用是什么（这样做的目的是提高代码可读性），例如，定义"姓名"用 name，定义"学生"用 student。

标识符命名一般采用驼峰式命名法，即每一个单词的首字母都采用大写字母，例如 FirstName、LastName。

不过在程序员中还有一种命名法比较流行，即用下画线"_"来连接所有的单词，例如 send_buf。

8．Python 运算符

数值运算符如表 1-1 所示。

表 1-1　数值运算符

运算符	说明
+	加：两个操作数相加，或一元加
–	减：两个操作数相减，或得到负数
*	乘：两个操作数相乘，或返回一个被重复若干次的字符串
/	除：两个操作数相除（总是得到浮点数）
%	取模：返回除法（/）的余数
//	取整除（地板除）：返回商的整数部分
**	幂：返回 x 的 y 次幂，相当于pow()
abs(x)	返回 x 的绝对值
int(x)	返回 x 的整数值
float(x)	返回 x 的浮点数
complex(re, im)	定义复数
c.conjugate()	返回复数的共轭复数
divmod(x, y)	相当于(x//y, x%y)
pow(x, y)	返回 x 的 y 次幂

【例 1-2】Python 数值运算示例。

```
In [1]:x = 5
       y = 2
In [2]:x / y
Out[2]:2.5

In [3]:x % y
Out[3]:1

In [4]:x // y
Out[4]:2

In [5]:x ** y
Out[5]:25

In [6]:abs(-x)
Out[6]:5

In [7]:int(3 / 2)
Out[7]:1

In [8]:divmod(x,y)
```

< 12 >

```
Out[8]:(2, 1)

In [9]:pow(y,x)
Out[9]:32
```

比较运算符如表 1-2 所示。

表 1-2 比较运算符

运算符	说明	示例
>	大于：如果左操作数大于右操作数，则为 True	x>y
<	小于：如果左操作数小于右操作数，则为 True	x<y
==	等于：如果两个操作数相等，则为 True	x==y
!=	不等于：如果两个操作数不相等，则为 True	x!=y
>=	大于等于：如果左操作数大于或等于右操作数，则为 True	x>=y
<=	小于等于：如果左操作数小于或等于右操作数，则为 True	x<=y

赋值运算符如表 1-3 所示。

表 1-3 赋值运算符

运算符	示例	示例说明
=	x=2	把 2 赋值给 x
+=	x+=2	把 x 加 2 的结果赋值给 x，即 x=x+2
-=	x-=2	把 x 减 2 的结果赋值给 x，即 x=x-2
*=	x*=2	把 x 乘 2 的结果赋值给 x，即 x=x*2
/=	x/=2	把 x 除以 2 的结果赋值给 x，即 x=x/2
%=	x%=2	把 x 除以 2 取模（取余数）的结果赋值给 x，即 x=x%2
//=	x//=2	把 x 除以 2 取整数的结果赋值给 x，即 x=x//2
**=	x**=2	把 x 的 2 次幂赋值给 x，即 x=x**2

位运算符如表 1-4 所示。

表 1-4 位运算符

运算符	说明	示例
&	按位与（AND）：参与运算的两个值的对应的二进制位都为 1，则结果为 1；否则为 0	x&y
|	按位或（OR）：参与运算的两个值的对应的二进制位有一个为 1，则结果为 1；否则为 0	x|y
~	按位翻转/取反（not）：对数据的每个二进制位取反，即把 1 变为 0，把 0 变为 1	~x
^	按位异或（xor）：当两个对应的二进制位相异时，结果为 1	x^y
>>	按位右移：运算数的各个二进制位全部右移若干位	x>>2
<<	按位左移：运算数的各个二进制位全部左移若干位，高位丢弃，低位补 0	x<<2

逻辑运算符如表 1-5 所示。

表 1-5 逻辑运算符

运算符	说明	示例
and	逻辑与：如果 x 为 False，返回 False；否则返回 y 的计算值	x and y
or	逻辑或：如果 x 非 0，返回 x 的值；否则返回 y 的计算值	x or y
not	逻辑非：如果 x 为 False，返回 True；如果 x 为 True，返回 False	not x

< 13 >

成员运算符如表 1-6 所示。

表 1-6   成员运算符

运算符	说明	示例
in	如果在指定序列中找到值/变量，返回 True；否则返回 False	2 in x
not in	如果在指定序列中没有找到值/变量，返回 True；否则返回 False	2 not in x

身份运算符如表 1-7 所示。身份运算符用于检查两个值（或变量）是否位于存储器的同一部分。

表 1-7   身份运算符

运算符	说明	示例
is	如果操作数相同，则为 True（引用同一个对象）	x is True
is not	如果操作数不相同，则为 True（引用不同的对象）	x is not True

9．如何在字符串中嵌入一个单引号

下面是在字符串中嵌入单引号的两种方法。

（1）在单引号前加反斜线（\），如\'。

（2）在双引号中可以直接使用单引号，即 ' 和 " 在使用上没有本质差别，但二者在同时使用时要进行区分。

【例 1-3】嵌入单引号示例。

```
In [1]:s1 = 'I\'m a boy. '      #可以使用转义符\
In [2]:print(s1)
Out[2]:I'm a boy.

In [3]:s2="I'm a boy." #也可以使用双引号对字符串进行标识，此处用双引号是为了区分单引号
In [4]:print(s2)
Out[4]:I'm a boy.
```

1.4 程序结构

1996 年，计算机科学家 Bohm 和 Jacopini 证明了：任何简单或复杂的程序都可以由顺序结构、分支结构和循环结构这 3 种基本结构组合而成。

1.4.1 顺序结构

采用顺序结构的程序将直接按行顺序执行代码，直到程序结束。本小节我们将使用顺序结构写一个求解一元二次方程的程序，对于一元二次方程的要求是有解。

对于一元二次方程来说，解的个数是根据 $\Delta = b^2 - 4ac$ 的情况判断的，对于如下方程：

$$ax^2 + bx + c = 0$$
$$\Delta = b^2 - 4ac$$

解的情况如下。

（1）当 $\Delta < 0$ 时，无解。

（2）当 $\Delta = 0$ 时，有一个解，$x = \dfrac{-b}{2a}$。

< 14 >

（3）当 $\Delta > 0$ 时，有两个解，$x_1 = \dfrac{-b + \sqrt{\Delta}}{2a}$，$x_2 = \dfrac{-b - \sqrt{\Delta}}{2a}$。

本小节只讨论存在解的情况（一个解的情况可认为两个解相同），程序流程如下。

（1）输入 a、b、c。

（2）计算 delta。

（3）计算解。

（4）输出解。

代码（code1-1）如下。

```python
# 输入 a、b、c
a = float(input("输入 a:"))
b = float(input("输入 b:"))
c = float(input("输入 c:"))

# 计算 delta
delta = b**2 - 4 *a *c

# 计算解 x1、x2
x1 = (b + delta**0.5) / (-2 * a)
x2 = (b - delta**0.5) / (-2 * a)

# 输出解 x1、x2
print("x1=", x1)
print("x2=", x2)
```

代码说明如下。

input()函数是程序用来接收来自键盘的输入的函数。

例如在 code1-1 中，首先要接收来自键盘的输入，即方程的系数 a、b、c，才能执行后续代码并计算出 delta 和方程的解。为了给用户提供一个友好的界面，提醒用户输入，我们在 input()函数的圆括号内可以写入一些提示信息，如 input("输入 a:")，当然你也可以写成 input("亲爱的，我在等你输入方程的首系数 a 呢:")。

input()函数将用户输入的内容以字符串形式返回，就算你输入的是数字，返回的"数字"的类型也是字符型。也就是说，尽管你输入的是数字 1，input()接收到了也确实显示了"1"，但是这跟你输入一个字母的效果是一样的，它不会认为你刚才输入的是一个数字 1，而会认为你输入的是一个字符"1"！我们用 type()函数查一下这个 1 的类型就可知道是字符型（str）。但是方程的系数的类型应该是数值型。当然，系数有可能是小数，所以我们为 input()函数包裹一层函数——将字符型转换为数值型的浮点型函数 float()，即 float(input("输入 a:"))，这样我们从键盘接收到的输入的类型就转换成了数值型。如果只接收整数型输入，就用函数 int()进行包裹。

input()函数的代码示例如下。

```
In [1]: a = input("请您输入数字: ")
请您输入数字: 11.1
In [2]:a
Out[2]:'11.1'
In [3]:type(a)
Out[3]:str
In [4]:b=input('等您输入呢:')
等您输入呢:abc
In [5]:b
Out[5]:'abc'
```

微课视频

< 15 >

```
In [6]:type(b)
Out[6]:str
```

【例 1-4】对 $x^2-3x+2=0$ 求解。

代码如下。

```
In [7]:
A = float(input("输入A:"))
B = float(input("输入B:"))
C = float(input("输入C:"))

# 计算 delta
delta = B**2 - 4 * A * C

#计算方程的两个解
x1 = (B + delta**0.5) / (-2 * A)
x2 = (B - delta**0.5) / (-2 * A)

#输出两个解
print("x1=", x1)
print("x2=", x2)
```

运行结果如下。

```
输入A:1
输入B:-3
输入C:2
x1= 1.0
x2= 2.0
```

1.4.2 分支结构

分支结构增加了在程序中的判断机制，对 1.4.1 小节的解方程程序，我们可以增加分支结构，从而让方程的解更加全面。

本次程序流程如下。

（1）输入 a、b、c。

（2）计算 delta。

（3）判断解的个数。

（4）计算解。

（5）输出解。

代码（code1-2）如下。

```
# 输入 a、b、c
a = float(input("输入a:"))
b = float(input("输入b:"))
c = float(input("输入c:"))

# 计算 delta
delta = b**2 - 4 * a * c

# 判断解的个数
if delta < 0:
```

< 16 >

```
        print("该方程无解! ")
elif delta == 0:
        x = b / (-2 * a)
        print("x1=x2=", x)
else:
        # 计算解x1、x2
        x1 = (b + delta**0.5) / (-2 * a)
        x2 = (b - delta**0.5) / (-2 * a)
        # 输出解x1、x2
        print("x1=", x1)
        print("x2=", x2)
```

这里使用了多分支结构 if-elif-else。一般二分支结构如下。

```
    if 条件:
        block1
    else:
        block2
```

在执行时，先执行 "if 条件:"，如果条件为 True，则执行其下的 "block1"，否则执行 "else:" 下的 "block2"。当判断分支不止一个时，则使用 "if-elif-else"，其中的 elif 可以有多个。

【例 1-5】运行 code1-2，求下面 3 个方程的解。

（1）不存在解：$x^2+2x+6=0$。

运行 code1-2，输入系数，运行结果如下。

```
输入a:1
输入b:2
输入c:6
该方程无解!
```

（2）存在一个解：$x^2-4x+4=0$。

运行 code1-2，输入系数，运行结果如下。

```
输入a:1
输入b:-4
输入c:4
x1=x2= 2.0
```

（3）存在两个解：$x^2+4x+2=0$。

运行 code1-2，输入系数，运行结果如下。

```
输入a:1
输入b:4
输入c:2
x1= -3.414213562373095
x2= -0.5857864376269049
```

1.4.3 循环结构

我们已经了解了程序结构中的顺序结构与分支结构，对于写程序而言，还有一种重要的程序结构——循环结构，是我们需要了解的。本小节我们学习 Python 中的循环结构，包括 while 循环与 for 循环。

微课视频

< 17 >

1．while 循环

while 循环是最简单的循环，几乎所有程序设计语言中都存在 while 循环或者类似结构。while 循环结构如下。

```
while 条件：
    执行代码块
```

我们将写一个计算从 1 加到 n 的结果的程序来体验 while 循环的妙处。

代码（code1-3）如下。

```
n = int(input("请输入结束的数: "))
i = 1
num = 0
while i <= n:
    num += i
    i += 1
print("从 1 加到%d 的结果是: %d" % (n, num))
```

代码说明如下。

（1）num+=i 表示的是 num=num+i，同理，i+=1 表示的是 i=i+1。

（2）print("从 1 加到%d 的结果是: %d" % (n, num))是格式化输出（详见 4.6 节）。%d 在这里相当于占位符，与它类似的还有%s 和%f 等，%d 表示整数占位，%s 表示字符串占位，%f 表示浮点数占位。这里的第一个%d 表示在它所占据的位置上应该输出整数，占位以预留输出位置，同理，第二个%d 也表示在它所占据的位置上应该输出整数。%(n, num)则表示在第一个%d 占据的位置上要输出的是 n，在第二个%d 占据的位置上要输出的是 num。例如：

```
In [1]:print("His name is %s,%d years old."%("Aviad",10))
Out[2]:His name is Aviad,10 years old.
```

执行 code1-3，运行结果如下。

```
请输入结束的数: 100
从 1 加到 100 的结果是: 5050
```

2．for 循环

for 循环常用来遍历集合。for 循环较 while 循环而言，在程序中使用更为普遍。在上面我们用 while 循环计算了从 1 加到 n 的结果，这里将用 for 循环完成这个任务。

假设 A 是一个集合，element 代表集合 A 中的元素，执行 for 循环时，每次取 A 中的一个 element 都执行一次"循环体"，格式如下。

```
for element in A:
    循环体
```

代码（code1-4）如下。

```
n = int(input("请输入结束的数: "))
i = 1
num = 0
for i in range(n + 1):
    num += i
print("从 1 加到%d 的结果是: %d" % (n, num))
```

代码说明如下。

range()函数表示一个 0～n（不包含 n）的长度为 n 的整数序列，例如，range(5)表示一个 0～5（不

< 18 >

包含 5)的长度为 5 的序列:0, 1, 2, 3, 4。当然,我们可以自定义需要的开始点和结束点,例如,range(2,5) 表示 2~5(不包含 5)的序例,即 2, 3, 4。Python 中的索引序列一般都是左闭右开的,即包含左侧的 数据但不包含右侧的数据。range()函数还可以自定义步长,如自定义一个从 1 开始到 30 结束、步长为 3 的序列 range(1,30,3),即 1, 4, 7, 10, 13, 16, 19, 22, 25, 28。在 Python 3.x 中,range()作为一个容器存在, 当需要将容器中的序列作为列表时,只需要在 range()外面包裹一个 list()转化一下即可,同样,当需要 将它作为元组时,只需要用 tuple()包裹起来即可,示例如下,list()和 tuple()将在第 2 章进行介绍。

```
In [1]:a=range(5)
In [2]:list(a)
Out[2]:[0, 1, 2, 3, 4]

In [3]:tuple(a)
Out[3]:(0, 1, 2, 3, 4)
```

执行 code1-4,运行结果如下:

```
请输入结束的数:100
从 1 加到 100 的结果是:5050
```

1.5 异常处理

在 Python 中,执行代码的过程中总会出现一些异常情况,如语法错误、除 0 异常、未定义的变量取值等,我们希望程序能够帮助我们监控和捕捉到相应的异常。Python 为我们提供了异常处理 try 语句,其形式为 try/except/else/finally。

微课视频

Python 中的 try/except/else/finally 的结构如下:

```
try:
    执行检测代码块
except:#在此之前也可执行 except x,可用于捕获指定类型的异常
    异常执行代码块
else:    #此语句可选,若有则必有 except x 或 except,仅在无异常时执行
    无异常执行的代码块
finally:        #此语句可选,若有则务必将此语句放在最后,并且是必须执行的语句
    需要执行的代码块
```

正常执行的程序在 try 下的执行检测代码块中执行,在执行过程中如果发生了异常,则中断当前的 执行,跳转到对应的异常处理块 except 下执行。

如果程序在执行检测代码块中执行的过程中没有发生任何异常,则在执行完后进入 else 下的无异 常执行的代码块中执行。

无论发生异常与否,若有 finally 语句,以上 try/except/else 代码块执行的最后一步总是执行 finally 下的需要执行的代码块。

1. try-except

try-except 是最简单的异常处理结构,其具体结构如下:

```
try:
    处理代码
except Exception as e:
    当处理代码发生异常时,在这里进行异常处理
```

< 19 >

例如，我们先来看一下输入 1/0 会出现什么情况。

```
In[1]:1/0
Traceback (most recent call last):
    File "<ipython-input-11-05c9758a9c21>", line 1, in <module>
        1/0
ZeroDivisionError: division by zero
```

程序会报错！下面继续触发除 0 异常，然后捕捉并处理异常。

```
In[2]: try:
            print(1 / 0)
except Exception as e:
            print("1.代码出现除 0 异常，这里进行处理! \n%s"%e)
print("2.我还在运行")
```

测试及运行结果如下。这里用%进行格式化输出，在 4.6 节中会进行具体介绍。

```
1. 代码出现除 0 异常，这里进行处理!
division by zero
2. 我还在运行
```

语句 except Exception as e:用于捕获异常，并输出信息。程序捕获异常后，并没有"死掉"或者终止，它会继续执行后面的代码。

2．try-except-finally

try-except-finally 异常处理结构通常用于无论程序是否发生异常，都要执行必须执行的操作（例如关闭数据库资源、关闭打开的文件资源等）的情况，但必须执行的操作的代码需要放在 finally 块中。

程序发生异常的情况如下：

```
try:
    print(1 / 0)
except Exception as e:
    print("除 0 异常: %s"%e)
finally:
    print("这里是必须执行的操作")
```

测试及运行结果如下：

```
除 0 异常: division by zero
这里是必须执行的操作
```

程序未发生异常的情况如下：

```
try:
    print("程序未发生异常")
except Exception as e:
    print("这句话不会输出")
finally:
    print("这里是必须执行的操作")
```

测试及运行结果如下：

```
程序未发生异常
这里是必须执行的操作
```

< 20 >

3．try-except-else

try-except-else 异常处理结构的运行过程如下：程序进入 try 部分，若 try 部分发生异常则进入 except 部分，若未发生异常则进入 else 部分。

程序未发生异常的情况如下：

```
try:
    print("正常代码！")
except Exception as e:
    print("1. 这句话不会输出")
else:
    print("2. 这句话将被输出")
```

测试及运行结果如下：

```
正常代码！
2. 这句话将被输出
```

程序发生异常的情况如下：

```
try:
    print(1 / 0)
except Exception as e:
    print("1. 进入异常处理")
else:
    print("2. 这句话不会输出")
```

测试及运行结果如下：

```
1. 进入异常处理
```

4．try-except-else-finally

顾名思义，try-except-else-finally 是 try-except-else 的升级版，它在 try-except-else 的基础上增加了必须执行的部分，示例代码如下。

```
try:
    print("没有异常！")
except Exception as e:
    print("不会输出！")
else:
    print("进入 else")
finally:
    print("必须输出！")

print("~~~~~~~~~~~~~~~~~~~~")

try:
    print(1 / 0)
except Exception as e:
    print("引发异常！")
else:
    print("不会进入 else")
finally:
    print("必须输出！")
```

< 21 >

测试及运行结果如下：

```
没有异常!
进入else
必须输出!
~~~~~~~~~~~~~~~~~~~~
引发异常!
必须输出!
```

注意：

（1）在上面所示的完整语句中，try、except、else、finally 出现的顺序必须是 try→except x→except →else→finally，即所有的 except 必须在 else 和 finally 之前，else（若存在）必须在 finally 之前，而 except x 必须在 except 之前，否则会引发语法错误。except x 中的 x 是指定的异常，如值错误 except Value Error。

（2）对于上面所示的 try、except 完整格式而言，else 和 finally 都是可选的，而不是必需的。finally （若存在）必须在整个语句的最后。

（3）在上面所示的完整语句中，else 语句的存在必须以 except x 或者 except 语句存在为前提，如果 except 语句不存在，使用 else 语句会引发语法错误。

1.6 实战体验：一行代码能干什么

本节我们来感受一下 Python 的魅力，看一看在 Python 中一行代码能干什么！

（1）一行代码导入 Python 之禅。

```
In [1]: import this
The Zen of Python, by Tim Peters

Beautiful is better than ugly.
Explicit is better than implicit.
Simple is better than complex.
Complex is better than complicated.
Flat is better than nested.
Sparse is better than dense.
Readability counts.
Special cases aren't special enough to break the rules.
Although practicality beats purity.
Errors should never pass silently.
Unless explicitly silenced.
In the face of ambiguity, refuse the temptation to guess.
There should be one-- and preferably only one --obvious way to do it.
Although that way may not be obvious at first unless you're Dutch.
Now is better than never.
Although never is often better than *right* now.
If the implementation is hard to explain, it's a bad idea.
If the implementation is easy to explain, it may be a good idea.
Namespaces are one honking great idea -- let's do more of those!
```

（2）一行代码输出九九乘法口诀表。

```
In [2]: print('\n'.join([' '.join(['%s*%s=%-2s'%(y,x,x*y)for y in \
          range(1,x+1)]) for x in range(1,10)]))
1*1=1
1*2=2  2*2=4
1*3=3  2*3=6  3*3=9
```

< 22 >

```
1*4=4  2*4=8  3*4=12  4*4=16
1*5=5  2*5=10  3*5=15  4*5=20  5*5=25
1*6=6  2*6=12  3*6=18  4*6=24  5*6=30  6*6=36
1*7=7  2*7=14  3*7=21  4*7=28  5*7=35  6*7=42  7*7=49
1*8=8  2*8=16  3*8=24  4*8=32  5*8=40  6*8=48  7*8=56  8*8=64
1*9=9  2*9=18  3*9=27  4*9=36  5*9=45  6*9=54  7*9=63  8*9=72  9*9=81
```

（3）一行代码输出心形图案（其中的 yubg 字符串可以修改为自己想要的字符串）。

```
In [3]:print('\n'.join([''.join([('yubg'[(x-y) % len('yubg')]
        if ((x*0.05)**2+(y*0.1)**2-1)**3-(x*0.05)**2*(y*0.1)**3 <= 0 else ' ')
        for x in range(-30, 30)]) for y in range(30, -30, -1)]))

            bgyubgyub              bgyubgyub
         gyubgyubgyubgyubg     gyubgyubgyubgyubg
       bgyubgyubgyubgyubgyubgyubgyubgyubgyubgyub
      bgyubgyubgyubgyubgyubgyubgyubgyubgyubgyubgy
     bgyubgyubgyubgyubgyubgyubgyubgyubgyubgyubgyub
     gyubgyubgyubgyubgyubgyubgyubgyubgyubgyubgyubg
     yubgyubgyubgyubgyubgyubgyubgyubgyubgyubgyubgy
     ubgyubgyubgyubgyubgyubgyubgyubgyubgyubgyubgyu
      bgyubgyubgyubgyubgyubgyubgyubgyubgyubgyubgyub
       gyubgyubgyubgyubgyubgyubgyubgyubgyubgyubgyub
        ubgyubgyubgyubgyubgyubgyubgyubgyubgyubgyubg
          gyubgyubgyubgyubgyubgyubgyubgyubgyubgyubg
           yubgyubgyubgyubgyubgyubgyubgyubgyubgyubgy
            gyubgyubgyubgyubgyubgyubgyubgyubgyubg
             ubgyubgyubgyubgyubgyubgyubgyubgyubg
              gyubgyubgyubgyubgyubgyubgyubgyubg
               bgyubgyubgyubgyubgyubgyubgyub
                ubgyubgyubgyubgyubgyubgyu
                 yubgyubgyubgyubgyubgy
                  yubgyubgyubgyub
                   yubgyubgy
                    yub
                     b
```

（4）一行代码求解 2 的 1000 次幂的各位数之和。

```
In [4]:print(sum(map(int, str(2**1000))))
Out[4]: 1366
```

（5）一行代码实现变量值互换。

```
In [5]: a, b = 1, 2; a, b = b, a
```

这一行代码看起来没什么特别，它只实现了先把 1 和 2 赋值给 a 和 b，再把 a、b 的值交换的功能。但是这个功能在其他语言中可不是用一行代码就能实现的。通过下面的代码查看最终结果：

```
In [6]: print("a=",a,";","b=",b)
Out[6]: a= 2 ; b= 1
```

< 23 >

## 第 2 章

数据类型

本章将具体介绍 Python 中的字符串（string）、列表（list）、元组（tuple）、字典（dict）、集合（set）等数据类型，以及它们对应的各种操作与运算。

2.1 字符串

字符串是字符的序列。字符串一般是一组单词。字符串需用单引号（'）或双引号（""）对字符串进行标识。

使用单引号（'）：单引号可以用来标识字符串，就如同'Quote me on this'，字符串中所有的空白，即空格和制表符，都"照原样"保留。

使用双引号（"）：使用双引号与单引号标识的字符串在使用上完全相同，例如"What's your name?"。

使用三引号（'''或"""）：使用三引号可以标识一个多行的字符串；可以在三引号中自由地使用单引号和双引号。

字符串是 Python 中非常常用的数据类型。字符串赋值比较简单，只要为变量分配一个用引号进行标识的值即可，例如：

```
a = 'Hello World!'
b = "hello_2"
```

但有时候字符串中含有一些特殊符号，如"\"、"""等，我们需要借助转义符才能将其"照原样"显示。

微课视频

【例 2-1】输出"转义符使用符号\"。

```
In [1]:print("转义符使用符号\")

    File "<ipython-input-7-6668988fe352>", line 1
        print("转义符使用符号\")
                          ^
SyntaxError: EOL while scanning string literal
```

输出结果显示错误。

【例 2-2】输出"What's your name?"。

```
In [2]: print('What's your name?')
    File "<ipython-input-8-7736cf26ef3d>", line 1
        print('What's your name?')
                  ^
SyntaxError: invalid syntax
```

输出结果也显示错误。错误的原因主要是使用了特殊符号，在"转义符使用符号\"中"\"是特殊符号——转义符，它有特殊的"使命"，即让特殊符号正确显示出来（需要在特殊符号前面加上转义符"\"）。'What's your name?'输出出现错误主要是因为字符串外面使用了单引号，这里出现了 3 个单引号，机器无法识别第一个单引号该跟后面两个中的哪一个匹配，可以将外层的单引号改成双引号。例 2-1 和例 2-2 的正确代码如下。

```
In [3]: print("转义符使用符号\\")
        print("What\'s your name?")
```

输出结果如下。

```
转义符使用符号\
What's your name?
```

转义符有很多作用。常用的转义符如表 2-1 所示。

表 2-1 常用的转义符

转义符	描　述
\（在行尾时）	续行符
\\	反斜线
\'	单引号
\"	双引号
\a	响铃
\b	退格（Backspace）
\e	转义
\000	空
\n	换行
\v	纵向制表符
\t	横向制表符
\r	回车
\f	换页

自然字符串：即不需要转义符处理的字符串，"照原样"输出。自然字符串可以通过给字符串加上前缀 r 或 R 来指定并输出，例如 a=r"Newlines are indicated by \n"。

如果不想让反斜线发生转义，可以在字符串前添加一个 r，表示按原始字符输出。

【例 2-3】输出一个路径。

```
In [3]: print('C:\some\name')      #这里的"\n"被机器识别成了换行符
```

输出结果如下，由于机器将字符串中的"\n"识别成了换行符，输出分行显示。

```
C:\some
ame
```

正确的做法应该是在字符串前添加一个 r。

```
In [4]: print(r'C:\some\name')
```

输出结果如下：

```
C:\some\name
```

字符串是不可变的：字符串一旦被创建就不能再改变，它是一个整体。直接修改字符串是不可能的，但我们可以根据字符串的索引读出或者取出字符串中的一部分。

Python中的字符串有两种索引方式：第一种是顺序索引，即从左往右索引，索引从0开始依次增加；第二种是倒序索引，即从右往左索引，索引从-1开始依次减少。例如，字符串"Python"的各字符索引如图2-1所示。

字符串"Python"中的"y"的索引是1或-5。

注意　在 Python 语言中，顺序索引都是从 0 开始的，而不是从 1 开始的。

图2-1　字符串"Python"的各字符索引

如果我们要提取变量 s = "Python"中的"y"，可以使用切片的方式。切片（也叫分片）是指截取给定字符串的部分内容，在 Python 中用冒号分隔两个索引来表示。切片的形式为：

```
变量名[start : stop]
```

start 表示开始的位置，stop 表示结束的位置，但不包含该位置。

切片截取的范围遵循左闭右开原则，即不包含 stop。

```
In [1]:s = "Python"
In [2]:s[1:2]    #取索引为1到2但不包含索引为2的字符，即提取索引为1的字符
Out[2]:'y'

In [3]:s[1:]     #冒号后可以省略，表示提取索引从1开始的后面全部字符
Out[3]:'ython'

In [4]:s[:2]     #冒号前可以省略，表示提取索引为0~2的字符，但取不到索引为2的字符
Out[4]:'Py'

In [5]:s[:]      #相当于等于s
Out[5]:'Python'
```

字符串可以运算，可以通过+运算符将字符串连接在一起，通过*运算符重复输出字符串。

```
In [5]: print('str'+'ing', 'my'*3)
string mymymy
```

常见的字符串运算符如表 2-2 所示。

表 2-2　常见的字符串运算符

运算符	描述	示例（a="Hello", b="Python"）
+	字符串连接	a + b 的输出结果：HelloPython
*	重复输出字符串	a*2 的输出结果：HelloHello
[]	通过索引获取字符串中的字符	a[1]的输出结果：e
[:]	截取字符串的部分内容，遵循左闭右开原则，例如，str[0,2] 是不包含第 3 个字符的	a[1:4]的输出结果：ell
in	成员运算符，如果字符串中包含给定的字符，返回 True	'H' in a 的输出结果：True
not in	成员运算符，如果字符串中不包含给定的字符，返回 True	'M' not in a 的输出结果：True
r/R	指定原始字符串，即所有的字符串都直接按照字面的意思使用，不进行转义	print(r'\n')的输出结果：\n。print(R'\n')的输出结果：\n
%	表示格式字符串	print('请输出%s' %a) 的输出结果：请输出 Hello

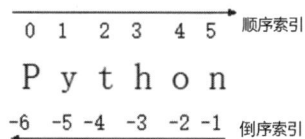

< 26 >

有时，字符串还需要进行一些加工处理操作，如首字母大写、除去字符串前后空格等，这些操作可以通过字符串函数进行。字符串操作函数及其作用如表 2-3 所示。

表 2-3　字符串操作函数及其作用

函数名	作用
str.capitalize()	将字符串 str 中的单词首字母大写
str.casefold()	将字符串 str 中的大写字符转换为小写字符
str.lower()	同 str.casefold()，只能转换英文字母
str.upper()	将字符串 str 中的小写字符转换为大写字符
str.count(sub[, start[, end]])	返回字符串 str 的子字符串 sub 出现的次数
str.encode(encoding="utf-8", errors="strict")	返回字符串 str 经过 encoding 指定的编码后的字节码，errors 用于指定遇到编码错误时的处理方法
str.find(sub[, start[, end]])	返回字符串 str 的子字符串 sub 第一次出现的位置
str.format(*args, **kwargs)	格式化字符串 str
str.join(iterable)	用字符串 str 连接可迭代对象 iterable，返回连接后的结果
str.strip([chars])	去除字符串 str 两端的 chars 字符（默认去除"\n"、"\t"、" "），返回操作后的字符串
str.lstrip([chars])	去除字符串 str 最左侧的 chars 字符，返回操作后的字符串
str.rstrip([chars])	去除字符串 str 最右侧的 chars 字符，返回操作后的字符串
str.replace(old, new[, count])	将字符串 str 的子字符串 old 替换成新串 new，并返回操作后的字符串
str.split(sep=None, maxsplit=-1)	将字符串 str 按 sep 指定的分隔符切分 maxsplit 次，并返回切分后的字符串数组

【例 2-4】部分字符串操作函数示例如下。

```
In [1]:s="Hello World !"
       c=s.capitalize()          #将字符串 s 中的单词首字母大写
       c
Out[1]:'Hello world !'

In [2]:id(s),id(c)              #id()函数用于查询变量的存储地址
Out[2]:(1575498635568, 1575498635632)

In [3]:s.casefold()
Out[3]:'hello world !'

In [4]:s.lower()
Out[4]:'hello world !'

In [5]:s.upper()
Out[5]:'HELLO WORLD !'

In [6]:s="111222asasas78asas"
       s.count("as")
Out[6]:5

In [7]:s.encode(encoding="gbk")
Out[7]:b'111222asasas78asas'

In [8]:s.find("as")
Out[8]:6

In [9]:s="This is {0} and {1} is good ! {word1} are {word2}"
       s
```

< 27 >

```
Out[9]:'This is {0} and {1} is good ! {word1} are {word2}'

In [10]:it=["Join","the","str","!"]
        it
Out[10]:['Join', 'the', 'str', '!']

In [11]: " ".join(it)
Out[11]:'Join the str !'

In [12]:'\n\t  aaa \n\t  aaa \n\t'.strip()
Out[12]:'aaa \n\t  aaa'

In [13]:'\n\t  aaa \n\t  aaa \n\t'.lstrip()
Out[13]:'aaa \n\t  aaa \n\t'

In [14]:'\n\t  aaa \n\t  aaa \n\t'.rstrip()
Out[14]:'\n\t  aaa \n\t  aaa'

In [15]:'xx 你好'.replace('xx','小明')
Out[15]:'小明你好'

In [16]:'1,2,3,4,5,6,7'.split(',')
Out[16]:['1', '2', '3', '4', '5', '6', '7']
```

字符串格式化：

```
In [17]: x1 = 'Yubg'
         x2 = 40
         print('He said his name is %s.'%x1)   #%s 表示字符串占位
         print('He said he was %d.'%x2)         #%d 表示整数占位
         print(f'He said his name is {x1}.')    #这里的 f 可以大写
Out[17]:
He said his name is Yubg.
He said he was 40.
He said his name is Yubg.
```

2.2 列表

列表是程序中常见的数据类型。Python 的列表功能相当强大，列表可以作为栈（先进后出表）、队列（先进先出表）等使用。

创建列表只需要在方括号[]中添加列表的元素（项），并以半角逗号隔开每个元素即可，例如：

```
s=[1,2,3,4,5]
```

获取列表中的元素只需要使用 list[index] 即可。例如，对上面的列表 s，可以用下面的方式取值：

```
In [1]:s=[1,2,3,4,5]
       s[0]        #提取 s 中的第 1 个元素 "1"
Out[1]:1

In [2]:s[2]
Out[2]:3

In [3]:s[-1]        #倒序取值，同字符串方法
Out[3]:5
```

< 28 >

```
In [4]:s[-2]
Out[4]:4

In [5]:s[1:3]        #取子列表
Out[5]:[2, 3]

In [6]:s[1:]
Out[6]:[2, 3, 4, 5]

In [7]:s[:-2]
Out[7]:[1, 2, 3]
```

列表常用操作函数及其作用如表 2-4 所示。

表 2-4　列表常用操作函数及其作用

函数名	作用
list.append(x)	将元素 x 追加到列表 list 尾部
list.extend(L)	将列表 L 中的所有元素追加到列表 list 尾部形成新列表，即合并列表
list.insert(i , x)	在列表 list 中的索引为 i 的位置插入 x 元素
list.remove(x)	将列表 list 中的第一个 x 元素移除，若不存在 x 元素将引发一个错误
list.pop(i)	删除索引为 i 的元素，并将删除的元素显示，若不指定 i 则默认删除最后一个元素
list.clear()	清空列表 list
list.index(x)	返回第一个 x 元素的索引，若不存在 x 元素则报错
list.count(x)	统计列表 list 中 x 元素的个数
list.reverse()	将列表 list 的元素反向排列
list.sort()	将列表 list 的元素从小到大排列，若需从大到小排列应使用 list.sort(reverse=True)
list.copy()	返回列表 list 的副本

【例 2-5】列表操作函数。

```
In [1]:s = [1, 3, 2, 4, 6, 1, 2, 3]
       s
Out[1]:[1, 3, 2, 4, 6, 1, 2, 3]

In [2]:s.append(0)  #将元素追加到列表尾部
       s
Out[2]:[1, 3, 2, 4, 6, 1, 2, 3, 0]

In [3]:s.extend([1, 2, 3, 4])#合并列表
       s
Out[3]:[1, 3, 2, 4, 6, 1, 2, 3, 0, 1, 2, 3, 4]

In [4]:s.insert(0, 100)#在指定的位置插入元素
       s
Out[4]:[100, 1, 3, 2, 4, 6, 1, 2, 3, 0, 1, 2, 3, 4]

In [5]:s.remove(100)     #将列表中的元素 100 移除
       s
Out[5]:[1, 3, 2, 4, 6, 1, 2, 3, 0, 1, 2, 3, 4]

In [6]:print(s.pop(0))   #删除指定索引对应的元素

Out[6]:1
```

< 29 >

```
In [7]:s
Out[7]:[3, 2, 4, 6, 1, 2, 3, 0, 1, 2, 3, 4]

In [8]:s.pop() #默认删除最后一个元素
Out[8]:4

In [9]:s
Out[9]:[3, 2, 4, 6, 1, 2, 3, 0, 1, 2, 3]

In [10]:s.index(3)#返回第一个等于3的元素的索引
Out[10]:0

In [11]:s.count(1) #统计列表中等于1的元素的个数
Out[11]:2

In [12]:s
Out[12]:[3, 2, 4, 6, 1, 2, 3, 0, 1, 2, 3]

In[13]:s.reverse()   #将列表的元素反向排列
        s
Out[13]:[3, 2, 1, 0, 3, 2, 1, 6, 4, 2, 3]

In[14]:s.sort()     #将列表的元素从小到大排列
        s
Out[14]:[0, 1, 1, 2, 2, 2, 3, 3, 3, 4, 6]

In[15]:s.sort(reverse=True)#将列表的元素从大到小排列
        s
Out[15]:[6, 4, 3, 3, 3, 2, 2, 2, 1, 1, 0]

In[16]:k = s.copy() #复制, k和s的存储地址不同
        k
Out[16]:[6, 4, 3, 3, 3, 2, 2, 2, 1, 1, 0]

In[17]:k.clear() #清空k不会影响s
        k
Out[17]:[]

In [18]:s
Out[18]:[6, 4, 3, 3, 3, 2, 2, 2, 1, 1, 0]

In[19]:m=s   #赋值, m和s的存储地址相同
        m
Out[19]:[6, 4, 3, 3, 3, 2, 2, 2, 1, 1, 0]

In[20]:m.clear() #清空m会影响s
        m
Out[20]:[]

In [21]:s
Out[21]:[]
```

< 30 >

2.3　元组

元组跟列表很像，只不过使用的是圆括号()，但是元组中的元素一旦确定就不可更改。下面的两种方式都可以用来定义一个元组。

```
In [1]:t=(1,2,3)
        t
Out[1]:(1, 2, 3)

In [2]:y=1,2,3
        y
Out[2]:(1, 2, 3)
```

在 Python 中，如果多个变量用半角逗号隔开，则默认将多个变量按元组的形式组织起来，因此在 Python 中，两个变量交换值的程序可以这样写：

```
In [3]:x,y=1,2

In [4]:x
Out[4]:1

In [5]:y
Out[5]:2

In [6]:x,y=y,x
In [7]: x
Out[7]:2

In [8]: y
Out[8]:1
```

元组的取值方式与列表的相同，这里不赘述。

元组常用操作函数及其作用如下。

count(x)：统计 x 元素在元组 t 中出现的次数。

index(x)：查找第一个 x 元素的索引。

tuple(l)：tuple( )函数可将列表 l 转化为元组。

list(t)：list( )函数可将元组 t 转化为列表。

【例 2-6】元组操作函数。

```
In [9]:t=1,1,1,1,2,2,3,1,1,1
        t
Out[9]:(1, 1, 1, 1, 2, 2, 3, 1, 1, 1)

In [10]:t.count(1)
Out[10]:7

In [11]:t.index(2)    #查找 t 中第一个等于 2 的元素的索引
Out[11]:4

In [12]:list(t)
Out[12]:[1,1,1,1,2,2,3,1,1,1]
```

< 31 >

2.4 字典

字典用{}表示，其中的每一项元素都是一个键值对。字典中每一项以半角逗号隔开，每一项包含键与值，键与值之间用半角冒号隔开，字典里的元素（键值对）是无序的。可以如下定义一个字典：

```
In [1]:d={1:10,2:20,"a":12,5:"hello"}
        d
Out[1]:{1: 10, 2: 20, 'a': 12, 5: 'hello'}

In [2]:d1=dict(a=1,b=2,c=3)
        d1
Out[2]:{'a': 1, 'b': 2, 'c': 3}

In [3]:d2=dict([['a',12],[5,'a4'],['hel','rt']])#将二元列表转化为字典
        d2
Out[3]:{'a': 12, 5: 'a4', 'hel': 'rt'}
```

字典取值的方式如下。

```
In [4]:d={1:10,2:20,"a":12,5:"hello"} #定义一个字典
        d
Out[4]:{1: 10, 2: 20, 'a': 12, 5: 'hello'}

In [5]:d[1]              #取键名为1所对应的值
Out[5]:10

In [6]:d['a']            #取键名为'a'所对应的值
Out[6]:12

In [7]:d.get(1)          #取键名为1所对应的值，若不存在，则返回默认值None
Out[7]:10

In [8]:d.get('a')
Out[8]:12

In [9]:d.get('b',"不存在")   #若字典中不存在'b'，默认返回None；但此处要求不存在时返回'不存在'
Out[9]:'不存在'
```

微课视频

【例2-7】字典操作函数。

```
In[10]:d={1:10,2:20,"a":12,5:"hello"}
        d
Out[10]:{1: 10, 2: 20, 'a': 12, 5: 'hello'}

In[11]:dc=d.copy()          #复制字典
        dc
Out[11]:{1: 10, 2: 20, 'a': 12, 5: 'hello'}

In[12]:dc.clear()           #清空字典
        dc
Out[12]:{}

In [13]: d.items()          #获取字典的项列表
Out[13]:dict_items([(1, 10), (2, 20), ('a', 12), (5, 'hello')])

In [14]: d.keys()           #获取字典的键名列表
```

< 32 >

```
Out[14]:dict_keys([1, 2, 'a', 5])

In [15]:d.values()          #获取字典的值列表
Out[15]:dict_values([10, 20, 12, 'hello'])

In [16]:d.pop(1)            #删除并抛出键名为1的项
Out[16]:10

In [17]:d
Out[17]:{2: 20, 'a': 12, 5: 'hello'}

In [18]:d_0 = {'c': 10, '1': 'yubg'}
        d.update(d_0)       #合并两个字典。也可以使用 dict(d,**d_0)函数
        d
Out[18]: {2: 20, 'a': 12, 5: 'hello', 'c': 10, '1': 'yubg'}
```

字典合并还可以使用 dict(list(d.items())+list(d_0.items()))方法。

2.5 集合

集合的表现形式跟字典很像，都用花括号{}表示。这种数据类型是大多数程序设计语言都支持的，它不能保存重复数据，即有过滤重复数据的功能，示例如下。

```
In [1]:s={1,2,3,4,1,2,3}
       s
Out[1]:{1, 2, 3, 4}
```

对数组或者元组来说，可用 set()函数去重。

```
In [2]:L=[1,1,1,2,2,2,3,3,3,4,4,5,6,2]
       T=1,1,1,2,2,2,3,3,3,4,4,5,6,2
       L
Out[2]:[1, 1, 1, 2, 2, 2, 3, 3, 3, 4, 4, 5, 6, 2]

In [3]:T
Out[3]:(1, 1, 1, 2, 2, 2, 3, 3, 3, 4, 4, 5, 6, 2)

In [4]:SL=set(L)
       SL
Out[4]:{1, 2, 3, 4, 5, 6}

In [5]:ST=set(T)
       ST
Out[5]:{1, 2, 3, 4, 5, 6}
```

注意 集合中的元素和字典中的一样是无序的，因此不能用 set[i]这样的方式获取集合中的元素。
集合运算符或函数及其作用如表 2-5 所示。

表 2-5 集合运算符或函数及其作用

运算符或函数	作用
x in S	如果 S 中包含 x 元素则返回 True，否则返回 False
x not in S	如果 S 中不包含 x 元素则返回 True，否则返回 False
len(S)	返回 S 的长度

< 33 >

【例 2-8】集合操作函数。

```
In [6]:s1=set("abcdefg")
       s2=set("defghijkl")
       s1
Out[6]:{'a', 'b', 'c', 'd', 'e', 'f', 'g'}

In [7]:s2
Out[7]:{'d', 'e', 'f', 'g', 'h', 'i', 'j', 'k', 'l'}

In [8]:s1-s2          #取出 s1 中不包含 s2 的部分
Out[8]:{'a', 'b', 'c'}

In [9]:s2-s1          #取出 s2 中不包含 s1 的部分
Out[9]:{'h', 'i', 'j', 'k', 'l'}

In [10]:s1|s2          #取出 s1 与 s2 的并集
Out[10]:{'a', 'b', 'c', 'd', 'e', 'f', 'g', 'h', 'i', 'j', 'k', 'l'}

In [11]:s1&s2          #取出 s1 与 s2 的交集
Out[11]:{'d', 'e', 'f', 'g'}

In [12]:s1^s2          #取出 s1 与 s2 的并集但不包括交集部分
Out[12]:{'a', 'b', 'c', 'h', 'i', 'j', 'k', 'l'}

In [13]:'a' in s1      #判断'a'是否在 s1 中
Out[13]:True

In [14]:'a' in s2      #判断'a'是否在 s2 中
Out[14]:False
```

【例 2-9】列表、元组、字典、集合数据类型的运算。

```
In[15]:L=[i for i in range(1,11)]
       S=set(L)             #将 L 转化为集合
       T=tuple(L)           #将 L 转化为元组
       D=dict(zip(L,L))     #将 L 转化为字典，值就是对应的键名。zip()函数在 3.2.2 小节介绍
       L
Out[15]: [1, 2, 3, 4, 5, 6, 7, 8, 9, 10]

In [16]:S
Out[16]:{1, 2, 3, 4, 5, 6, 7, 8, 9, 10}

In [17]:T
Out[17]: (1, 2, 3, 4, 5, 6, 7, 8, 9, 10)

In [18]: D
Out[18]:{1: 1, 2: 2, 3: 3, 4: 4, 5: 5, 6: 6, 7: 7, 8: 8, 9: 9, 10: 10}

In [19]:3 in L,3 in S,3 in T,3 in D
Out[19]: (True, True, True, True)

In [20]:3 not in L,3 not in S,3 not in T,3 not in D
Out[20]: (False, False, False, False)

In [21]:L+L
Out[21]: [1, 2, 3, 4, 5, 6, 7, 8, 9, 10, 1, 2, 3, 4, 5, 6, 7, 8, 9, 10]

In [22]:S+S  # 集合不能连接
```

< 34 >

```
Traceback (most recent call last):
    File "<pyshell#11>", line 1, in <module>
        S+S
TypeError: unsupported operand type(s) for +: 'set' and 'set'

In [23]: T + T
Out[23]: (1, 2, 3, 4, 5, 6, 7, 8, 9, 10, 1, 2, 3, 4, 5, 6, 7, 8, 9, 10)

In [24]:D + D # 字典不能连接
Traceback (most recent call last):
    File "<pyshell#13>", line 1, in <module>
        D + D
TypeError: unsupported operand type(s) for +: 'dict' and 'dict'

In [25]: L * 3
Out[25]: [1, 2, 3, 4, 5, 6, 7, 8, 9, 10, 1, 2, 3, 4, 5, 6, 7, 8, 9, 10, 1, 2, 3,
4, 5, 6, 7, 8, 9, 10]

In [26]:S * 3 # 集合不能用*运算
Traceback (most recent call last):
    File "<pyshell#15>", line 1, in <module>
        S * 3
TypeError: unsupported operand type(s) for *: 'set' and 'int'

In [27]: T * 3
Out[27]: (1, 2, 3, 4, 5, 6, 7, 8, 9, 10, 1, 2, 3, 4, 5, 6, 7, 8, 9, 10, 1, 2, 3,
4, 5, 6, 7, 8, 9, 10)

In [28]:D * 3 # 字典不能用*运算
Traceback (most recent call last):
    File "<pyshell#17>", line 1, in <module>
        D * 3
TypeError: unsupported operand type(s) for *: 'dict' and 'int'

In [29]:len(L),len(S),len(T),len(D)
Out[29]: (10, 10, 10, 10)
```

列表、元组、集合 3 种数据类型有相同的操作函数可以使用，示例如下。

```
In[30]:L=[1,2,3,4,5]
        T=1,2,3,4,5
        S={1,2,3,4,5}
        len(L),len(T),len(S)          #求长度
Out[30]: (5, 5, 5)

In [31]:min(L),min(T),min(S)          #求最小值
Out[31]: (1, 1, 1)

In [32]:max(L),max(T),max(S)          #求最大值
Out[32]: (5, 5, 5)

In [33]:sum(L),sum(T),sum(S)          #求和
Out[33]: (15, 15, 15)

In [34]:def add1(x):                  #定义一个函数
            return x+1                #将输入的参数加 1 并返回

In [35]:list(map(add1,L)),list(map(add1,T)),list(map(add1,S))
        #将函数应用于每一项
```

< 35 >

```
Out[35]: ([2, 3, 4, 5, 6], [2, 3, 4, 5, 6], [2, 3, 4, 5, 6])

In [36]:for i in L:                    #迭代（元组与集合都可以迭代）
        print(i)
Out[36]:
1
2
3
4
5

In [37]:i=iter(L)                      #获取迭代器（元组与集合都可以获取迭代器）
        next(i)
Out[37]: 1

In [38]: next(i)
Out[38]: 2

In [39]: next(i)
Out[39]:3

In [40]:i.__next__()
Out[40]:4

In [41]:i.__next__()
Out[41]:5

In [42]:i.__next__()
Traceback (most recent call last):
    File "<pyshell#199>", line 1, in <module>
        i.__next__()
StopIteration
```

其他常用函数和注意事项请查阅附录 A。

2.6 实战体验：提取特定的字符

目标：提取字符串"xxxxxxxxxxxx5 [50,0,51]>,xxxxxxxxxx"中的 50、0、51。

```
In [1]: str="xxxxxxxxxxxx5 [50,0,51]>,xxxxxxxxxx"
   ...: lst = str.split("[")[1].split("]")[0].split(",")
   ...: print(lst)
Out[1]:
    ['50', '0', '51']
```

分解说明如下：

```
>>> list =str.split("[")                        #按 "[" 切分
>>> print(list)
['xxxxxxxxxxxx5 ', '50,0,51]>,xxxxxxxxxx']
>>> str.split("[")[1].split("]")                #将列表中的索引为 1 的元素按"]"切分
['50,0,51', '>,xxxxxxxxxx']
>>> str.split("[")[1].split("]")[0]             #提取切分后的第一个元素，其索引为 0
'50,0,51'
>>> str.split("[")[1].split("]")[0].split(",")  #将提取到的元素按 "," 切分
['50', '0', '51']
```

注意 在 Python 编辑器 IDLE 下，输入提示符为>>>。

< 36 >

第 **3** 章　函数和类

函数在数学中可以这么解释：凡是包含未知数（变量）x 的公式都叫作函数，即通过给 x 赋不同的值，就会在公式的关系作用下得到不同的结果（正如我们在第 1 章中求解一元二次方程的解一样，当输入不同的系数时，会得到不同的解）。计算机语言中的函数与数学中的类似，为了编写程序方便，把具有相同功能的代码编写成一个函数，以便重复利用。

3.1　函数

函数是一种程序结构。在之前的程序中我们已经使用过 Python 自带的一些函数，例如 print()、input()、range()等。大多数程序设计语言都允许使用者定义并使用函数。数学上我们定义一个函数的方式类似 $f(x,y)=x^2+y^2$，但在 Python 中，定义一个函数需要通过 def 关键字来声明。

微课视频

3.1.1　函数结构

函数是通过关键字 def 来声明的，其结构如下。

```
def 函数名(参数)：
    函数体
    return 返回值
```

函数体定义需要执行的操作，以完成某一个功能。return 不是必需的，当需要返回执行过程中的值或完成某个功能后的结果时，可以将需要返回的结果放在 return 后返回。

例如，对于上面的数学函数 $f(x,y)=x^2+y^2$，利用 Python 语言定义如下。

```
def f(x, y):
    z = x**2 + y**2
    return z
```

下面计算 $f(2,3)$。

```
res = f(2, 3)
    print(res)
```

运行结果如下。

注意 在运用函数时，需要将定义好的函数先运行一次，才能执行函数进行运算，即函数定义运行在先，调用在后。当运行函数后，需要返回结果时，就需要使用 return，返回的结果可以是多个，多个返回结果可以以元组的形式返回。

在函数结构中，一般还需要有一个函数文档，它被三引号标识并放在函数的 def 声明行和函数体之间。函数文档主要描述函数的功能以及参数的用法等，便于函数的使用者调用 help() 查询函数，也就是说，我们用 help() 能够查询到的帮助文档都是放在函数文档中的。包括函数文档的函数结构如下：

```
def 函数名(参数):
    """
    函数文档
    """
    函数体
    return 返回值
```

例如：

```
In [1]:
    def f(x, y):
        """
        本函数主要用于计算 x 的平方与 y 的平方之和。
        本函数需要接收两个参数: x 和 y
        """
        z = x**2 + y**2
        return z

In [2]:help(f)
Out[2]:
    Help on function f in module __main__:

    f(x, y)
        本函数主要用于计算 x 的平方与 y 的平方之和。
        本函数需要接收两个参数: x 和 y

In [3]:f(2,3)
Out[3]:13
```

也许对于初学者而言，help() 和 dir() 是两个最有用的函数。使用 dir() 可以查看指定模块中所包含的所有成员或者指定对象类型所支持的操作，而使用 help() 函数可以查看指定模块或函数的帮助文档，例如，列表和元组是否都有 pop() 和 sort() 方法呢？用 help() 查一下就清楚了，而且 help() 会列出具体的用法。例如，查询到的 print() 函数的使用方法如下：

```
 In [4]:help(print)
Help on built-in function print in module builtins:

print(...)
    print(value, ..., sep=' ', end='\n', file=sys.stdout, flush=False)

    Prints the values to a stream, or to sys.stdout by default.
    Optional keyword arguments:
    file: a file-like object (stream); defaults to the current sys.stdout.
    sep:  string inserted between values, default a space.
    end:  string appended after the last value, default a newline.
    flush: whether to forcibly flush the stream.
```

当我们想知道某函数具有哪些方法和属性时，使用 dir()；想知道其具体的使用方法时，使用 help()。

< 38 >

3.1.2 函数的参数

函数的参数分为形参和实参。形参即形式参数，在使用 def 定义函数时，函数名后面的圆括号内的变量称作形式参数。在调用函数时提供的值或者变量称作实参，即实际参数。

形参和实参示例如下。

```
#这里的 a 和 b 是形参
def add(a,b):
    return a+b

#这里的 1 和 2 是实参
add(1,2)

#这里的 x 和 y 是实参
x=2
y=3
add(x,y)
```

函数可以传递参数，当然也可以不传递参数，例如：

```
def func():
    print("这是无参传递")
```

调用 func() 会输出 "这是无参传递" 字符串。

同样，函数可以有返回值也可以没有返回值。为了方便介绍，将 Python 函数传递参数的形式归为 4 种，下面将一一介绍。

fun1(a,b,c)	固定参数
fun2(a=1,b=2,c=3)	带有默认参数
fun3(*args)	参数个数未知
fun4(**kargs)	带键参数

常见的 Python 函数传递参数是前两种形式，后两种形式一般很少单独出现，常用在混合模式中。

第一种形式 fun1(a,b,c) 直接将实参赋给形参，根据位置进行匹配，即严格要求实参与形参的数量以及位置均相同，大多数语言常用这种形式。

```
def func(x,y,z):
    print(x,z,y)
```

调用 func('yubg', 30, '男')，输出结果为：yubg 男 30。

这里，func() 函数必须输入 3 个参数值，否则会报错，并且它们的位置对应着 x、y、z，也就是说，第一个输入的参数赋值给 x，第二个输入的参数赋值给 y，第三个输入的参数赋值给 z。

第二种形式 fun2(a=1,b=2,c=3) 根据键值对的形式进行实参与形参的匹配，通过这种形式可以随意安排参数的位置，直接根据关键字来进行赋值。同时，这种形式有一个好处，就是可以在调用函数时不要求输入参数数量上的相等，即可以用 fun2(3,4) 来调用 fun2() 函数，这里的实参 3、4 覆盖了原来 a、b 两个形参的值，但 c 还是采用默认值 3，即 fun2(3,4) 的效果与 fun2(3,4,3) 的是一样的。这种形式相较第一种形式更灵活。还可以通过 fun2(c=5,a=2,b=7) 来打乱形参的位置。

第二种形式的示例传递参数的代码如下。

```
In [1]:def func(x=1, y=2):
          print(x, y)

In [2]:func()
Out [2]:1 2
```

< 39 >

```
In [3]:func(1)
Out [3]:1 2

In [4]:func(1,2)
Out [4]:1 2

In [5]:func(y=2,x=1)
Out [5]:1 2

In [6]:func(y=2)
Out [6]:1 2

In [7]:func(2,x=1)#这种赋值方法是不可以使用的,忽略位置时传递参数的形式必须是对形参赋值的形式
----------------------------------------------
TypeError                          Traceback (most recent call last)
<ipython-input-26-1bd6965a994a> in <module>()
----> 1 func(2,x=1)

TypeError: func() got multiple values for argument 'x'
```

使用第三种形式 fun3(*args)可以传入任意个参数，这些参数都被放到了元组中赋值给形参 args，之后要在函数中使用这些参数，直接操作 args 这个元组即可。这样做的好处是对参数的数量没有了限制，但因为使用的是元组，且元组本身是有次序的，所以仍然存在一定的束缚，在对参数的操作上也会有一些不便。

举一个简单的例子，比如你的身份证上的姓名是孙赵钱，在家里有个小名二毛，在初中阶段同学给你取了个外号孙猴子，在高中阶段同学们又给你送了个外号孙学霸，现在要把你的外号作为一个函数中的参数（你可能有许多外号，或许在大学阶段还会有外号，所以外号的数量不能确定。对于这种情况，在参数前面加上*就可以表示可能存在的多个外号。

```
In [8]:
    def func(name,*args):
        print(name+" 有以下外号: ")
        for i in args:
            print(i)

In [9]:func('孙赵钱','孙猴子','二毛','孙学霸')
孙赵钱有以下外号:
孙猴子
二毛
孙学霸
```

第四种形式 fun4(**kargs)最为灵活，这种形式以键值对字典的形式向函数传入参数，既具有第二种形式在参数位置上的灵活性，同时还具有第三种形式在参数数量上的无限制性。此外，第三种、第四种形式以函数声明的形式在参数前面加*作为声明标识。

在大多数情况下，以上 4 种传递参数的形式是混合使用的，如 fun0(a,b,*c,**d)。

【例 3-1】传入参数的形式。

```
In [1]:def test(x,y=5,*a,**b):
           print(x,y,a,b)

In [2]:test(1)
Out [2]:1 5 () {}
```

< 40 >

```
In [3]:test(1,2)
Out [3]:1 2 () {}

In [4]:test(1,2,3)
Out [4]:1 2 (3,) {}

In [5]:test(1,2,3,4)
Out [5]:1 2 (3, 4) {}

In [6]:test(x=1)
Out [6]:1 5 () {}

In [7]:test(x=1,y=1)
Out [7]:1 1 () {}

In [8]:test(1,y=1)
Out [8]:1 1 () {}

In [9]:test(1,2,3,4,a=1)
Out [9]:1 2 (3, 4) {'a': 1}

In [10]:test(y=2,x=1,3,4,a=1)
    File "<ipython-input-16-2e23f21ada05>", line 1
        test(y=2,x=1,3,4,a=1)
                    ^
SyntaxError: positional argument follows keyword argument

In [11]:test(2,x=1,3,4,a=1)
    File "<ipython-input-17-2c6c9470d16c>", line 1
        test(2,x=1,3,4,a=1)
                  ^
SyntaxError: positional argument follows keyword argument

In [12]:test(1,2,3,4,k=1,t=2,o=3)
Out [12]:1 2 (3, 4) {'k': 1, 't': 2, 'o': 3}
```

3.1.3 函数的递归与嵌套

1. 递归

函数的递归是指函数在函数体中直接或间接调用自身的现象。递归要有停止条件，否则函数将永远无法跳出递归，造成死循环。下面我们将用递归写一个经典的斐波那契数列，斐波那契数列除前两项外的每一项等于它前面两项的和。

$$f(n) = \begin{cases} f(n-1) + f(n-2) & n \geq 2 \\ 1 & 0 \leq n < 2 \end{cases}$$

定义斐波那契数列如下。

```
def fib(n):
    if n <= 1:
        return n
    else:
        return fib(n - 1) + fib(n - 2)

for i in range(0, 10):
    print("fib(%s)=%s" % (i, fib(i)))        #格式化输出
```

< 41 >

测试及运行结果如下。

```
fib(0)=1
fib(1)=1
fib(2)=1
fib(3)=2
fib(4)=3
fib(5)=5
fib(6)=8
fib(7)=13
fib(8)=21
fib(9)=34
```

注意　递归结构往往会消耗较大内存，能用迭代解决问题的情况下尽量不用递归。

2. 嵌套

函数的嵌套是指在函数中调用另外的函数，它是函数式编程的重要结构，也是我们在程序中经常使用的一种程序结构。我们将利用函数的嵌套重写求解一元二次方程的程序。

【例 3-2】利用函数嵌套方法解一元二次方程。

```python
# 定义输入函数
def args_input():
    try:
        A = float(input("输入A:"))
        B = float(input("输入B:"))
        C = float(input("输入C:"))
        return A, B, C
    except:                       # 输入出错则重新输入
        print("请输入正确类型的数值! ")
        return args_input()       #为了输入出错时能够重新输入


# 计算delta
def get_delta(A, B, C):
    return B**2 - 4 * A * C


#求解方程
def solve():
    A, B, C = args_input()
    delta = get_delta(A, B, C)
    if delta < 0:
        print("该方程无解! ")
    elif delta == 0:
        x = B / (-2 * A)
        print("x=", x)
    else:
        # 计算解x1、x2
        x1 = (B + delta**0.5) / (-2 * A)
        x2 = (B - delta**0.5) / (-2 * A)
        print("x1=", x1)
        print("x2=", x2)


#在当前程序下直接执行solve()函数
def main():
    solve()


if __name__ == '__main__':
    main()
```

< 42 >

测试及运行结果如下。

```
输入A:2
输入B:a
请输入正确类型的数值!

输入A:2
输入B:5
输入C:1
x1= -2.2807764064044154
x2= -0.21922359359558485
```

代码说明如下。

if __name__ == '__main__'的作用是：当该.py 文件被直接运行时，if __name__ == '__main__'之下的代码块将被运行；当该.py 文件以模块形式被其他代码调用或导入时，if __name__ == '__main__'之下的代码块将不被运行。

3.2 特殊函数

3.2.1 匿名函数

Python 中允许用 lambda 定义一个匿名函数。所谓匿名函数，是指调用一次就不再被调用的函数，属于"一次性"函数。

微课视频

```
# 求两数之和，定义函数 f(x,y)=x+y
f = lambda x, y: x + y
print(f(2, 3))

#求两数的平方和，定义函数 g(x,y)= x**2 + y**2
print((lambda x, y: x**2 + y**2)(3, 4)) #其实就是 print(g(3,4))
```

测试及运行结果如下。

```
5
25
```

3.2.2 map()、filter()、zip()

map()、filter()、zip()函数属于 Python 内置函数。

1. 遍历函数 map()

map()的作用是遍历序列，对序列中的每个元素执行同样的操作，最终获取新的序列。
例如，map(f, S)表示将函数 f 作用在序列 S 上，以获取新的序列。
代码如下。

```
In [1]:li=[11, 22, 33]
       new_list = map(lambda a: a + 100, li)
       list(new_list)
Out[1]:
  [111, 122, 133]
```

< 43 >

```
In [2]:li = [11, 22, 33]
        sl = [1, 2, 3]
        new_list = map(lambda a, b: a + b, li, sl)
        list(new_list)
Out[2]:[12, 24, 36]
```

2．筛选函数 filter()

filter()的作用是对序列中的元素进行筛选，最终获取符合条件的序列。

例如，filter(f, S)表示将条件函数 f 作用在序列 S 上，以获取符合条件的序列。

代码如下。

```
In [3]:li = [11, 22, 33]
        new_list = filter(lambda x: x > 22, li)
        list(new_list)
Out[3]:[33]
```

3．zip()函数

zip()函数的作用是将两个序列对应的位置上的元素组合起来，形成一个二元的由元组构成的序列，该序列可被 list()和 tuple()调用。

代码如下。

```
In [4]:a = ['a', 'b', 'c']
        b = ['1', '2', '3']
        c = zip(a,b)
        list(c)
Out[4]:[('a', '1'), ('b', '2'), ('c', '3')]
```

3.2.3　eval()函数

eval()函数将字符串当成有效的表达式来求值并返回计算结果，实现列表、字典、元组与字符串之间的转换。代码如下。

```
In [1]:# 将字符串转换成列表
        a = "[[1,2], [3,4], [5,6], [7,8], [9,0]]"
        print(type(a))
        b = eval(a)
        print(b)
Out[1]:
<class 'str'>
[[1, 2], [3, 4], [5, 6], [7, 8], [9, 0]]

In [2]:a = "17"    #这里的a是字符型数值17
        b = eval(a)
        print(b)
Out[2]:17

In [3]: type(b)
Out[3]: int
```

函数的强大是需要付出代价的。安全性是 eval()付出的代价，缺乏安全性是该函数最大的缺点，例如，下面的代码存在很大的风险。

代码如下。

```
In [2]: __import__('os').system('dir >dir.txt')
```

< 44 >

```
Out[2]:0

In [3]: open('dir.txt').read()
Out[3]:
```
' 驱动器 C 中的卷是 Windows\n 卷的序列号是 9EF4-9E16\n\n C:\\Users\\yubg 的目录
\n\n2019-01-17   23:46   <DIR>   .\n2019-01-17 23:46
<DIR>   ..\n2018-12-22 20:32   <DIR>   .anaconda\n2018-06-09 18:12
<DIR>   .android\n2018-12-22 21:54   <DIR>   .conda\n2018-12-22 21:53
739   .condarc\n2017-12-11 10:16   <DIR>   .continuum\n2018-06-14 21:08
<DIR>   .idlerc\n2019-01-17 23:41   <DIR>
......
          552,498 衬衫.csv\n2018-07-25 22:36   715,980 衬
衫.html\n2018-07-25 23:21   332,600 衬衫1.xlsx\n2018-07-25 23:49
332,602 衬衫2.xlsx\n2018-07-26 00:28   60 裤子.csv\n2018-07-19 18:18
193,740 选修课: Python 数据分析基础 2017 年 11 月 5 日.ipynb\n   150 个文件
560,986,394 字节\n   35 个目录 139,845,382,144 可用字节\n'

执行上述代码，其实就在 Python 3.x 安装目录下新建了一个名为 dir.txt 的文件。如果运行下面这
两句代码，则可以将新建的 dir.txt 文件删除!

代码如下。

```
In[4]:import os  #导入 os 模块
      os.system('del dir.txt /q')
Out[4]:0
```

上文新建的 dir.txt 文件已经被删除了。同理，上面这两句代码（需替换文件名）可以删除本台计
算机上的任何文件! 下面的代码请自行测试。

```
In [5]:eval("__import__('os').system(r'md c:\\testtest')") #建立了一个 testtest 文
件夹
Out[5]:0

In [6]:eval("__import__('os').system(r'rd/s/q c:\\testtest')")#删除了 testtest 文
件夹
Out[6]:0

In [7]:eval("__import__('os').startfile(r'c:\windows\\notepad.exe')") #运行
notepad.exe
```

运行上面的代码是一个危险的操作，如果有人在你的机器上运行类似的代码，你的机器上所有的
文件就可以被别人任意处置（或拿走，或删除，或让系统崩溃）。

3.3 类

面向对象程序设计（Object-Oriented Programming，OOP）是一种程序设计思想。

面向对象程序设计是把计算机程序视为一组对象的集合，每个对象都可以接收其他对象发送的消
息，并处理这些消息，计算机程序执行的过程就是一系列消息在各个对象之间传递的过程。

在 Python 中，可以将所有数据类型都视为对象，当然也可以自定义对象。自定义的对象就是面
向对象程序设计中的类（class）。

< 45 >

3.3.1 类的创建

在面向对象程序设计中最重要的概念就是类和实例（instance）。必须牢记类是抽象的模板，而实例是根据类创建出来的一个个具体的"对象"，每个对象都拥有相同的方法，但各自的数据可能不同。在 Python 中，类是通过关键字 class 定义的，以 Employee 类为例：

```
class Employee(object):
    pass
```

class 后面紧接着类名，即 Employee（类名通常是首字母大写的单词），然后是(object)，圆括号标识的内容表示该类是从哪个类继承而来的（关于继承的概念这里不进行过多说明，读者可以自行查询资料）。通常，如果没有合适的继承类，就使用 object 类，该类是所有类最终都会继承的类。

创建类的方法跟自定义函数的类似，但两者有区别。创建类须注意如下事项。

（1）类名的首字母要大写；

（2）创建类要用 class 引出；

（3）类中的功能函数都需要一个 self 参数；

（4）参数传进类内需要用 self.来接收，例如，接收参数 a 的值应该使用 self.a=a；

（5）类中的属性和参数被引用时要在其前面加 self. 。

如上定义好了 Employee 类，就可以根据 Employee 类创建 Employee 的实例，创建实例是通过"类名 ()"实现的。

```
In [1]:class Employee(object):      #定义一个类
            pass

In [2]:amy = Employee()             #根据类创建类的实例
        amy
Out[2]:
<__main__.Employee at 0x22eaf229208>

In [3]:Employee
Out[3]:
__main__.Employee
```

可以看到，变量 amy 指向的就是一个 Employee 的实例；0x22eaf229208 是存储地址，每个对象的地址都不一样。

可以自由地给一个实例变量绑定属性，比如给实例变量 amy 绑定 name 属性：

```
In [4]:amy.name = 'Amy Simpson'
        amy.name
Out[4]:
'Amy Simpson'
```

由于类可以起到模板的作用，因此，可以在创建实例的时候，把一些我们认为必须绑定的属性强制绑定到实例。定义一个特殊的__init__()方法，在创建实例的时候，就可以把 name、salary 等属性强制绑定到实例：

```
In [5]:class Employee(object):
            def __init__(self, name, salary):
                self.name = name
                self.salary = salary
```

注意 特殊方法__init__()的"init"前后分别有两个下画线！

__init__()方法的第一个参数永远是 self，它指向创建的实例本身，因此在__init__()方法内部可以把

< 46 >

各种属性绑定到 self。使用了 __init__()方法，在创建实例时，就不能传入空参数了，必须传入与 __init__() 方法匹配的参数，但 self 不需要传入，Python 解释器自己会把实例变量传进去，例如：

```
In [6]:amy = Employee('Amy Simpson', 59)
       amy.name
Out[6]:
'Amy Simpson'

In [7]: amy.salary
Out[7]:
59
```

和普通函数相比，在类中定义的函数只有一点不同，就是在类中定义的函数的第一个参数永远是实例变量 self，并且调用时，不用传递该参数。除此之外，在类中定义的函数和普通函数没有什么区别，所以仍然可以使用默认参数、可变参数、关键字参数和命名关键字参数。

面向对象程序设计的一个重要特征就是数据封装。在上面的 Employee 类中，每个实例拥有各自的属性数据。我们可以通过函数来访问这些数据，比如输出一个员工的工资。

```
In [8]:def print_salary(std):
           print('%s: %s' % (std.name, std.salary))

In [9]:print_salary(amy)
Out[9]:
  Amy Simpson: 59
```

既然 Employee 的实例本身就拥有这些数据，要访问这些数据就没有必要通过外部函数来访问，可以直接在 Employee 类的内部定义访问数据的函数，这样就把"数据"封装起来了。这些封装数据的函数和 Employee 类本身是相关联的，我们称这些函数为类的方法。

```
In [10]:class Employee(object):
            def __init__(self, name, salary):
                self.name = name
                self.salary = salary

            def print_salary(self):
                print('%s: %s' % (self.name, self.salary))
```

要定义一个方法，除了要使该方法的第一个参数是 self 外，其他操作和定义普通函数的一样。方法可以在实例变量上直接调用，除了 self 不用传递，其他参数正常传入。类的方法相关的具体内容，会在 3.3.2 小节中详细介绍。

```
In [11]:amy=Employee('Amy Simpson',59)
        amy.print_salary()
Out[11]:
  Amy Simpson: 59
```

通过上面的操作，我们从外部看 Employee 类，创建实例只需要给出 name 和 salary，而输出的方法都是在 Employee 类的内部定义的，数据和逻辑被"封装"起来了，很容易被调用，且调用者不用知道 Employee 类的内部实现细节。

3.3.2　类的方法和属性

简单地说，类可以被理解为"物以类聚"中的类，即事务的相同功能特性，也就是共性。如果说某一个个体属于某个类，那么它一定具有这个类的共性，比如，只要某一个个体属于人这个类，那么他一定具有奔跑、蹦跳、说话、唱歌、制造生产工具等能力（功能）。

< 47 >

"类"一方面好似图纸、模具，另一方面又可以被理解为是功能（函数）的组合。

比如，汽车可以作为一个类，汽车模具开发出来后，可以按照模具生产很多台汽车，当然生产出来的每一台汽车都不可能一模一样，所以每一台汽车都有编号，编号就是它的唯一身份标识——实例。

从能力的组合的角度来理解，可以将人作为一个类，因为人具有这样几个能力（功能）：奔跑、蹦跳、说话、唱歌、制造生产工具等，但鱼不属于人这个类，因为鱼不具有人具有的某些能力。当然，在人这个类里，每个人都有自己的特征，个体互不相同，所以我们人是有特殊编号——身份证号码的，这就说明每个人都是一个实例。

既然类就是功能（函数）的组合，那么它其实就是一些函数（实现功能的方法，所以类中的功能实现也称为方法）的组合。所以创建类就是将功能函数组合在一起进行封装。

在类中有一些固定的参数，它们被称为属性；类内的函数被称为方法。比如人这个类中的每一个个体实例有一张嘴、两只眼睛、两只手等，这些都是固有的，称之为属性；但是人这个类中的每一个个体实例还有不同的部分，如身高、体重等，这些就是个体（实例）特有的。

类的参数的传入、属性的调用，以及方法中的参数的传入的案例如下。

案例中的类名为 Person，该类有两个属性 x 和 y，x 是一个数组，y 是一个字符串。Person 还有 4 个方法（子函数），具体的说明见代码注释。

微课视频

```
In [12]:class Person:
            """
            Person 是一个类，这里举例说明如何传入参数和创建各种功能
            """
            x = (1,2,2)
            y = "这是一个关于类的属性和方法的应用案例，类名为 Person。"

        def __init__(self, name):
            self.name = name

        def print(self):              #每一个方法（子函数）都必须有 self 参数
            '''
            输出 Person 类的说明和属性
            '''
            print(self.y)
            print("人有%d 张嘴,%d 只眼睛,%d 只手。"%(self.x[0],self.x[1],self.x[2]))

        def name(self):
            """
            输出实例的姓名
            """
            print("姓名: ", self.name)

        def tall(self, a):
            """
            接收实例的身高参数，并输出
            """
            self.a = a
            print("这是%s 的身高（cm）: "%self.name, self.a)
```

先实例化一个个体。

```
In [13]: yubg = Person("余本国")
```

再调用 Person 类的属性和方法。

<48>

```
In [14]: yubg.print()
Out[14]:
这是一个关于类的属性和方法的应用案例，类名为 Person。
人有 1 张嘴，2 只眼睛，2 只手。

In [15]: yubg.name()
Out[15]:
姓名：余本国

In [16]: yubg.tall(170)
Out[16]:
这是余本国的身高（cm）：170
```

说明：def __init__(self, name) 和 def tall(self, a) 都是传入参数方法，但前一个传入参数方法在实例化个体的时候就需要传入参数，而后一个传入参数方法是在调用该方法时才传入参数。

3.4 函数和类的调用

当我们写好函数和类之后，在其他代码中该如何调用它们呢？
首先我们将函数和类保存成文件，便于在其他代码中调用。

3.4.1 函数的调用

首先介绍在同一个文件夹下调用函数的方法。比如我们有一个加法函数（方法）add()，该函数被保存为 A.py 文件，文件具体内容如下：

#A.py 文件：

def add(x,y):
    print('和为：%d'%(x+y))

下面要在另一个代码文件 B.py 中调用 A.py 中的加法函数 add()。在调用时，我们需要把 A.py 文件导入，导入时使用 import 命令。B.py 文件具体内容如下：

#B.py 文件：

import A

A.add(2,3)

```
In [1]:import A
       A.add(2,3)
Out[1]:
和为：5
```

调用 A.py 文件中的 add() 函数的方法为 A.add()。

为了调用方便，减少输入，我们在调用时使用 from 指明具体的调用函数的名称，这样就不用在每次调用时给函数添加"A."前缀，方法具体如下。

from A import add

add(2,3)

```
In [2]:from A import add
       add(2,3)
Out[2]:
```

< 49 >

和为：5

3.4.2　类的调用

类的调用方法跟函数的调用方法差别不大。比如我们有一个类 Ax，该类被保存为 Cl_A.py 文件，文件具体内容如下：

#Cl_A.py 文件：

```
class Ax:
    def __init__(self,xx,yy):
        self.x=xx
        self.y=yy
    def add(self):
        print("x 和 y 的和为：%d"%(self.x+self.y))
```

下面是在 B.py 文件中调用 Cl_A.py 文件中的类 Ax 中的方法 add()的方法。

#B.py 文件：

```
from Cl_A import Ax
a=Ax(2,3)
a.add()
```

或

```
import Cl_A
a=Cl_A.Ax(2,3)
a.add()
```

以上函数和类的调用方法都适用于在同一个文件夹下的调用。对于不同文件夹下的调用，需要进行说明，即需要有个"导引"。假如 Cl_A.py 文件的文件路径为 C:\Users\lenovo\Documents，现有 D:\yubg 下的 B.py 文件需要调用 Cl_A.py 文件中的类 Ax 的 add()方法，调用方法如下：

```
import sys
sys.path.append(r' C:\Users\lenovo\Documents ')

import Cl_A
a=Cl_A.Ax(2,3)
a.add()
```

Python 在导入函数或模块时，是在 sys.path 里按顺序查找的。sys.path 是一个列表，其中以字符串的形式存储了许多路径。要使用 A.py 文件中的函数，需要先将该函数的文件路径放到 sys.path 中。

```
In [2]:import sys
        sys.path.append(r'C:\Users\lenovo\Documents')
        from Cl_A import Ax
        a=Ax(2,3)
        a.add()
Out[2]: x 和 y 的和为：5
```

< 50 >

3.5 实战体验：编写计算阶乘的函数

编写计算阶乘的函数。

方法 1：使用递归法。

```
In [1]: def factl_0(n):
            '''
            利用递归法编写计算阶乘的函数。
            输入参数 n，将计算出 n 的阶乘
            '''
            if n == 0:
                return 1
            else:
                return n * factl_0(n - 1)

In [2]: factl_0(3)
Out[2]: 6
```

方法 2：使用 reduce() 函数。

```
In [3]: def factl_1(n):
            '''
            利用 reduce() 函数编写计算阶乘的函数。此处用到了匿名函数。
            输入参数 n，将计算出 n 的阶乘
            '''
            from functools import reduce
            return reduce(lambda x,y:x*y,[1]+list(range(1,n+1)))

In [4]: factl_1(3)
Out[4]: 6

In [5]: help(factl_1)
        Help on function factl_1 in module __main__:

        factl_1(n)
            利用 reduce() 函数编写计算阶乘的函数。此处用到了匿名函数。
            输入参数 n，将计算出 n 的阶乘
```

从 help(factl_1) 可以看出，调用 help() 能够查看函数体内的函数文档。

方法 3：使用 range() 函数遍历法。

```
In [6]: def factl_2(n):
            a = 1
            for i in range(1, n+1):
                a = a*i
            return a
In [7]: factl_2(6)
Out[7]: 720
```

< 51 >

## 第 4 章

正则表达式与格式化输出

正则表达式（regular expression，在代码中常简写为 regex、regexp 或 re），又称正规表达式、规则表达式、常规表示法等，它描述了一种匹配字符串的模式（pattern），可以用来检查一个串是否含有某种子字符串（简称子串），将匹配的子串替换或者从某个串中取出符合某个条件的子串等。

为了让输出更符合我们的要求，需要对输出进行控制——格式化输出。Python 的格式化方法有多种，比如使用占位符%、format()方法或者 f 格式化（Python 3.6 以上）等。

4.1 正则表达式基础知识

正则表达式是计算机科学中的一个概念。在很多文本编辑器里，正则表达式通常被用来检索、替换匹配某种模式的文本。

许多程序设计语言都支持利用正则表达式进行字符串操作。正则表达式这个概念是由 UNIX 中的工具软件（例如 sed 和 grep）普及开的。

正则表达式并不是 Python 独有的概念。Python 中提供正则表达式功能的模块通常叫作 re，利用 import re 来引入。正则表达式是一种用来匹配字符串的强大"武器"，其设计思想是用一种描述性语言来给字符串定义一个规则，凡是符合规则的字符串，我们就认为它是合法的，否则，我们就认为它是不合法的。例如，判断一个字符串是否是合法 E-mail 地址的方法是：

（1）创建一个匹配 E-mail 地址的正则表达式；

（2）用该正则表达式去匹配用户输入的字符串，从而判断字符串是否合法。

因为正则表达式是用字符串表示的，所以首先要了解如何用字符来描述字符。

我们来举个例子。在爬取某网页中的所有图片时，需要对图片进行匹配，图片有.jpg、.png、.gif 等格式，下面的代码对百度贴吧网页上的.jpg 图片进行匹配和下载。

【例 4-1】对百度贴吧网页上的.jpg 图片进行匹配和下载。

```
In [1]:import re                    # 导入正则表达式模块
       import urllib.request        # 获取网页源码

       # 用正则表达式编写一个小爬虫程序，用于保存百度贴吧网页中的所有图片
       # 获取网页源码
       def getHtml(url):
           page = urllib.request.urlopen(url)    # 打开 URL，返回页面对象
           html = page.read().decode('utf-8')    # 读取页面源码
           return html
```

```
    # 获得图片地址
    def getImg(html):
        reg = r'src="(.*?\.jpg)" size="'  # 定义一个正则表达式来匹配页面当中的图片
        imgre = re.compile(reg)            # 为了让正则表达式的匹配速度更快，对它进行编译

        imglist = re.findall(imgre, html)  # 通过正则表达式返回所有数据列表
        # 根据地址逐一进行下载
        x = 0
        for imgurl in imglist:
            urllib.request.urlretrieve(imgurl,'%s.jpg' % x)
                            # urlretrieve()直接将远程数据下载到本地
        x+=1
In [2]:html = getHtml("https://tieba.baidu.com/p/5154221980")
    getImg(html)
```

我们在网上填表时，经常需要填写手机号码，输入只有为数字时才被接收，这种情况下可以用正则表达式去匹配数字。一个数字可以用\d 匹配，而一个字母或数字可以用\w 匹配，.可以匹配任意字符，所以：

00\d 可以匹配 007，但无法匹配 00A，也就是说，00 后面只能是数字；

\d\d\d 可以匹配 010，只可匹配 3 位数字；

\w\w\d 可以匹配 py3，前两位可以是数字或字母，但是第三位只能是数字；

py.可以匹配 pyc、pyz、py!等。

在正则表达式中，用*表示任意个（包括 0 个）字符，用+表示至少一个字符，用?表示 0 个或 1 个字符，用{n}表示 n 个字符，用{n,m}表示 n 到 m 个字符。

下面看一个复杂的例子：\d{3}\s+\d{3,8}。

对这个例子从左到右解读如下：

（1）\d{3}表示匹配 3 个数字，例如 010；

（2）\s 可以匹配一个空格（包括制表符等空白符），所以\s+表示至少有一个空格，例如匹配 "　" 或 "　　" 等；

（3）\d{3,8}表示匹配 3～8 个数字，例如 1234567。

综合起来，上面的正则表达式可以匹配以任意个空格隔开的区号为 3 个数字、本地号码为 3～8 个数字的电话号码，如 021　8234567。

如果要匹配 010-12345 这样的号码应该怎么办呢？由于-是特殊字符，在正则表达式中，要用\进行转义，所以上面的正则表达式应修改为\d{3}\-\d{3,8}。

但是，这个正则表达式无法匹配 010 - 12345，因为-两侧带有空格，所以需要使用更复杂的匹配方式。要进行更精确的匹配，可以用[ ]表示范围，比如：

[0-9a-zA-Z_]　　可以匹配一个数字、字母或者下画线；

[0-9a-zA-Z_]+　　可以匹配至少由一个数字、字母或者下画线组成的字符串，比如 a100、0_Z、Py3000 等；

[a-zA-Z_][0-9a-zA-Z_]*　　可以匹配由字母或下画线开头，后接任意个由数字、字母或者下画线组成的字符串，也就是可以匹配 Python 的合法变量；

[a-zA-Z_][0-9a-zA-Z_]{0, 19}　　更精确地限制了变量的长度是 1～20 个字符（前面 1 个字符+后面最多 19 个字符）。

A|B 可以匹配 A 或 B，所以(P|p)ython 可以匹配 Python 或 python。

^表示行的开头，^\d 表示行必须以数字开头。

$表示行的结束，\d$表示行必须以数字结束。

< 53 >

具体的正则表达式常用符号如表 4-1 所示。

表 4-1 正则表达式常用符号

符 号	含 义	例 子	匹配结果
*	匹配该符号前面的字符、表达式或括号里的字符 0 次或多次	a*b*	aaaaaaa、aaaaabbb、bbb、aa
+	匹配该符号前面的字符、表达式或括号里的字符至少一次	a+b+	aabbb、abbbbb、aaaaab
?	匹配该符号前面的字符 0 次或 1 次	Ab?	A、Ab
.	匹配任意单个字符，包括数字、空格和符号	b.d	bad、b3d、b#d
[ ]	匹配[ ]内的任意一个字符，即任选一个字符	[a-z]*	zero、hello
\	转义符，把该符号后面的具有特殊意义的符号 "照原样" 输出	\.\\\\	.\
^	指字符串开始位置的字符或子表达式	^a	apple、aply、asdfg
$	经常用在正则表达式的末尾，表示从字符串的末端匹配，如果不使用该符号，则每个正则表达式的实际表达形式都带有.*作为结尾。这个符号可以看成^符号的反义词	[A-Z]*[a-z]*$	ABDxerok、Gplu、yubg、YUBEG
|	匹配任意一个用|分隔的部分	b(i|ir|a)d	bid、bird、bad
?!	这个组合经常放在字符或者正则表达式前面，表示这些字符不能出现。如果在整个字符串中全部排除某个字符，就要加上^和$符号	^((?![A-Z]).)*$	除了大写字母以外的所有字母字符均可：nu-here、&hu238-@
( )	表达式编组，()内的正则表达式会优先运行	(a*b)*	aabaaab、aaabab、abaaaabaaaabaaab
{n}	匹配一个字符串 n 次	Ab{2}c	abbc
{m,n}	匹配前面的字符串或者表达式 m~n 次，包含 m 和 n 次	go{2,5}gle	gooogle、goooogle、gooooogle、goooooogle
[^]	匹配任意一个不在方括号内的字符	[^A-Z]*	sed、sead@、hes#23
\d	匹配一个数字	a\d	a3、a4、a9
\D	匹配一个非数字	3\D	3A、3a、3-
\w	匹配一个字母或数字	\w	3、A、a
\W	同[^\w]	a\Wc	a c
\A	仅匹配字符串开头	\Aabc	Abc
\Z	仅匹配字符串结尾	Abc\Z	abc

4.2 re 模块

Python 提供 re 模块，该模块可以提供所有正则表达式的功能。由于 Python 字符串本身也用\进行转义，所以要特别注意：

```
s = 'ABC\\-001'                          # Python 字符串
```

对应的正则表达式字符串会变成 'ABC\-001'。

因此，强烈建议使用 r 作为 Python 字符串的前缀，这样就不用考虑转义的问题。

< 54 >

```
s = r'ABC\-001'  # Python 字符串
```

对应的正则表达式字符串依然是 'ABC\-001'。

4.2.1 判断匹配

先看看如何判断正则表达式是否匹配。代码如下:

```
In [1]:import re
In [2]:re.match(r'^\d{3}\-\d{3,8}$', '010-12345')
<_sre.SRE_Match object; span=(0, 9), match='010-12345'>
In [3]:re.match(r'^\d{3}\-\d{3,8}$', '010 12345')
```

re.match()尝试从字符串的开始位置匹配一个模式,如果不在开始位置匹配,re.match()返回 None。

re.match()的格式如下。

re.match(pattern, string[.flags=0])

函数参数说明如下。

pattern:匹配的正则表达式。

string:需要匹配的字符串。

示例如下。

```
print(re.match(r'How', 'How are you').span()) # 在开始位置匹配, span()返回起止位置,
故输出结果为(0, 3)
 print(re.match(r'are', 'How are you'))          # 不在开始位置匹配, 输出结果为 None
```

re.match()方法判断是否匹配,如果匹配,返回一个匹配对象,否则返回 None。判断场景中使用 re.match()函数的示例如下。

```
In [4]:test = input('请输入:')
       if re.match(r'abc', test):
             print('ok')
       else:
             print('you are wrong.')
Out[4]:
请输入: asd
you are wrong.
```

re.match()函数在 4.5.1 小节中会详细讨论。

4.2.2 切分字符串

用正则表达式切分字符串比用固定的字符切分更灵活。一般的字符串切分方法如下:

```
In [1]:'a b   c'.split(' ')
 ['a', 'b', '', '', 'c']
```

执行上面的代码,结果显示无法识别连续的空格,想要的结果是['a', 'b', 'c']。运行正则表达式进行切分:

```
In [2]:re.split(r'\s+', 'a b   c')
 ['a', 'b', 'c']
```

使用正则表达式,无论存在多少个空格都可以正常切分字符串。使用[]并加入"\,"看一看结果:

```
In [3]:re.split(r'[\s\,]+', 'a,b, c d')
```

< 55 >

```
['a', 'b', 'c', 'd']
```

再加入 "\,\;" 试一试：

```
In [4]:re.split(r'[\s\,\;]+', 'a,b;; c d')
  ['a', 'b', 'c', 'd']
```

4.2.3 分组

除了具有简单地判断是否匹配的功能之外，正则表达式还具有提取子串的强大功能。在正则表达式中，提取分组（group）用()表示。

【例 4-2】^(\d{3})-(\d{3,8})$分别定义了两个组，可以直接从匹配的字符串中提取出区号和本地号码。

```
import re
In [1]:m = re.match(r'^(\d{3})-(\d{3,8})$', '010-12345')
       m
Out[1]:<_sre.SRE_Match object; span=(0, 9), match='010-12345'>
In [2]:m.group(0)
Out[2]:'010-12345'
In [3]:m.group(1)
Out[3]:'010'
In [4]:m.group(2)
Out[4]:'12345'
```

如果正则表达式中定义了组，就可以在匹配对象上用 group()方法提取子串。

注意 group(0)表示原始字符串，group(1)，group(2)，…表示第 1, 2, …个子串。提取子串非常有用，groups()可用于提取所有的子串。例如：

```
In [5]:t = '19:05:30'
       m = re.match(r'^(0[0-9]|1[0-9]|2[0-3]|[0-9])\:(0[0-9]|1[0-9]|2[0-
           9]|3[0-9]|4[0-9]|5[0-9]|[0-9])\:(0[0-9]|1[0-9]|2[0-9]|3[0-
           9]|4[0-9]|5[0-9]|[0-9])$', t)
In [6]:m.groups()
Out[6]:('19', '05', '30')
```

上面代码中的正则表达式可以直接识别合法的时间。但有些时候，用正则表达式也无法进行完全正确的识别，比如识别日期：

```
'^(0[1-9]|1[0-2]|[0-9])-(0[1-9]|1[0-9]|2[0-9]|3[0-1]|[0-9])$'
```

对于'2-30'、'4-31'这样的非法日期，用正则表达式识别不了，或者说用正则表达式表达出来非常困难，这时就需要使用程序配合识别了。

4.3 贪婪匹配

需要特别指出的是，正则表达式匹配默认为贪婪匹配，也就是匹配尽可能多的字符。

【例 4-3】匹配非 0 的数字后面的 0。

```
In [1]:re.match(r'^(\d+)(0*)$', '102300').groups()
Out[1]:
 ('102300', '')
```

由于\d+采用贪婪匹配，直接把非 0 的数字后面的 0 全部匹配了，因此 0*只能匹配空字符串了。

< 56 >

必须让\d+采用非贪婪匹配（也就是匹配尽可能少的字符），才能让 0*把非 0 的数字后面的 0 匹配出来。在\d+后面加一个?就可以让\d+采用非贪婪匹配：

```
In [2]:re.match(r'^(\d+?)(0*)$', '102300').groups()
Out[2]:
 ('1023', '00')
```

4.4　编译

当我们在 Python 中使用正则表达式时，re 模块会做两件事情：

（1）编译正则表达式，如果正则表达式的字符串本身不合法，会报错；

（2）用编译后的正则表达式匹配字符串。

如果一个正则表达式要重复使用几千次，出于效率的考虑，我们可以预编译该正则表达式，在重复使用该正则表达式时就不需要再编译它，直接用它匹配字符串，示例如下。

```
In [1]:import re

In [2]:re_telephone = re.compile(r'^(\d{3})-(\d{3,8})$') # 预编译

In [3]:re_telephone.match('010-12345').groups()    # 使用

Out[3]:
 ('010', '12345')

In [4]:re_telephone.match('010-8086').groups()      # 使用
Out[4]:
 ('010', '8086')
```

编译后生成正则表达式对象，由于该对象自己包含正则表达式，所以调用对应的方法时不用给出正则表达式的字符串。

re.compile() 函数用于编译正则表达式模式，返回一个对象。re.compile()可以把常用的正则表达式编译成正则表达式对象，方便后续调用及提高效率。

re.compile()的格式如下：

re.compile(pattern, flags=0)

函数参数说明如下。

● pattern：指定编译时的正则表达式的字符串。

● flags：编译标志位，用来修改正则表达式的匹配方式。支持 re.L|re.M 同时匹配 flags 标志位参数。修饰符用于指定一个可选的标志位，修饰符如下。

　　re.I(re.IGNORECASE)：使匹配对大小写不敏感。

　　re.L(re.LOCAL)：进行本地化识别匹配。

　　re.M(re.MULTILINE)：多行匹配，影响 ^ 和 $。

　　re.S(re.DOTALL)：使 . 匹配包括换行在内的所有字符。

　　re.U(re.UNICODE)：根据 Unicode 字符集解析字符。该标志影响 \w、\W、\b、\B。

　　re.X(re.VERBOSE)：该标志通过提供更灵活的格式以将正则表达式写得更易于理解。

```
In [1]:import re
       content = 'Citizen wang, always fall in love with neighbour, WANG'
```

< 57 >

```
        rr = re.compile(r'wan\w', re.I)  # 匹配对大小写不敏感
        print(type(rr))
Out[1]:
  <class '_sre.SRE_Pattern'>
In [2]:a = rr.findall(content)
       print(type(a))
       print(a)
Out[2]:
  <class 'list'>
    ['wang', 'WANG']
```

4.5　正则函数

在 Python 中，re 模块提供了以下几个函数对输入的字符串进行确切的查找：

- re.match()；
- re.search()；
- re.findall()。

每一个函数都接收一个正则表达式和一个待匹配的字符串。

4.5.1　re.match() 函数

re.match()函数总是从字符串开始位置匹配，并返回匹配的字符串的匹配对象<class '_sre.SRE_Match'>。re.match()的格式在 4.2.1 小节中已介绍过。

re.match()函数的工作方式是只有当被搜索字符串在整个字符串开始位置时，它才能查找到匹配对象。

【例 4-4】对示例字符串 "dog rat dog" 调用 re.match()函数，确定是否匹配模式 dog。

```
In [1]:import re
       re.match(r'dog', 'dog rat dog')
Out[1]:
   <_sre.SRE_Match object; span=(0, 3), match='dog'>

In [2]:m1 = re.match(r'dog', 'dog rat dog')
       m1.group(0)
Out[2]:
    'dog'
```

但是，如果我们对 rat 进行查找，则不会找到匹配对象，因为 rat 不在开始位置，例如以下示例。

```
In [3]:re.match(r'rat', 'dog rat dog')
```

更多相关示例如下。

```
In [3]:import re
       pattern = re.compile(r'hello')
       a = re.match(pattern, 'hello world')
       b = re.match(pattern, 'world hello')
       c = re.match(pattern, 'hell')
       d = re.match(pattern, 'hello ')
       if a:
           print(a.group())
       else:
           print('a 失败')
```

< 58 >

```
            if b:
                print(b.group())
            else:
                print('b 失败')
            if c:
                print(c.group())
            else:
                print('c 失败')
            if d:
                print(d.group())
            else:
                print('d 失败')

Out[3]:
        hello
        b 失败
        c 失败
        hello
```

re.match()的方法和属性的相关示例如下。

```
In [4]:import re
        str = 'hello world! hello python'
        pattern = re.compile(r'(?P<first>hell\w)(?P<symbol>\s)
                (?P<last>.*ld!)')
                        # 分组，0 组是整个 hello world!，1 组是 hello，2 组是空格，3 组是 ld!
        match = re.match(pattern, str)
        print('group 0:', match.group(0)) # 匹配 0 组，整个字符串
        print('group 1:', match.group(1)) # 匹配 1 组，hello
        print('group 2:', match.group(2)) # 匹配 2 组，空格
        print('group 3:', match.group(3)) # 匹配 3 组，ld!
        print('groups:', match.groups())
                            # groups()方法用于返回一个包含所有分组匹配的元组
        print('start 0:', match.start(0), 'end 0:', match.end(0))
                        # 整个匹配开始和结束的索引值
        print('start 1:', match.start(1), 'end 1:', match.end(1))
                        # 1 组开始和结束的索引值
        print('start 2:', match.start(1), 'end 2:', match.end(2))
                        # 2 组开始和结束的索引值
        print('pos 开始于: ', match.pos)
        print('endpos 结束于: ', match.endpos) # 字符串的长度
        print('lastgroup 最后一个被捕获的分组的名字: ', match.lastgroup)
        print('lastindex 最后一个分组在文本中的索引: ', match.lastindex)
        print('字符串匹配时使用的文本: ', match.string)
        print('re 匹配时使用的 pattern 对象: ', match.re)
        print('span 返回分组匹配的索引(start(group),end(group)): ',
            match.span(2))

Out[4]:
        group 0: hello world!
        group 1: hello
        group 2:
        group 3: world!
        groups: ('hello', ' ', 'world!')
        start 0: 0 end 0: 12
        start 1: 0 end 1: 5
```

< 59 >

```
start 2: 0 end 2: 6
pos 开始于：0
endpos 结束于：25
lastgroup 最后一个被捕获的分组的名字：last
lastindex 最后一个分组在文本中的索引：3
字符串匹配时使用的文本：hello world! hello python
re 匹配时使用的 pattern 对象：
    re.compile('(?P<first>hell\\w)(?P<symbol>\\s)(?P<last>.*ld!)')
span 返回分组匹配的索引（start(group),end(group)）：(5, 6)
```

4.5.2 re.search()函数

re.search()函数用于对整个字符串进行搜索匹配，返回第一个匹配的字符串的匹配对象。re.search() 的格式如下：

re.search(pattern, string[, flags=0])

函数参数说明如下。

pattern：匹配模式，由 re.compile()获得。

string：需要匹配的字符串。

re.search()方法和 re.match()类似，不过 re.search()方法不会限制我们只从字符串开始位置匹配，使用 re.search()在例 4-4 的字符串中查找 rat 会查找到一个匹配对象：

```
In [1]:m21 = re.search(r'rat', 'dog rat dog')
        m21.group(0)
Out[1]:
    'rat'
```

然而，re.search()方法会在它查找到一个匹配对象之后停止查找，因此在我们的示例字符串中用 re.search()方法查找 dog，只能找到其首次出现的位置。

```
In [2]:m22 = re.search(r'dog', 'dog rat dog')
        m22.group(0)
Out[2]:
    'dog'
```

re.search()的方法和属性示例如下。

```
In [3]:import re
        str = 'say hello world! hello python'
        pattern = re.compile(r'(?P<first>hell\w)(?P<symbol>\s)
            (?P<last>.*ld!)')#分组，0 组是整个 hello world!，1 组是 hello，2 组是空格，3
组是 ld!
        search = re.search(pattern, str)
        print('group 0:', search.group(0)) # 匹配 0 组，整个字符串
        print('group 1:', search.group(1)) # 匹配 1 组，hello
        print('group 2:', search.group(2)) # 匹配 2 组，空格
        print('group 3:', search.group(3)) # 匹配 3 组，ld!
        print('groups:', search.groups())
                            # groups()方法用于返回一个包含所有分组匹配的元组
        print('start 0:', search.start(0), 'end 0:', search.end(0))
                            # 整个匹配开始和结束的索引值
        print('start 1:', search.start(1), 'end 1:', search.end(1))
                            # 1 组开始和结束的索引值
        print('start 2:', search.start(1), 'end 2:', search.end(2))
```

< 60 >

```
                              # 2 组开始和结束的索引值
        print('pos 开始于: ', search.pos)
        print('endpos 结束于: ', search.endpos) # 字符串的长度
        print('lastgroup 最后一个被捕获的分组的名字: ', search.lastgroup)
        print('lastindex 最后一个分组在文本中的索引: ', search.lastindex)
        print('字符串匹配时使用的文本: ', search.string)
        print('re 匹配时使用的 pattern 对象: ', search.re)
        print('span 返回分组匹配的索引 ( start(group),end(group)): ',
                 search.span(2))

Out[3]:
        group 0: hello world!
        group 1: hello
        group 2:
        group 3: world!
        groups: ('hello', ' ', 'world!')
        start 0: 4 end 0: 16
        start 1: 4 end 1: 9
        start 2: 4 end 2: 10
        pos 开始于:  0
        endpos 结束于:  29
        lastgroup 最后一个被捕获的分组的名字:  last
        lastindex 最后一个分组在文本中的索引:  3
        字符串匹配时使用的文本:  say hello world! hello python
        re 匹配时使用的 pattern 对象:
            re.compile('(?P<first>hell\\w)(?P<symbol>\\s)(?P<last>.*ld!)')
        span 返回分组匹配的索引 ( start(group),end(group)): (9, 10)
```

re.search()和 re.match()返回的匹配对象，实际上是一个关于匹配子串的包装类。

在 4.2.3 小节中，我们看到可以通过调用 group()方法得到匹配子串，但是匹配对象包含更多关于匹配子串的信息。

例如，匹配对象可以告诉我们匹配的内容在原始字符串中的开始和结束位置：

```
In [4]:m0 = re.search(r'dog', 'dog rat dog')
        m0.start()
Out[4]:0

In [5]:m0.end()
Out[5]:3
```

这些信息有时候非常有用。

4.5.3 re.findall()函数

其实，在 Python 中使用最多的查找方法是 re.findall()方法。当我们调用 re.findall()方法时，可以非常容易地得到一个所有匹配模式的列表，而不是仅得到某个匹配对象。对示例字符串调用 re.findall()方法，我们可以得到 dog 和 rat 的列表。

```
In [6]:re.findall(r'dog', 'dog rat dog')
Out[6]:['dog', 'dog']

In [7]:re.findall(r'rat', 'dog rat dog')
Out[7]:['rat']
```

< 61 >

4.5.4 字符串的替换和修改

re 模块还提供了字符串的替换和修改函数，它们的功能比字符串对象提供的函数的功能更强大。字符串的替换和修改函数的格式如下：

re.sub (rule , replace , target [,count])

re.subn(rule , replace , target [,count])

这两个函数在目标字符串中按规则查找匹配的字符串，再把它们替换成指定的字符串。我们可以指定一个最多替换次数，如果不指定，则将替换所有匹配到的字符串。

这两个函数的第一个参数是正则规则，第二个参数是指定的用来替换的字符串，第三个参数是目标字符串，第四个参数是最多替换次数。这两个函数的唯一区别是返回值不同：re.sub()会返回一个被替换的字符串；re.subn()会返回一个元组，元组的第一个元素是被替换的字符串，第二个元素是一个数字（表明产生了多少次替换）。

【例 4-5】将下面字符串中的 dog 全部替换成 cat。

```
In [8]:s=' I have a dog , you have a dog , he has a dog '
       re.sub( r'dog' , 'cat' , s )
Out[8]:' I have a cat , you have a cat , he has a cat '
```

如果只想替换前面两个 dog，则可以使用如下方法。

```
In [8]:re.sub( r'dog' , 'cat' , s , 2 )
Out[8]:' I have a cat , you have a cat , he has a dog '
```

如果我们想知道发生了多少次替换，则可以使用 re.subn()。

```
In [8]:re.subn( r'dog' , 'cat' , s )
Out[8]: (' I have a cat , you have a cat , he has a cat ', 3)
```

4.6 格式化输出

Python 格式化输出主要有两种方式：使用%和使用 format()。format()的功能要比%强大很多，format()具有自定义字符填充空白、字符串居中显示、转换二进制、整数自动分割、百分比显示等功能。Python 3.6 及其以后版本新增了 f 格式化。

4.6.1 使用%格式化输出

首先看一个使用%格式化输出的代码示例。

```
In [1]:name1 = "Yubg"
       print("He said his name is %s." %name1)
Out[1]:He said his name is Yubg.
```

上面的代码中的第一个%（%s）在这里类似于占位符，第二个%（%name1）表示需要向第一个%处赋值的内容。使用%方式进行字符串格式化时，要求被格式化的内容和格式字符之间必须一一对应。具体的参数描述如下。

- s：表示占位字符串。
- d：用于将整数、浮点数转换成十进制表示，并将其格式化到"占位"处。

< 62 >

- f：用于将整数、浮点数转换成浮点数表示，并将其格式化到"占位"处（默认保留小数点后 6 位）。
- %：当字符串中存在格式化标志时，需要用 %% 表示一个百分号。

%格式化输出示例：

```
In [1]: name1="Yubg"
   ...: print("He said his name is %d."%name1)
Traceback (most recent call last):

File "<ipython-input-1-d3549f33c4f0>", line 2, in <module>
print("He said his name is %d."%name1)

TypeError: %d format: a number is required, not str


In [2]: "i am %(name)s age %(age)d" % {"name": "alex", "age": 18}
Out[2]: 'i am alex age 18'

In [3]: "percent %.2f" % 99.97623
Out[3]: 'percent 99.98'

In [4]: "i am %(pp).2f" % {"pp": 123.425556 }
Out[4]: 'i am 123.43'

In [5]: "i am %(pp)+.2f %%" % {"pp": 123.425556,}
Out[5]: 'i am +123.43 %'
```

4.6.2 使用 format() 方法格式化输出

除了%格式化之外，推荐使用 format() 方法格式化输出。format() 方法非常灵活，不仅可以通过位置格式化输出，还可以通过关键字参数格式化输出。

1. 通过关键字参数格式化输出

```
print('{名字}今天{动作}'.format(名字='陈某某',动作='拍视频'))#通过关键字参数格式化输出
grade = {'name' : '陈某某', 'fenshu': '59'}
print('{name}电工考了{fenshu}'.format(**grade))#用字典当关键字参数传入值时，在字典前加
**即可
```

2. 通过位置格式化输出

```
print('{1}今天{0}'.format('拍视频','陈某某'))#通过位置格式化输出
print('{0}今天{1}'.format('陈某某','拍视频'))
```

（1）填充和对齐。对齐符号^、<、>分别表示居中、左对齐、右对齐，符号后面的数字表示总宽度。

```
print('{:^14}'.format('陈某某'))   #共占位 14 个宽度，"陈某某"居中
print('{:>14}'.format('陈某某'))   #共占位 14 个宽度，"陈某某"居右对齐
print('{:<14}'.format('陈某某'))   #共占位 14 个宽度，"陈某某"居左对齐
print('{:*<14}'.format('陈某某'))  #共占位 14 个宽度，"陈某某"居左对齐，其他位置用*填充
print('{:&>14}'.format('陈某某'))  #共占位 14 个宽度，"陈某某"居右对齐，其他位置用&填充
#对齐符号^、<、>分别表示居中、左对齐、右对齐，符号后面的 14 表示总宽度（一个汉字为一个宽度）
```

（2）精度和 f 类型。小数位数的精度常和浮点型 f 类型一起使用。

```
print('{:.1f}'.format(4.234324525254))
print('{:.4f}'.format(4.1))
```

< 63 >

（3）进制转化。b、o、d、x 分别表示二、八、十、十六进制。

```
print('{:b}'.format(250))
print('{:o}'.format(250))
print('{:d}'.format(250))
print('{:x}'.format(250))
```

（4）千分位分隔符。只针对数字添加千分位分隔符。

```
print('{:,}'.format(100000000))
print('{:,}'.format(235445.234235))
```

4.6.3　使用 f 格式化输出

通过在普通字符串前添加 f 或 F 前缀进行格式化输出，其效果类似于%格式化或者 format()的效果。

先看示例：

```
In [1]:f"He said his name is {name1}."  #f 格式化，Python 3.6 及其以后版本才有的新功能
Out[1]:
    'He said his name is Fred.'
```

也可用%和 format()方式：

```
In [2]:name1 = "Fred"
       print("He said his name is %s." %name1)  #%格式化
Out[2]:
    He said his name is Fred.

In [3]:print("He said his name is {name1}.".format(**locals())) #format()方法
Out[3]:
    He said his name is Fred.
```

In[3]中出现的 locals()函数使用方法如下。

```
In [4]:def test(arg):
           z = 1
           print(locals())
In [5]:test(4)
Out[5]:
{'z': 1, 'arg': 4}
```

函数 test()在它的局部名字空间中有两个变量：arg（它的值被传入函数）和 z（它是在函数里定义的）。locals()返回一个名字/值对的字典，这个字典的键是字符串形式的变量名，值是变量的实际值。所以用 4 作为实参调用 test()，会输出包含函数两个局部变量的字典：arg（4）和 z（1）。

4.7　实战体验：验证信息的正则表达式

在填写个人信息时，某些信息（如手机号码、身份号码、E-mail 地址等）需要进行验证。下面我们对从键盘输入的 E-mail 地址进行验证，代码如下。

```
In [1]:import re
       text = input("Please input your Email address: \n")
       if re.match(r'^\w+([-+.]\w+)*@\w+([-.]\w+)*\.\w+([-.]\w+)*$',
               text):
```

< 64 >

```
                print('Email address is Right!')
        else:
                print('Wrong!Please reset your right Email address!')
Out[1]:
        Please input your Email address:
        120487362@qq.com
        Email address is Right!

In [2]:text = input("Please input your Email address: \n")
        if re.match(r'^\w+([-+.]\w+)*@\w+([-.]\w+)*\.\w+
                    ([-.]\w+)*$',text):
            print('Email address is Right!')
        else:
            print('Wrong!Please reset your right Email address!')
Out[2]:
        Please input your Email address:
        123@
        Wrong!Please reset your right Email address!
```

要判断输入的身份号码，可以将匹配规则替换为：^([0-9]){7,18}(x|X)?$或^\d{8,18}|[0-9x]{8,18}|[0-9X]{8,18}?$。

要判断输入的手机号码，可以将匹配规则替换为：^(13[0-9]|14[5|7]|15[0|1|2|3|5|6|7|8|9]|18[0|1|2|3|5|6|7|8|9])\d{8}$。

为了方便读者学习，下面收集和整理了一些可以用于判断的规则。

1．判断数字的正则表达式

（1）数字：^[0-9]*$。

（2）n 位数字：^\d{n}$。

（3）至少 n 位数字：^\d{n,}$。

（4）m～n 位数字：^\d{m,n}$。

（5）0 和非 0 开始的数字：^(0|[1-9][0-9]*)$。

（6）非 0 开始的最多带两位小数的数字：^([1-9][0-9]*)+(.[0-9]{1,2})?$。

（7）带一两位小数的正数或负数：^(\-)?\d+(\.\d{1,2})?$。

（8）正数、负数和小数：^(\-|\+)?\d+(\.\d+)?$。

（9）有两位小数的正实数：^[0-9]+(.[0-9]{2})?$。

（10）有 1～3 位小数的正实数：^[0-9]+(.[0-9]{1,3})?$。

（11）正整数：^[1-9]\d*$ 或 ^([1-9][0-9]*){1,3}$ 或 ^\+?[1-9][0-9]*$。

（12）负整数：^\-[1-9][]0-9"*$ 或 ^-[1-9]\d*$。

（13）非负整数：^\d+$ 或 ^[1-9]\d*|0$。

（14）非正整数：^-[1-9]\d*|0$ 或 ^((-\d+)|(0+))$。

（15）非负浮点数：^\d+(\.\d+)?$ 或 ^[1-9]\d*\.\d*|0\.\d*[1-9]\d*|0?\.0+|0$。

2．判断字符的正则表达式

（1）汉字：^[\u4e00-\u9fa5]{0,}$。

（2）英文和数字：^[A-Za-z0-9]+$ 或 ^[A-Za-z0-9]{4,40}$。

（3）长度为 3～20 的所有字符：^.{3,20}$。

（4）由 26 个英文字母组成的字符串：^[A-Za-z]+$。

（5）由 26 个大写英文字母组成的字符串：^[A-Z]+$。

< 65 >

（6）由 26 个小写英文字母组成的字符串：^[a-z]+$。

（7）由数字和 26 个英文字母组成的字符串：^[A-Za-z0-9]+$。

（8）由数字、26 个英文字母或下画线组成的字符串：^\w+$ 或 ^\w{3,20}$。

（9）中文、英文、数字包括下画线等符号：^[\u4E00-\u9FA5A-Za-z0-9_]+$。

（10）中文、英文、数字但不包括下画线等符号：^[\u4E00-\u9FA5A-Za-z0-9]+$ 或 ^[\u4E00-\u9FA5A-Za-z0-9]{2,20}$。

3．用于满足特殊需求的正则表达式

（1）E-mail 地址：^\w+([-+.]\w+)*@\w+([-.]\w+)*\.\w+([-.]\w+)*$。

（2）域名：[a-zA-Z0-9][-a-zA-Z0-9]{0,62}(/.[a-zA-Z0-9][-a-zA-Z0-9]{0,62})+/.?。

（3）互联网 URL（Uniform Resource Locator，统一资源定位符）：[a-zA-z]+://[^\s]* 或 ^http://([\w-]+\.)+[\w-]+(/([\w-./?%&=]*)?$。

（4）手机号码：^(13[0-9]|14[5|7]|15[0|1|2|3|5|6|7|8|9]|18[0|1|2|3|5|6|7|8|9])\d{8}$。

（5）电话号码（"×××-××××××××"、"×××-×××××××"、"×××-×××××××"、"×××××××"和"××××××××"）：^(\(\d{3,4}-)|\d{3,4}-)?\d{7,8}$。

（6）身份号码（15 位、18 位数字）：^\d{15}|\d{18}$。

（7）短身份号码（数字、字母 x 或 X 结尾）：^([0-9]){7,18}(x|X)?$ 或 ^\d{8,18}|[0-9x]{8,18}|[0-9X]{8,18}?$。

（8）账号是否合法（以字母开始，允许账号长度为 5～16 字节，允许包含字母、数字、下画线）：^[a-zA-Z][a-zA-Z0-9_]{4,15}$。

（9）密码（以字母开始，密码长度范围为 6～18，只能包含字母、数字和下画线）：^[a-zA-Z]\w{5,17}$。

（10）强密码（必须包含大小写字母和数字的组合，不能使用特殊字符，强密码长度范围为 8～10）：^(?=.*\d)(?=.*[a-z])(?=.*[A-Z]).{8,10}$。

（11）日期格式：^\d{4}-\d{1,2}-\d{1,2}。

（12）一年的 12 个月（01～09 和 1～12）：^(0?[1-9]|1[0-2])$。

（13）一个月的天数（01～09 和 1～31）：^((0?[1-9])|((1|2)[0-9])|30|31)$。

（14）钱的输入格式（有 4 种钱的表示形式我们可以接受，它们分别是"10000.00"和"10,000.00"，以及没有"分"的"10000"和"10,000"）：^[1-9][0-9]*$。

（15）空白行：\n\s*\r（可以用来删除空白行）。

（16）首尾空白字符：^\s*|\s*$或(^\s*)|(\s*$) [可以用来删除行首、行尾的空白字符（包括空格、制表符、换页符等），是非常有用的表达式]。

（17）中国邮政编码：[1-9]\d{5}(?!\d)（中国邮政编码为 6 位数字）。

（18）IP 地址：\d+\.\d+\.\d+\.\d+或((?:(?:25[0-5]|2[0-4]\d|[01]?\d?\d)\.){3}(?:25[0-5]|2[0-4]\d|[01]?\d?\d))（提取 IP 地址时有用）。

< 66 >

第 5 章　NumPy 和 pandas

使用 Python 进行数据处理时，绕不开的两个库是 NumPy（Numerical Python）和 pandas。

NumPy 是 Python 中用于科学计算的基础库。它提供多维数组对象、多种派生对象（如掩码数组、矩阵）以及用于快速操作数组的函数及 API（Application Program Interface，应用程序接口），功能包括数组形状变换、排序、选择、I/O（Input/Output，输入输出）、离散傅里叶变换、基本线性代数运算、基本统计运算、随机模拟等。NumPy 包的核心是 ndarray 对象。

pandas 是一个提供快速、灵活和明确的数据结构的 Python 库。pandas 的两个主要数据结构 Series（一维）和 DataFrame（二维），可以用于处理金融、统计等社会科学以及许多工程领域中的绝大多数典型用例。所以在实际应用中，pandas 是使用较多的一个库，尤其在数据清洗方面。

5.1　NumPy 库

标准安装的 Python 用列表保存一组值，该列表可以当作数组使用。列表的元素可以是任何对象，列表中保存的是对象的指针。为了保存一个简单的[1,2,3]，需要使用 3 个指针和 3 个整数对象。对于数值运算来说，这种结构显然比较浪费内存和 CPU（Central Processing Unit，中央处理器）计算时间。

Python 提供了一个 array 模块，array 对象和列表不同，它直接保存数值。但是由于该模块不支持多维，也不提供各种运算函数，因此不适用于进行数值运算。

NumPy 弥补了列表和 array 模块的不足。NumPy 提供了两种基本的对象：ndarray（n-dimensional array）和 ufunc（universal function）。ndarray（下文统一称之为数组）是存储单一数据类型的多维数组，而 ufunc 则是能够对数组进行处理的函数。

NumPy 是 Python 中的一个重要的库。对每一个数据科学或机器学习 Python 包而言，NumPy 都是一个非常重要的库，SciPy（Scientific Python）、Matplotlib（MATLAB plotting library）、scikit-learn 等都在一定程度上依赖 NumPy。

NumPy 库的安装很简单，在安装 Anaconda 后，基本的 NumPy、pandas 和 Matplotlib 库就都已经安装了。可以通过 Anaconda 下的 Anaconda Prompt 执行命令 conda list，来查看 Anaconda 所安装的包，如图 5-1 所示。

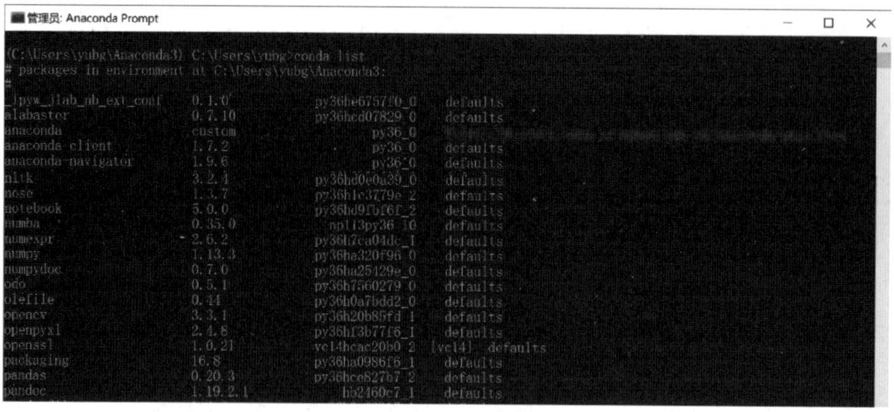

图 5-1　查看 Anaconda 所安装的包

如果列表中没有 NumPy，则可直接继续执行安装命令：conda install numpy。

对数组执行数学运算和逻辑运算时，NumPy 是非常有用的。在用 Python 对 *n* 维数组和矩阵进行运算时，NumPy 提供了大量有用特性。NumPy 数组有两种形式：向量和矩阵。严格地讲，向量是一维数组，矩阵是多维数组。但在某些情况下，矩阵只有一行或一列。

在导入 NumPy 时，我们使用 as 将 np 作为 NumPy 的别名，导入方式如下：

import numpy as np

5.1.1　数组的创建

我们先从 Python 列表中创建 NumPy 数组。

```
In [1]: import numpy as np
        my_list = [1, 2, 3, 4, 5]
        my_numpy_list = np.array(my_list)
```

通过 my_list 列表，我们已经简单地创建了一个名为 my_numpy_list 的 NumPy 数组，结果如下所示：

```
In [2]:my_numpy_list
Out[2]: array([1, 2, 3, 4, 5])
```

我们已将一个列表转换为一维数组。要想得到二维数组，则需要创建一个以列表为元素的列表，如下所示：

```
In [3]: second_list = [[1,2,3], [5,4,1], [3,6,7]]
        new_2d_arr = np.array(second_list)
        new_2d_arr
Out[3]:
array([[1, 2, 3],
       [5, 4, 1],
       [3, 6, 7]])
```

我们已经成功创建了一个 3 行 3 列的二维数组。有时为了方便数据操作，我们需要将数组转换为列表，此时只需使用函数 tolist()即可。

```
In [4]: c = np.array([[1, 2, 3, 4],[4, 5, 6, 7], [7, 8, 9, 10]])
        c
Out[4]:
array([[ 1, 2, 3, 4],
       [ 4, 5, 6, 7],
       [ 7, 8, 9, 10]])
```

< 68 >

```
In [5]: c.tolist()
Out[5]: [[1, 2, 3, 4], [4, 5, 6, 7], [7, 8, 9, 10]]
```

我们还可以通过给 array() 函数传递 Python 的列表对象来创建数组，如果传递的是多层嵌套的列表，将创建多维数组，如下面的变量 c。

```
In [6]: c.dtype                    #查看 c 的数据类型
Out[6]: dtype('int32')
```

数组的大小可以通过其 shape 属性获得：

```
In [7]: a = np.array([1, 2, 3, 4])
        a.shape                    #查看数组 a 的维度
Out[7]: (4,)

In [8]: c.shape
Out[8]: (3, 4)
```

数组 a 的 shape 只有一个元素 4，因为它是一维数组。而数组 c 的 shape 有两个元素，因为它是二维数组，其中第 0 轴的长度为 3，第 1 轴的长度为 4，如图 5-2 所示。可以通过修改数组的 shape 属性，在保持数组元素个数不变的情况下，改变数组每个轴的长度。下面的例子将数组 c 的 shape 改为(4,3)。

注意　从(3,4)改为(4,3)并不是对数组进行转置，而是改变每个轴的长度，数组元素在内存中的位置并没有改变。

图 5-2　二维数组轴图

```
In [9]: c.shape = 4,3
        c
Out[9]:
array([[ 1,  2,  3],
       [ 4,  4,  5],
       [ 6,  7,  7],
       [ 8,  9, 10]])
```

当某个轴的长度为-1 时，这个-1 相当于占位符，将根据数组元素的个数自动计算此轴的长度，因此下面的代码将数组 c 的 shape 改为了(2,6)，但这里的 6 不需要人工计算，而是以-1 替代，由机器自动计算并填充。

```
In [10]: c.shape = 2,-1
         c
Out[10]:
array([[ 1,  2,  3,  4,  4,  5],
       [ 6,  7,  7,  8,  9, 10]])
```

使用数组的 reshape() 方法，可以生成一个改变了尺寸的新数组，原数组的 shape 保持不变。

```
In [11]: d = a.reshape((2,2))
         d
Out[11]:
array([[1, 2],
       [3, 4]])

In [12]: a
Out[12]: array([1, 2, 3, 4])
```

reshape() 生成的新数组和原数组共用一个内存，不管改变哪一个，另一个都会受到影响。所以数组 a 和 d 共享数据存储区域，修改其中任意一个数组的元素都会同时修改另外一个数组的元素。

< 69 >

```
In [13]: a[1] = 100  # 将数组 a 的索引为 1 的元素修改为 100
         d            # 注意数组 d 中的 2 也被修改为 100 了
Out[13]:
array([[  1, 100],
       [  3,   4]])
```

数组的元素类型可以通过其 dtype 属性获得。上面例子中的参数列表的元素都是整数，因此所创建的数组的元素类型是整型，并且是 32 位的长整型。可以通过 dtype 参数在创建数组时指定数组的元素类型。

```
In [14]: np.array([[1,2,3,4],[4,5,6,7], [7,8,9,10]], dtype=np.float)
Out[14]:
array([[  1.,   2.,   3.,   4.],
       [  4.,   5.,   6.,   7.],
       [  7.,   8.,   9.,  10.]])

In [15]: np.array([[1,2,3,4],[4,5,6,7], [7,8,9,10]], dtype=np.complex)
Out[15]:
array([[  1.+0.j,   2.+0.j,   3.+0.j,   4.+0.j],
       [  4.+0.j,   5.+0.j,   6.+0.j,   7.+0.j],
       [  7.+0.j,   8.+0.j,   9.+0.j,  10.+0.j]])
```

当我们想知道一个数组包含多少个数据时，可以使用 size 来查阅。

```
In [16]: d=np.array([[ 1, 100],[ 3, 4]])
         d.size
Out[16]: 4

In [17]: len(d)
Out[17]: 2
```

注意 len() 和 size 的区别，len() 获取的是元素的个数，而 size 获取的是数据的个数，元素可以包含多个数据。

上面的例子都是先创建一个 Python 列表，然后通过 array() 函数将列表转换为数组，这样做的效率显然不高，因此 NumPy 提供了很多专门用来创建数组的函数。下面的每个函数都有一些关键字参数，具体使用方法请查看官方文档中的函数说明。

本书在 1.4.3 小节介绍 for 循环时介绍过 range() 函数，该函数通过指定的开始值、结束值和步长生成一个 0～n（不包含 n）的长度为 n 的整数序列，但如果要生成一个小数序列呢？这就要用到 NumPy 下的 arange() 函数了。arange() 函数类似于 Python 的内置函数 range()。但使用 arange() 函数需要先导入 NumPy 库。下面使用 arange() 函数产生一个 0～1 的步长为 0.1 的序列。

```
In [16]: np.arange(0,1,0.1)
Out[16]: array([ 0. , 0.1, 0.2, 0.3, 0.4, 0.5, 0.6, 0.7, 0.8, 0.9])
```

有时需要在指定的数值范围内创建一维数组，这可以用 linspace() 函数来实现。linspace() 函数通过指定开始值、结束值和元素个数来创建一维数组，可以通过 endpoint 关键字指定是否包括结束值。默认设置是包括结束值的。

```
In [17]: np.linspace(0, 1, 12)
Out[17]:
array([ 0. , 0.09090909, 0.18181818, 0.27272727, 0.36363636,
        0.45454545, 0.54545455, 0.63636364, 0.72727273, 0.81818182,
        0.90909091, 1. ])
```

logspace() 函数和 linspace() 函数类似，不过它用于创建等比数列。下面的代码用于生成 1（即 $10**0$）～100（即 10^2）共 20 个元素的等比数列。

< 70 >

```
In [18]: np.logspace(0, 2, 20)
Out[18]:
array([ 1.    , 1.27427499, 1.62377674, 2.06913808,
        2.6366509 , 3.35981829, 4.2813324 , 5.45559478,
        6.95192796, 8.8586679 , 11.28837892, 14.38449888,
        18.32980711, 23.35721469, 29.76351442, 37.92690191,
        48.32930239, 61.58482111, 78.47599704, 100.    ])
```

还可以通过函数 zeros() 和 ones() 等其他函数来创建多维数组，例如：

```
In [19]: import numpy as np
    ...: my_zeros = np.zeros(5)

In [20]: my_zeros
Out[20]: array([ 0., 0., 0., 0., 0.])

In [21]: my_ones = np.ones(5)

In [22]: my_ones
Out[22]: array([ 1., 1., 1., 1., 1.])

In [23]: two_zeros = np.zeros((3,5))
         two_zeros
Out[23]:
array([[ 0., 0., 0., 0., 0.],
       [ 0., 0., 0., 0., 0.],
       [ 0., 0., 0., 0., 0.]])

In [24]: two_ones = np.ones((5,3))
    ...: two_ones
Out[24]:
array([[ 1., 1., 1.],
       [ 1., 1., 1.],
       [ 1., 1., 1.],
       [ 1., 1., 1.],
       [ 1., 1., 1.]])
```

要创建一个一维数组，并且把某个元素重复多次，可以使用 repeat()：

```
In [25]: np.repeat(3, 4)
Out[25]: array([3, 3, 3, 3])
```

还可以使用 np.full(shape, val) 函数创建具有同一数据的多维数组，即根据 shape 生成一个数组，将每个元素值均填充为 val。

```
In [26]: np.full((2,3),8)
Out[26]:
array([[8, 8, 8],
       [8, 8, 8]])
```

在处理线性代数问题时，单位矩阵是非常有用的。单位矩阵是一个二维的方阵，也就是说该矩阵的列数与行数相等，它的对角线元素都是 1，其他元素均为 0。单位矩阵可以使用 eye() 函数来创建。

```
In [27]: my_matrix = np.eye(6)    #创建 6 阶的单位矩阵

In [28]: my_matrix
Out[28]:
array([[ 1., 0., 0., 0., 0., 0.],
       [ 0., 1., 0., 0., 0., 0.],
       [ 0., 0., 1., 0., 0., 0.],
       [ 0., 0., 0., 1., 0., 0.],
       [ 0., 0., 0., 0., 1., 0.],
```

< 71 >

```
          [ 0., 0., 0., 0., 0., 1.]])
```

在处理数据时，有时需要用到由随机数组成的数组。由随机数组成的数组可以使用 np.random.rand()、np.random.randn() 或 np.random.randint() 函数生成。

（1）np.random.rand()用于生成一个由均匀产生的0~1范围内的随机数组成的数组。例如，要生成一个由 4 个对象组成的一维数组，且这 4 个对象均匀分布在0~1的范围内，可以这样做：

```
In [1]: import numpy as np
        my_rand = np.random.rand(4)
        my_rand
Out[1]: array([ 0.8038377 , 0.82393353, 0.07511963, 0.28900456])
```

如果我们想要一个5 行 4 列的二维数组，可以这样做：

```
In [2]: my_rand = np.random.rand(5, 4)
        my_rand
Out[2]:
array([[ 0.23075524, 0.37075683, 0.02791661, 0.59149501],
       [ 0.19525257, 0.20225569, 0.03901862, 0.32141019],
       [ 0.59996611, 0.95734781, 0.15140956, 0.43600606],
       [ 0.42776634, 0.8688988 , 0.75872595, 0.36019754],
       [ 0.88073936, 0.51553821, 0.44954604, 0.93475329]])
```

（2）np.random.randn()用于从以 0 为中心的标准正态分布或高斯分布中产生随机样本。例如，生成 7 个随机数：

```
In [3]: my_randn = np.random.randn(7)
   ...: my_randn
Out[3]:
array([-0.69841501, -1.18251376, -0.26387785, -0.1519803 , -1.12398459,
       -1.01932536, -0.09537881])
```

绘制这7 个随机数的图像会得到一条正态分布曲线。

同样，如需创建一个 3 行 5 列的二维数组，可以这样做：

```
In [4]: np.random.randn(3,5)
Out[4]:
array([[-0.66033972, -0.82280485, -0.08232885, 1.14664427, 0.01316381],
       [-0.55195999, -0.59205497, 0.93660669, 2.85397242, 0.61310109],
       [ 0.21420844, 0.04403698, 0.97300744, 0.87568263, -0.67880206]])
```

（3）np.random.randint() 函数用于在半开半闭区间[low,high)上生成离散均匀分布的整数值；若 high=None，则取值区间变为[0,low) 。

```
In [5]: np.random.randint(20)          #取值区间为[0,20]
Out[5]: 10

In [6]: np.random.randint(2, 20)       #取值区间为[2,20]
Out[6]: 10

In [7]: np.random.randint(2, 20, 7)    #取值区间为[2,20]，从中随机
                                        取7 个整数
Out[7]: array([12, 16, 9, 17, 11, 14, 10])

In [8]: np.random.randint(10, high=None, size=(2,3))   #从[0,10)中取 6 个整数组成 2
行3 列的数组
Out[8]:
array([[7, 1, 3],
       [9, 9, 9]])
```

微课视频

< 72 >

其他创建数组的方法如下。

np.empty((m,n))：创建 m 行 n 列、未初始化的二维数组。

np.ones_like(a)：根据数组 a 的形状生成一个元素全为 1 的数组。

np.zeros_like(a)：根据数组 a 的形状生成一个元素全为 0 的数组。

np.full_like(a,val)：根据数组 a 的形状生成一个元素全为 val 的数组。

np.empty((2,3),np.int)：只分配内存，不进行初始化。

它们的使用方法可以通过 help() 来查询，例如 np.full_like() 函数的使用方法如下。

```
In [9]: help(np.full_like)
        Help on function full_like in module numpy.core.numeric:

        full_like(a, fill_value, dtype=None, order='K', subok=True)
        Return a full array with the same shape and type as a given array.
        Parameters
        ----------
        ...

        Examples
        --------
        >>> x = np.arange(6, dtype=np.int)
        >>> np.full_like(x, 1)
        array([1, 1, 1, 1, 1, 1])
        >>> np.full_like(x, 0.1)
        array([0, 0, 0, 0, 0, 0])
        >>> np.full_like(x, 0.1, dtype=np.double)
        array([ 0.1, 0.1, 0.1, 0.1, 0.1, 0.1])
        >>> np.full_like(x, np.nan, dtype=np.double)
        array([ nan, nan, nan, nan, nan, nan])
        >>> y = np.arange(6, dtype=np.double)
        >>> np.full_like(y, 0.1)
        array([ 0.1, 0.1, 0.1, 0.1, 0.1, 0.1])
```

5.1.2　数组的操作

1．访问数组

要对数组里的元素进行操作，首先需要能够索引元素，即能够查询、访问数组。

通过索引访问：每个维度一个索引值，用逗号分隔。

```
In [1]: import numpy as np
        a = np.random.randint(2, 100, 24).reshape((3,8))  #从[2,100)中取 24 个整数
        组成 3 行 8 列的数组
        a
Out[1]:
array([[72, 11, 2, 63, 84, 9, 57, 59],
       [85, 8, 7, 87, 81, 71, 46, 59],
       [56, 50, 44, 30, 71, 73, 15, 5]])

In [2]: a[2,6]   #访问索引号为[2, 6]的元素 15
Out[2]: 15

In [3]: b = a.reshape((2,3,4))  #将 a 改为三维数组
        b
Out[3]:
array([[[72, 11, 2, 63],
        [84, 9, 57, 59],
        [85, 8, 7, 87]],
```

< 73 >

```
        [[81, 71, 46, 59],
         [56, 50, 44, 30],
         [71, 73, 15, 5]]])

In [4]: b[1,2,3]    #访问索引号为[1,2,3]的元素 5
Out[4]: 5
```

通过多维数组的切片访问：每个维度一个切片值，用逗号分隔。

```
In [5]: b[:,1:,2]   #访问元素 57、7、44、15
Out[5]:
array([[57, 7],
       [44, 15]])
```

还可以通过如下操作访问数组：

```
In [1]: import numpy as np
        c = np.array([[1, 2, 3, 4],[4, 5, 6, 7], [7, 8, 9, 10]])
        c
Out[1]:
array([[ 1, 2, 3, 4],
       [ 4, 5, 6, 7],
       [ 7, 8, 9, 10]])

In [2]: c[1][3]                #访问行索引为 1、列索引为 3 的元素
Out[2]: 7

In [3]: c[:,[1,3]]             #访问 c 的所有行的列索引为 1、3 的元素
Out[3]:
array([[ 2, 4],
       [ 5, 7],
       [ 8, 10]])
```

更多的时候，我们需要访问符合条件的元素，例如，在 c[x][y]中 x 和 y 为条件。

```
In [4]: c[: , 2][c[: , 0] < 5]
Out[4]: array([3, 6])
```

说明：

a[x][y]表示访问符合 x、y 条件的 a 的元素。

[:,2]表示取所有行的第 3 列（第 3 列索引号为 2）的元素，[c[:,0]<5]表示取第 1 列（第 1 列索引号为 0）值小于 5 的元素所在的行（即第 1、2 行）的元素，最终即表示取第 1、2 行的第 3 列的元素，得到 array([3,6])这个"子"数组。

在访问数组时，经常需要查找符合条件的元素的位置，这时可以使用 where()函数。

```
In [5]: c
Out[5]:
array([[ 1, 2, 3, 4],
       [ 4, 5, 6, 7],
       [ 7, 8, 9, 10]])

In [6]: np.where(c == 4)    #查找数据为 4 的位置
Out[6]: (array([0, 1], dtype=int64), array([3, 0], dtype=int64))
```

这里需要注意的是，[0,1]和[3,0]并不是找到的位置，而是表示坐标的元组，元组的第一个数组表示查询结果的行坐标，第二个数组表示查询结果的列坐标，即找到的位置为 c[0,3]和 c[1,0]（或者 c[0][3]和 c[1][0]）。

< 74 >

2．数组元素数据类型转换

当我们需要对数组中的元素进行数据类型转换时，常用 astype() 方法。

（1）转换数据类型。

如果将浮点数转换为整数，则浮点数的小数部分会被截断。

```
In [1]: import numpy as np
        q = np.array([1.1, 2.2, 3.3, 4.4, 5.3221])
        q
Out[1]: array([ 1.1 , 2.2 , 3.3 , 4.4 , 5.3221])

In [2]: q.dtype
Out[2]: dtype('float64')

In [3]: q.astype(int)
Out[3]: array([1, 2, 3, 4, 5])
```

（2）将字符串数组的类型转换为数值型。

```
In [4]: s = np.array(['1.2','2.3','3.2141'])
   ...: s
Out[4]:
array(['1.2', '2.3', '3.2141'],
      dtype='<U6')

In [5]: s.astype(float)
Out[5]: array([ 1.2 , 2.3 , 3.2141])
```

此处写的是 float，而不是 np.float64，NumPy 很聪明，它会将 Python 类型映射到等价的 dtype 上。

3．数组的拼接

np.vstack() 和 np.hstack() 方法可以实现对两个数组的"拼接"，返回的是新数组。

np.vstack((a,b))：用于将数组 a、b 垂直（vertical）拼接。

np.hstack((a,b))：用于将数组 a、b 水平（horizontal）拼接。

```
In [1]: import numpy as np
        a = np.full((2,3),1)
        a
Out[1]:
array([[1, 1, 1],
       [1, 1, 1]])

In [2]: b = np.full((2,3),2)
        b
Out[2]:
array([[2, 2, 2],
       [2, 2, 2]])

In [3]: np.vstack((a,b))        #垂直拼接
Out[3]:
array([[1, 1, 1],
       [1, 1, 1],
       [2, 2, 2],
       [2, 2, 2]])

In [4]: np.hstack((a,b))        #水平拼接
Out[4]:
array([[1, 1, 1, 2, 2, 2],
       [1, 1, 1, 2, 2, 2]])
```

< 75 >

4．数组的切分

np.vsplit()和 np.hsplit()方法可以实现对数组的"切分"，返回的是列表。

np.vsplit(a,v)：用于将 a 数组在垂直方向上切成 v 等分。

np.hsplit(a,v)：用于将 a 数组在水平方向上切成 v 等分。

```
In [1]: import numpy as np
        c = np.array([[1, 2, 3, 4],[4, 5, 6, 7], [7, 8, 9, 10]])
        c
Out[1]:
array([[ 1, 2, 3, 4],
       [ 4, 5, 6, 7],
       [ 7, 8, 9, 10]])

In [2]: np.vsplit(c,3)    #切成了上中下 3 部分
Out[2]: [array([[1, 2, 3, 4]]), array([[4, 5, 6, 7]]), array([[ 7, 8, 9, 10]])]

In [3]: np.hsplit(c,2)    #切成了左右两部分
Out[3]:
[array([[1, 2],
       [4, 5],
       [7, 8]]), array([[ 3, 4],
       [ 6, 7],
       [ 9, 10]])]
```

np.vsplit()和 np.hsplit()的参数 v 必须能够将 a 数据等分，否则会报错。

5．缺失值检测

在进行数据处理前，一般都会对数据进行检测，查看是否有缺失值项，对缺失值一般要进行删除或者填充处理。

np.isnan(a)：用于检测数组元素是否是空值 NaN，返回布尔值。

```
In [1]: import numpy as np
        c = np.array([[1, 2, 3, 4],[4, 5, 6, 7], [np.nan, 8, 9, 10]])
        c
Out[1]:
array([[ 1., 2., 3., 4.],
       [ 4., 5., 6., 7.],
       [ nan, 8., 9., 10.]])

In [2]: np.isnan(c)
Out[2]:
array([[False, False, False, False],
       [False, False, False, False],
       [ True, False, False, False]], dtype=bool)
```

当检测出有缺失值时，可以用 0 填充缺失值。nan_to_num()可用来将 NaN 替换成 0。

```
In [4]: np.nan_to_num(c)
Out[4]:
array([[ 1., 2., 3., 4.],
       [ 4., 5., 6., 7.],
       [ 0., 8., 9., 10.]])
```

6．删除数组行、列

删除数组的行、列可以使用切片查找的方法，生成一个新的数组；也可以使用先通过 split()、vsplit()、hspilt()对数组进行切分，再取其切片 a=a[0]赋值的方法；还可以使用 np.delete()函数。

np.delete()函数格式如下：

< 76 >

np.delete(arr, obj, axis=None)

```
In [1]: import numpy as np
        a = np.array([[1,2],[3,4],[5,6]])
        a
Out[1]:
array([[1, 2],
       [3, 4],
       [5, 6]])

In [2]: np.delete(a,1,axis = 0)    #删除a的第2行（索引为1），axis=0表示对行操作
Out[2]:
array([[1, 2],
       [5, 6]])

In [3]: np.delete(a,(1,2),0)       #删除a的第2、3行
Out[3]: array([[1, 2]])

In [4]: np.delete(a,1,axis = 1)    #删除a的第2列，axis=1表示对列操作
Out[4]:
array([[1],
       [3],
       [5]])
```

这里要删除a的第2列，还可以采用split()方法：

```
In [5]: a = np.split(a,2,axis = 1) #效果与采用np.hsplit(a,2)的效果一样

In [6]: a[0]
Out[6]:
array([[1],
       [3],
       [5]])
```

7．数组的复制

在进行数据处理前，为了保证数据的安全，一般都要对数据进行复制。但在 Python 中使用函数复制数据时要小心，有很多需要注意的事项。

c=a.view()：c 是对 a 的浅复制，两个数组不同，但数据共享。

d=a.copy()：d 是对 a 的深复制，两个数组不同，数据不共享。

```
In [1]: import numpy as np
        a = np.array([[1,2],[3,4],[5,6]])
        a
Out[1]:
array([[1, 2],
       [3, 4],
       [5, 6]])

In [2]: c = a.view()
        c
Out[2]:
array([[1, 2],
       [3, 4],
       [5, 6]])

In [3]: d = a.copy()
        d
Out[3]:
array([[1, 2],
```

< 77 >

```
                 [3, 4],
                 [5, 6]])

In [4]: id(a)                    #查看 a 的存储地址
Out[4]: 1235345516784

In [5]: id(c)
Out[5]: 1235345516944

In [6]: id(d)
Out[6]: 1235345517424

In [7]: a[1,0] = 0               #将 a 中的数据 3 修改为 0
        a
Out[7]:
array([[1, 2],
       [0, 4],
       [5, 6]])

In [8]: c                        #c 中的数据被修改了
Out[8]:
array([[1, 2],
       [0, 4],
       [5, 6]])

In [9]: d                        #d 中的数据没有变化
Out[9]:
array([[1, 2],
       [3, 4],
       [5, 6]])

In [10]: c[1,0] = 3              #将 c 中的数据 0 修改为 3
         c
Out[10]:
array([[1, 2],
       [3, 4],
       [5, 6]])

In [11]: a                       #a 中的数据被修改了
Out[11]:
array([[1, 2],
       [3, 4],
       [5, 6]])
```

注意　若将 a 的值直接赋值给 b，则 b 和 a 同时指向同一个数组，若修改 a 或者 b 的某个元素，a 和 b 都会改变；若想 a 和 b 不关联且不被修改，则需要使用 b = a.copy() 为 b 单独生成一个副本。

8. 数组的排序

在处理数据时，常会对数据进行按行或按列排序，或者需要引用排序后的索引等。

np.sort(a,axis=1)：用于将数组 a 里的元素按行排序并生成一个新的数组。

a.sort(axis=1)：因 sort() 方法作用在对象 a 上，a 改变了。

j=np.argsort(a)：表示对 a 元素排序后的索引位置。

```
In [21]: import numpy as np
         a = np.array([[1,3],[4,2],[8,6]])
         a
Out[21]:
array([[1, 3],
```

< 78 >

```
                [4, 2],
                [8, 6]])

In [22]: np.sort(a,axis=1)     #按行排序
Out[22]:
array([[1, 3],
       [2, 4],
       [6, 8]])

In [23]: a                     #a 没有改变
Out[23]:
array([[1, 3],
       [4, 2],
       [8, 6]])

In [24]: np.sort(a,axis=0)     #按列排序
Out[24]:
array([[1, 2],
       [4, 3],
       [8, 6]])

In [25]: a.sort()

In [26]: a                     #a 改变了
Out[26]:
array([[1, 3],
       [2, 4],
       [6, 8]])

In [30]: a = np.array([[1,3],[4,2],[8,6]])
         a                     #还原a
Out[30]:
array([[1, 3],
       [4, 2],
       [8, 6]])

In [31]: j = np.argsort(a)
         j
Out[31]:
array([[0, 1],
       [1, 0],
       [1, 0]], dtype=int64)
```

9. 查找最值

在数据分析中，常会查找数据的最值，并返回最值位置的索引。

np.argmax(a, axis=0)：查找每列最大值的位置。

np.argmin(a, axis=0)：查找每列最小值的位置。

a.max(axis=0)：查找每列最大值。

a.min(axis=0)：查找每列最小值。

```
In [1]: import numpy as np
        a = np.array([[1,3],[4,2],[8,6]])
        a
Out[1]:
array([[1, 3],
       [4, 2],
       [8, 6]])
```

< 79 >

```
In [2]: np.argmax(a,axis=0)      #查找每列最大值的位置
Out[2]: array([2, 2], dtype=int64)

In [3]: a.max()                  #对所有数据进行最大值查找
Out[3]: 8

In [4]: a.max(axis=0)            #查找每列最大值
Out[4]: array([8, 6])
```

10．数据的读取与存储

（1）np.save()和np.savez()。

保存一个数组到一个二进制文件中可以使用 np.save()或者 np.savez()方法。NumPy 为数组对象引入了一个简单的文件格式——.npy。.npy 文件在磁盘文件中，存储重建数组所需的数据、图形、数据类型和其他信息，以便正确获取数组。

np.save()的格式为：

np.save(file, arr, allow_pickle=True, fix_imports=True)
函数参数说明如下。

file：文件名/文件路径。

arr：要存储的数组。

allow_pickle：布尔值，允许使用 Python pickles 保存对象数组（可选参数，默认即可）。

fix_imports：用于在 Python 2 中读取 Python 3 保存的数据（可选参数，默认即可）。

使用 np.load()方法即可读取保存在.npy 文件中的数据。

np.load(file)：从 file（文件名/文件路径）文件中读取数据。

```
In [1]: import numpy as np
   ...: c = np.array([[1, 2, 3, 4],[4, 5, 6, 7], [np.nan, 8, 9, 10]])
   ...:
   ...: np.save('save_1.npy',c)

In [2]: f = np.load('save_1.npy')

In [3]: f
Out[3]:
array([[ 1., 2., 3., 4.],
       [ 4., 5., 6., 7.],
       [ nan, 8., 9., 10.]])
```

np.savez()也用于将数组保存到一个二进制文件中，它可以将多个数组保存到同一个文件中，文件保存格式是.npz，该文件其实就是多个 np.save()保存的.npy 文件，通过打包（未压缩）的方式压缩成的一个文件，解压这个文件就能看到它包含多个.npy 文件。

np.savez()的格式为：

np.savez(file, *args, **kwds)
函数参数说明如下。

file：文件名/文件路径。

*args：要存储的数组，可以有多个，如果没有给数组指定键，NumPy 将默认以 arr_0、arr_1 的方式命名。

**kwds：可选参数，默认即可。

```
In [4]: import numpy as np
   ...: c = np.array([[1, 2, 3, 4],[4, 5, 6, 7], [np.nan, 8, 9, 10]])
```

< 80 >

```
In [5]: np.savez('save_2.npz',a,c)

        f = np.load('save_2.npz')
In [6]: f    #这样是打不开数据的
Out[6]: <numpy.lib.npyio.NpzFile at 0x11fa0559cf8>

In [7]: f['arr_0']
Out[7]:
array([[1, 3],
       [4, 2],
       [8, 6]])

In [8]: f['arr_1']
Out[8]:
array([[ 1., 2., 3., 4.],
       [ 4., 5., 6., 7.],
       [ nan, 8., 9., 10.]])
```

为了便于后面访问数据，将保存的数组的键指定为 a、c。

```
In [9]: np.savez('save_3.npz',a=a,c=c)

In [10]: f = np.load('save_3.npz')

In [11]: f['a']
Out[11]:
array([[1, 3],
       [4, 2],
       [8, 6]])

In [12]: f['c']
Out[12]:
array([[ 1., 2., 3., 4.],
       [ 4., 5., 6., 7.],
       [ nan, 8., 9., 10.]])
```

（2）np.savetxt()。

np.savetxt()用于将数组保存到文本文件中，以便直接打开查看文件里面的内容。

np.savetxt()的格式为：

np.savetxt(fname, X, fmt='%.18e', delimiter=' ', newline='\n', header='', footer='', comments='# ', encoding=None)

函数参数说明如下。

fname：文件名/文件路径。如果文件名以.gz 结尾，该文件将被自动保存为.gzip 格式，np.loadtxt() 可以识别该格式。.csv 格式文件可以用 np.savetxt()保存。

X：要存储的一维或二维数组。

fmt：控制数据存储的格式。

delimiter：数据列之间的分隔符。

newline：数据行之间的分隔符。

header：文件头部写入的字符串。

footer：文件尾部写入的字符串。

comments：文件头部或者尾部字符串的开始字符，默认是'#'。

encoding：使用默认参数。

读取数据可使用 np.loadtxt()方法。

< 81 >

np.loadtxt()的格式为：

np.loadtxt(fname,dtype=<class 'float'>,comments='#',delimiter=None, converters=None)
函数参数说明如下。

fname：文件名/文件路径，如果文件名以.gz 或.bz2 结尾，该文件将先被解压，再载入。

dtype：要读取的数据类型。

comments：文件头部或者尾部字符串的开始字符，用于识别头部、尾部字符串。

delimiter：划分读取到的值的字符串。

converters：数据行之间的分隔符。

```
In [1]: import numpy as np
   ...: a = np.array([[1,3],[4,2],[8,6]])
   ...: c = np.array([[1, 2, 3, 4],[4, 5, 6, 7], [np.nan, 8, 9, 10]])

In [2]: np.savetxt('save_text.out',c)

In [3]: np.loadtxt('save_text.out')
Out[3]:
array([[ 1., 2., 3., 4.],
       [ 4., 5., 6., 7.],
       [ nan, 8., 9., 10.]])

In [4]: d = c.reshape((2,3,2))

In [5]: np.savetxt('save_text.csv',d)
Traceback (most recent call last):

File "<ipython-input-108-2cad6843d204>", line 1, in <module>
np.savetxt('save_text.csv',d)

File "C:\Users\yubg\Anaconda3\lib\site-packages\numpy\lib\npyio.py", line 1258,
in savetxt
% (str(X.dtype), format))

TypeError: Mismatch between array dtype ('float64') and format specifier ('%.18e
%.18e %.18e')
```

说明：.csv 文件只能存储一维和二维数组。np.savetxt() 与 np.loadtxt()只能存储和读取一维和二维数组。

（3）tofile()和 fromfile()。

存储多维数组的函数格式为：

a.tofile(fname, sep=", format='%s')
函数参数说明如下。

frame：文件名/文件路径。

sep：数据分割字符串，如果是空串，写入文件为二进制文件。

format：写入数据的格式。

读取多维数组的函数格式为：

np.fromfile(fname, dtype=np.float, count=-1, sep=")
函数参数说明如下。

frame：文件名/文件路径。

dtype：读取的数据类型。

count：读入元素个数，-1 表示读入整个文件。

< 82 >

sep：数据分割字符串，如果是空串，写入文件为二进制文件。

```
In [1]: import numpy as np
        c = np.array([[1, 2, 3, 4],[4, 5, 6, 7], [np.nan, 8, 9, 10]])

In [2]: d = c.reshape((2,3,2))

In [3]: d
Out[3]:
array([[[ 1., 2.],
        [ 3., 4.],
        [ 4., 5.]],

       [[ 6., 7.],
        [ nan, 8.],
        [ 9., 10.]]])

In [4]: d.tofile('1.dat',sep=',', format='%s')

In [5]: np.fromfile('1.dat', dtype=np.float, count=-1, sep=',')
Out[5]:
array([ 1., 2., 3., 4., 4., 5., 6., 7., nan, 8., 9.,
10.])

In [6]: np.fromfile('1.dat', dtype=np.float, count=-1, sep=',').reshape((2,3,2))
Out[6]:
array([[[ 1., 2.],
        [ 3., 4.],
        [ 4., 5.]],

       [[ 6., 7.],
        [ nan, 8.],
        [ 9., 10.]]])
```

保存多维数组时要注意，数组的维度会转化为一维。

11．其他操作

d.flatten()：将数组 d 展开为一维数组。

np.ravel()：将一个可以解析的结构展开为一维数组。

5.1.3　数组的计算

NumPy 中关于数组的计算的函数较多，现将常用的函数罗列如下。

np.abs(x)或 np.fabs(x)：计算数组各元素的绝对值。

np.sqrt(x)：计算数组各元素的平方根。

np.square(x)：计算数组各元素的平方。

np.power(x, a)：计算 x 的 a 次幂。

np.log(x) 、np.log10(x)、np.log2(x)：分别计算数组各元素的自然对数、以 10 为底的对数、以 2 为底的对数。

np.rint(x)：计算数组各元素的四舍五入值。

np.modf(x)：将数组各元素的小数和整数部分以两个独立数组的形式返回。

np.cos(x)、np.cosh(x)、np.sin(x)、np.sinh(x)、np.tan(x) 、np.tanh(x)：分别计算数组各元素的普通型和双曲型三角函数。

np.exp(x) ：计算数组各元素的指数值。

< 83 >

np.sign(x)：计算数组各元素的符号值，结果为 1（+）、0、-1（-）。

np.maximun(x,y) 或 np.fmax()：获取元素级的最大值。

np.minimun(x,y) 或 np.fmin()：获取元素级的最小值。

np.mod(x, y)：元素级的模运算。

np.copysign(x, y)：将数组 y 中各元素值的符号赋给数组 x 中的对应元素。

```
In [1]: import numpy as np
        c = np.array([[1, 2, 3, 4],[4, 5, 6, 7], [np.nan, 8, 9, 10]])

In [2]: np.power(c,4)
Out[2]:
array([[ 1.00000000e+00, 1.60000000e+01, 8.10000000e+01,
         2.56000000e+02],
       [ 2.56000000e+02, 6.25000000e+02, 1.29600000e+03,
         2.40100000e+03],
       [ nan, 4.09600000e+03, 6.56100000e+03,
         1.00000000e+04]])

In [3]: np.sign(c)
__main__:1: RuntimeWarning: invalid value encountered in sign
Out[3]:
array([[ 1., 1., 1., 1.],
       [ 1., 1., 1., 1.],
       [ nan, 1., 1., 1.]])
```

5.1.4 统计函数

统计分析常用的统计函数如表 5-1 所示。

表 5-1 常用的统计函数

函数	说明
sum()	计算数组元素的和
mean()	计算数组元素的平均值
var()	计算数组元素的方差。方差是元素与元素的平均值差的平方的平均值，其计算方式为 var = mean(abs(x - x.mean())**2)
std()	计算数组元素的标准差。标准差（standard deviation）也称为标准偏差，在概率统计中常用作统计离散（statistical dispersion）程度的度量。标准差是总体各单位标准值与其平均值离差平方的算术平均数的平方根。它反映组内个体间的离散程度
max()	计算数组元素的最大值
min()	计算数组元素的最小值
argmax()	返回数组中最大元素的索引
argmin()	返回数组中最小元素的索引
cumsum()	计算数组中所有元素的累计和
cumprod()	计算数组中所有元素的累计积

注意 每个统计函数都可以按行和列来统计与计算；axis=1 表示沿着横轴计算，axis=0 表示沿着纵轴计算。

```
In [1]: import numpy as np
        c = np.array([[1, 2, 3, 4],[4, 5, 6, 7], [7, 8, 9, 10]])

In [2]: np.sum(c)
```

< 84 >

```
Out[2]: 66

In [3]: np.sum(c,axis=0)
Out[3]: array([12, 15, 18, 21])

In [4]: np.sum(c,axis=1)
Out[4]: array([10, 22, 34])

In [5]: np.cumsum(c)
Out[5]: array([ 1, 3, 6, 10, 14, 19, 25, 32, 39, 47, 56, 66], dtype=int32)

In [6]: np.cumsum(c,axis=0)
Out[6]:
array([[ 1, 2, 3, 4],
       [ 5, 7, 9, 11],
       [12, 15, 18, 21]], dtype=int32)

In [7]: np.cumsum(c,axis=1)
Out[7]:
array([[ 1, 3, 6, 10],
       [ 4, 9, 15, 22],
       [ 7, 15, 24, 34]], dtype=int32)
```

其他统计函数介绍如下。

1. 加权平均值函数

在统计中有时还会用到加权平均值函数 average()，该函数的调用格式如下（weights 表示权重）：

average(a, axis=None, weights=None)
根据给定轴 axis 计算数组 a 相关元素的加权平均值。

```
In [8]: np.average(c)
Out[8]: 5.5

In [9]: np.average(c,axis=0)
Out[9]: array([ 4., 5., 6., 7.])

In [10]: np.average(c,axis=1)
Out[10]: array([ 2.5, 5.5, 8.5])

In [11]: np.average(c,axis=1,weights=[1,0,2,1])
Out[11]: array([ 2.75, 5.75, 8.75])
```

说明： 需要注意的是，给出了 weights=[1,0,2,1]，结果中的 2.75 是如何计算出来的呢？其计算方式是 $(1 \times 1 + 2 \times 0 + 3 \times 2 + 4 \times 1)/(1+0+2+1) = 2.75$。

2. 梯度函数

梯度就是斜率，它反映的是各个连续数据的变化率。NumPy 中的梯度函数的调用格式如下：

np.gradient(a)
该函数计算数组 a 中元素的梯度，当 a 为多维数组时，返回每个维度的梯度。

如果在平面直角坐标系中连续的 3 个 x 坐标对应的 y 轴值为 a、b、c，b 的梯度则为 $(c-a)/2$。

```
In [27]: import numpy as np
         c = np.array([[1, 0, 3, 4],[0, 5, 6, 7], [7, 8, 0, 10]])

In [28]: np.gradient(c)
Out[28]:
[array([[-1. , 5. , 3. , 3. ],
        [ 3. , 4. , -1.5, 3. ],
```

< 85 >

```
         [ 7. , 3. , -6. , 3. ]]), array([[ -1. , 1. , 2. , 1. ],
         [ 5. , 3. , 1. , 1. ],
         [ 1. , -3.5, 1. , 10. ]])]
```

说明：

结果中的 4 是如何计算出来的呢？其实 4 是数据 5 的 axis=0 时的梯度，5 的前后数据是 0 和 8，(8-0)/2=4。

3．去重函数

对于一维数组或者列表，np.unique()函数可用于去除其中重复的元素，并按元素由大到小的顺序返回一个新的无元素重复的元组或者列表。

该函数的调用格式如下：

np.unique(a,return_index,return_inverse)

函数参数说明如下。

a：表示数组。

return_index：为 Ture 表示同时返回原始数组中的索引。

return_inverse：为 True 表示返回重建原始数组用的索引数组。

```
In [55]: import numpy as np
         c = np.array([[1, 0, 3, 4],[0, 5, 6, 7], [7, 8, 0, 10]])

In [56]: w = c.flatten()

In [57]: w
Out[57]: array([ 1, 0, 3, 4, 0, 5, 6, 7, 7, 8, 0, 10])

In [58]: np.unique(w)
Out[58]: array([ 0, 1, 3, 4, 5, 6, 7, 8, 10])

In [59]: x, idx = np.unique(w, return_index=True)
         x
Out[59]: array([ 0, 1, 3, 4, 5, 6, 7, 8, 10])

In [60]: idx
Out[60]: array([ 1, 0, 2, 3, 5, 6, 7, 9, 11], dtype=int64)

In [61]: x, ridx = np.unique(w, return_inverse=True)
         ridx
Out[61]: array([1, 0, 2, 3, 0, 4, 5, 6, 6, 7, 0, 8], dtype=int64)

In [62]: x[ridx]
Out[62]: array([ 1, 0, 3, 4, 0, 5, 6, 7, 7, 8, 0, 10])

In [63]: all(x[ridx]==w)  #原始数组 w 和 x[ridx]完全相同
Out[63]: True
```

当数组是二维数组时，该函数会自动返回处理后的一维数组。

```
In [68]: c = np.array([[1, 0, 3, 4],[0, 5, 6, 7], [7, 8, 0, 10]])

In [69]: c
Out[69]:
array([[ 1, 0, 3, 4],
       [ 0, 5, 6, 7],
       [ 7, 8, 0, 10]])

In [70]: np.unique(c)
```

< 86 >

```
Out[70]: array([ 0, 1, 3, 4, 5, 6, 7, 8, 10])

In [71]: x, idx = np.unique(c, return_index=True)
         x
Out[71]: array([ 0, 1, 3, 4, 5, 6, 7, 8, 10])

In [72]: idx
Out[72]: array([ 1, 0, 2, 3, 5, 6, 7, 9, 11], dtype=int64)
```

4．其他统计函数

median(a)：计算数组 a 中元素的中位数（中值）。

ptp(a)：计算数组 a 中元素最大值与最小值的差，即极差。

```
In [12]: np.ptp(c)
Out[12]: 9

In [13]: np.ptp(c,axis=0)
Out[13]: array([6, 6, 6, 6])
```

5.1.5　矩阵运算

NumPy 中的数组对象重载了许多运算符，使用这些运算符可以完成矩阵间对应元素的运算。例如，使用加（＋）、减（－）运算符可以使两个矩阵对应位置上的元素相加、相减，但是矩阵的乘法运算比较特殊，如果使用星号（＊）则可以使两个矩阵对应位置上的元素相乘，这跟线性代数（下文简称线代）中的矩阵乘法不一样，线代中的矩阵乘法需要满足特定的条件：第一个矩阵的列数等于第二个矩阵的行数。线代中的矩阵乘法在 NumPy 中使用函数 np.dot ()进行运算。

矩阵运算的常见函数如下。

np.mat(b)：创建一个矩阵 b。

np.dot(b, c)：求矩阵 b、c 的乘积。

np.trace(b)：求矩阵 b 的迹。

np.linalg.det(b)：求矩阵 b 的行列式值。

np.linalg.matrix_rank(b)：求矩阵 b 的秩。

nlg.inv(b)：求矩阵 b 的逆（将 nlg 作为 numpy.linalg 的别名，导入方式为 import numpy.linalg as nlg）。

u, v =np.linalg.eig(b)：进行一般情况下的特征值分解，常用于实对称矩阵，u 为特征值。

u, v =np.linalg.eigh(b)：更快且更稳定，但输出值的顺序和 eig()输出值的相反，v 为特征向量。

u, v = nlg.eig(a)：求特征值和特征向量。

b.T：将矩阵 b 转置。

```
In [1]: import numpy as np
        b = np.mat('1 2; 4 3')#创建矩阵时元素之间用空格隔开，行之间用 ";" 隔开
        b
Out[1]:
matrix([[1, 2],
        [4, 3]])

In [2]: a = np.array([[1,3],[4,2]])
   ...: c = np.mat(a)   #将数组转化为矩阵
   ...: c
Out[2]:
matrix([[1, 3],
        [4, 2]])
```

< 87 >

```
In [3]: d = np.dot(c,b)  #对c、b矩阵进行线代中的矩阵乘法运算
        d
Out[3]:
matrix([[13, 11],
        [12, 14]])

In [4]: d.T #求矩阵的转置
Out[4]:
matrix([[13, 12],
        [11, 14]])

In [5]: np.trace(d)  #求矩阵的迹
Out[5]: 27

In [6]: np.linalg.det(b)#求矩阵的行列式值
Out[6]: -4.9999999999999991

In [7]: np.linalg.inv(b)#求矩阵的逆
Out[7]:
matrix([[-0.6, 0.4],
        [ 0.8, -0.2]])

In [8]: np.linalg.matrix_rank(b)#求矩阵的秩
Out[8]: 2

In [9]: u,v = np.linalg.eig(b)#特征值分解，求矩阵的特征值和特征向量
        u
Out[9]: array([-1., 5.])

In [10]: v
Out[10]:
matrix([[-0.70710678, -0.4472136 ],
        [ 0.70710678, -0.89442719]])

In [11]: u1,v2 = np.linalg.eigh(b)#特征值的顺序不同
         u1
Out[11]: array([-2.12310563, 6.12310563])

In [12]: import numpy.linalg as nlg
         w=np.mat('2 0 0;0 1 0;0 0 1')
         u3, v3 = nlg.eig(w)
         u3
Out[12]: array([ 2., 1., 1.])
```

bmat()函数也需要了解一下，它可以用字符串和已定义的矩阵创建新的矩阵，采用了分块矩阵的思想。

```
In [13]:import numpy as np
         a = np.eye(2)
         a
Out[13]:
array([[ 1., 0.],
       [ 0., 1.]])

In [14]:b = a * 2
         b
Out[14]:
array([[ 2., 0.],
       [ 0., 2.]])
```

< 88 >

```
In [15]:np.bmat("a b;b a") #合并成新的矩阵
Out[15]:
matrix([[ 1.,  0.,  2.,  0.],
        [ 0.,  1.,  0.,  2.],
        [ 2.,  0.,  1.,  0.],
        [ 0.,  2.,  0.,  1.]])
```

在数据分析和深度学习相关的数据处理和运算中，线代模块（linalg）是最常用的模块之一。结合 NumPy 提供的基本函数，可以对向量、矩阵进行一些基本的应用运算，如使用 np.linalg.solve()函数计算线性方程组。

已知线性方程组 $AX=B$，求解 X。其中 A、B 如下：

$$A = \begin{pmatrix} 2 & 3 \\ 3 & 5 \end{pmatrix}, B = (1, 1)^{\mathrm{T}}$$

具体代码如下：

```
In [1]: import numpy as np
        A = np.mat('2 3;3 5')
        B = np.mat('1 1').T
        np.linalg.solve(A,B)
Out[1]:
matrix([[ 2.],
        [-1.]])
```

最后的解为 2 和-1。

5.2 pandas 库

数据预处理是数据科学工作流程中一个非常重要的组成部分。如果想在 Python 中进行数据处理和数据分析，pandas 库是首选的工具。pandas 库最初以 NumPy（Python 科学计算中最基本的库）为基础。pandas 库提供的数据结构效率高、灵活、富有表现力，其数据结构经过特殊的设计，使得其用于现实世界中的数据分析更加容易。

有了前面学习 NumPy 的基础，学习 pandas 库就比较容易。我们使用 pandas 库时，要做的第一件事就是导入它，导入方式为 import pandas as pd。为了方便代码的阅读，建议在你的代码中，任何时候都用 pd 这个缩写来指代 pandas 库。

5.2.1 pandas 库常用数据类型

Python 常用的 3 种数据类型：logical、numeric、character。

1. logical

logical（逻辑型）又叫布尔型，只有两种取值：0 和 1，或者真和假（True 和 False）。

逻辑型的运算符包括&（与，有一个为假则为假）、|（或，有一个为真则为真）、not（非，即取反），具体运算规则如表 5-2 所示。

< 89 >

表 5-2　逻辑型运算符运算规则

运算符	注释	运算规则
&	与	两个逻辑型数据中，其中一个数据为假，则结果为假
|	或	两个逻辑型数据中，其中一个数据为真，则结果为真
not	非	取相反值，非真的逻辑型数据为假，非假的逻辑型数据为真

2．numeric

numeric（数值型）包括 int 和 float。

数值型的加、减、乘、除运算符为+、−、*、/。

3．character

character（字符型）数据需使用单引号（''）或者双引号（""）进行标识。

5.2.2　pandas 库常用数据结构

数据结构是指相互之间存在一种或多种特定关系的数据类型的集合，主要有 Series 和 DataFrame。

1．Series

Series（序列，也称系列）用于存储一行或一列的数据，以及与之相关的索引的集合，使用方法如下：
Series([数据 1，数据 2,...],index=[索引 1，索引 2,...])

```
In [1]:from pandas import Series
        X = Series(['a',2,'中国'],index=[1,2,3])
In [2]:X
Out[2]:
1    a
2    2
3    中国
dtype: object

In [3]:X[3]   #访问 index 为 3 的数据
Out[3]:'中国'
```

一个序列允许存放多种数据类型，可以通过位置或者索引访问数据，如访问 X[3]会返回 '中国'。

序列的索引 index 可以省略，索引号默认从 0 开始，也可以指定索引名。为了方便后续的使用和说明，此处我们定义可以省略的 index 为索引号，也就是默认的索引，从 0 开始计数；赋值给定的或者命名的 index，我们叫它索引名，有时也叫行标签。

在 Spyder 中写入代码：

```
In [4]: from pandas import Series
        A=Series([1,2,3]) #定义序列的时候，数据类型不限
        print(A)
Out[4]:
0 1
1 2
2 3
dtype: int64

In [5]: from pandas import Series
        A=Series([1,2,3],index=[1,2,3]) #可自定义索引，如索引名1、2、3，A、B、C等
        print(A)
Out[5]:
1 1
```

< 90 >

```
2 2
3 3
dtype: int64

In [6]: from pandas import Series
        A=Series([1,2,3],index=['A','B','C'])
        print(A)
Out[6]:
A 1
B 2
C 3
dtype: int64
```

在编写程序时，一般容易犯如下错误。

```
In [7]: from pandas import Series
        A=Series([1,2,3],index=[A,B,C])
        print(A)
Out[7]:
Traceback (most recent call last):

File "<ipython-input-49-24483095ed97>", line 2, in <module>
A=Series([1,2,3],index=[A,B,C])

NameError: name 'B' is not defined
```

注意　这里索引名 A、B、C 都是字符串，别忘了需要使用引号对它们进行标识。

访问序列值时，需要通过索引来访问，序列索引和序列值是一一对应的，如表 5-3 所示。

表 5-3　序列索引与序列值对应

序列索引	序列值
0	14
1	26
2	31

```
In [8]: from pandas import Series
        A=Series([14,26,31])
        print(A)
        print(A[1])
Out[8]:
0 14
1 26
2 31
dtype: int64

26

In [9]: print(A[5])  #超出 index 的范围会报错
Out[9]:
Traceback (most recent call last):
File "<ipython-input-3-bd226b8ca0a3>", line 1, in <module>
KeyError: 5

In[10]: A=Series([14,26,31],index=['first','second','third'])
   ...: print(A)
first 14
second 26
third 31
dtype: int64
```

< 91 >

```
In[11]: print(A['second']) #如设置了index参数（索引名），可通过参数来访问序列值
26
```

执行下面的代码，看一看执行的结果。

```
In[12]: from pandas import Series
        #混合定义一个序列
        x = Series(['a', True, 1], index=['first', 'second', 'third'])
        x
Out[12]:
first a
second True
third 1
dtype: object

In [13]: x[1]  #按索引号访问
Out[13]: True

In [14]: x['second']  #按索引名访问
Out[14]: True

In [15]: x[3]#不能超出索引范围，会报错
Out[15]:
Traceback (most recent call last):

File "<ipython-input-10-f1d2c2488eb1>", line 1, in <module>
x[3]#不能越界访问，会报错
File  "C:\Users\yubg\Anaconda3\lib\site-packages\pandas\core\series.py",  line
601, in __getitem__
result = self.index.get_value(self, key)

IndexError: index out of bounds
```

在 Series 末尾追加一个元素可使用 loc[]或 concat()方法。在相对较新的 pandas1.5.2 中，原来的 append()方法可以工作，但会发出警告，但在 pdndas 2.0 中，append()已被删除（可以用 pd.__version__ 查看 pandas 版本）。

```
In [16]: x.loc[len(x)]=77   #在 Series 末尾追加一个元素
         x
Out[16]:
first       a
second      True
third       1
3           77
dtype: object

In [17]: n = Series(['2',"a"])    #创建一个新的 Series
         n
Out[17]:
0    2
1    a
dtype: object

In [18]: pd.concat([x,n])   #合并两个序列，注意两个序列需用[]标识
Out[18]:
first       a
second      True
third       1
3           77
```

< 92 >

```
0                2
1                a
dtype: object

In [19]: 2 in x.values#判断值是否存在，数值和逻辑型数据（True/False）是不需要用引号标识的
Out[19]: False

In [20]: '2' in x.values
Out[20]: True

In [21]: x[1:3]#切片
Out[21]:
second True
third 1
dtype: object

In [22]: x[[0, 2, 1]]#定位获取，这个方法经常用于随机抽样
Out[22]:
first a
third 1
second True
dtype: object

In [23]: x.drop('first') #按索引名删除
Out[23]:
second True
third 1
0 2
dtype: object

In [24]: x.index[2]#按照索引号找出对应的索引名
Out[24]: 'third'

In [25]: x.drop(x.index[3])#根据位置（索引）删除，返回新的序列
Out[25]:
first a
second True
third 1
dtype: object

In [26]: x[2!=x.values]#根据值删除，显示值不等于2的序列，即删除2，返回新序列
Out[26]:
first a
second True
third 1
0 2
dtype: object

In [27]:#修改序列的值。将True改为b，先找到True的索引：x.index[True==x.values]
        x[x.index[x.values==True]]='b'#注意结果，把值为1当作True处理了

In [28]: x.index[x.values=='a']#通过值访问序列索引
Out[28]: Index(['first'], dtype='object')

In [29]: x
Out[29]:
first a
second b
```

< 93 >

```
third b
0 2
dtype: object

In [30]: x.index=[0,1,2,3]#序列索引可通过赋值更改，也可通过 reindex()方法更改

In [31]: x
Out[31]:
0 a
1 b
2 b
3 2
dtype: object

In [32]: s=Series({'a':1 ,'b':2,'c':3}) #可将字典转化为 Series
         s
Out[32]:
a 1
b 2
c 3
dtype: int64
```

可以使用序列的 sort_index(ascending=True) 方法对索引进行排序操作，ascending 参数用于控制排序方式为升序或降序，默认为升序；也可以使用 reindex()方法重新排序。

在序列上调用 reindex()对数据进行重新排序操作，使得数据符合新的索引，如果索引对应的值不存在则引入缺失值。

```
In [1]: from pandas import Series
        obj = Series([4.5, 7.2, -5.3, 3.6], index=['d', 'b', 'a', 'c'])
        obj
Out[1]:
d 4.5
b 7.2
a -5.3
c 3.6
dtype: float64

In [2]: obj2 = obj.reindex(['a', 'b', 'c', 'd', 'e'])#使用 reindex()对数据进行重新
排序操作
        obj2
Out[2]:
a -5.3
b 7.2
c 3.6
d 4.5
e NaN
dtype: float64

In [3]: obj.reindex(['a', 'b', 'c', 'd', 'e'], fill_value=0)
Out[3]:
a -5.3
b 7.2
c 3.6
d 4.5
e 0.0
dtype: float64
```

序列对象本质上是一个 NumPy 数组（矩阵），因此 NumPy 的数组处理函数可以直接对序列进行处理。但是序列除了可以使用位置作为索引存取元素之外，还可以使用标签存取元素，这一点和字典相

< 94 >

似。每个序列对象实际上都由以下两个数组组成。

index：是从 NumPy 数组继承的 index 对象，用来保存标签信息。

values：保存值的 NumPy 数组。

使用序列需要注意以下 3 点。

（1）序列是一种类似于一维数组的对象。

（2）序列的数据类型没有限制（可以是各种 NumPy 数据类型）。

（3）序列有索引，把索引当作数据的标签看待，类似于字典（只是类似，实质上是数组）。

序列同时具有数组和字典的功能，因此它也支持字典的索引、切片等功能。

2．DataFrame

DataFrame（数据框）是用于存储多行和多列的数据集合，是序列的容器，类似于 Excel 的二维表格。对于数据框的操作较多的是"增、删、改、查"，其数据行列位置如图 5-3 所示。

数据框的使用方法如下：

DataFrame(data, index)

```
In [1]: from pandas import Series
        from pandas import DataFrame
        df=DataFrame({'age':Series([26,29,24]),
                'name':Series(['Ken','Jerry','Ben'])}, #列名及其数据
                index=[0,1,2]) #给定的索引

In [2]: df
Out[2]:
age name
0 26 Ken
1 29 Jerry
2 24 Ben
```

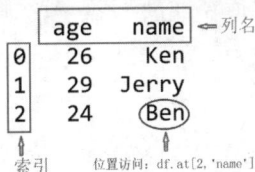

图 5-3　数据框数据行列位置

```
In [3]: from pandas import Series
        from pandas import DataFrame
        df=DataFrame({'age':Series([26,29,24]),
                'name':Series(['Ken','Jerry','Ben'])})#索引可以省略
        print(df)
age name
0 26 Ken
1 29 Jerry
2 24 Ben
```

注意　数据框采用的是驼峰式命名法，索引在没有指定的情况下可以省略！使用数据框时，要先从 pandas 中导入 DataFrame 包，数据框中的数据访问方式如表 5-4 所示。

表 5-4　数据框中的数据访问方式

访 问 位 置	方 式	备 注
访问列	变量名[列名]	访问对应的列的数据，如 df['name']
访问行	变量名[n:m]	访问 n 行到 m−1 行的数据，如 df[2:3]

< 95 >

续表

访问位置	方 式	备 注
访问块（行和列）	变量名.iloc[n1:n2,m1:m2]	访问 n1 到 n2-1 行、m1 到 m2-1 列的数据， 如 df.iloc[0:3,0:2]
访问位置	变量名.at[行名,列名]	访问 (行名,列名)位置的数据，如 df.at[1, 'name'] 或者 df.loc[2,'name']

具体示例如下。

```
In [4]: A=df['age'] #获取 age 列的值
        print(A)
Out[4]:
0 26
1 29
2 24
Name: age, dtype: int64

In [5]: B=df[1:2] #获取第 1 行（其实是第 2 行，索引从 0 开始）的值
        print(B)
Out[5]:
age name
1 29 Jerry

In [6]: C=df.iloc[0:2,0:2] #获取第 0 行到第 2 行（不包含）、第 0 列到第 2 列（不包含）的块的值
        print(C)
Out[6]:
age name
0 26 Ken
1 29 Jerry

In [7]: D=df.at[0,'name'] #获取第 0 行与 name 列的交叉值
        print(D)
Out[7]:
Ken

In [8]: D1=df.loc[0,'name']#获取第 0 行与 name 列的交叉值，loc 在后面会进行介绍
        D1
Out[8]: 'Ken'
```

注意 访问某一行时，不能仅用行的 index 来访问，例如，要访问 df 的 index 为 1 的行，不能写 df[1]，而要写 df[1:2]。执行下面的代码并查看执行结果。

```
In [9]: from pandas import DataFrame
        df1 = DataFrame({'age': [21, 22, 23],
                        'name': ['Ken', 'John', 'Jimi']});
        df2 = DataFrame(data={'age': [21, 22, 23],
                        'name': ['Ken', 'John', 'Jimi']},
                        index=['first', 'second', 'third']);
```

访问数据框的行示例如下。

```
In [10]: df1[1:100] #显示索引为 1 的行及其后的 98 行数据，不包括索引为 100 的行
Out[10]:
   age name
1 22 John
2 23 Jimi

In [11]: df1[2:2] #显示空
```

< 96 >

```
Out[11]:
Empty DataFrame
Columns: [age, name]
Index: []

In [12]: df1[4:5] #超出索引范围，显示空
Out[12]:
Empty DataFrame
Columns: [age, name]
Index: []

In [13]: df2["third":"third"] #按索引名访问某一行
Out[13]:
age name
third 23 Jimi

In [14]: df2["first":"second"] #按索引名访问多行
Out[14]:
age name
first 21 Ken
second 22 John
```

访问数据框的列：

```
In [15]: df1['age'] #按列名访问
Out[15]:
0 21
1 22
2 23
Name: age, dtype: int64

In [16]: df1[df1.columns[0:1]] #按索引号访问
Out[16]:
age
0 21
1 22
2 23
```

访问数据框的块：

```
In [17]: df1.iloc[1:, 0:1] #按行列索引号访问
Out[17]:
age
1 22
2 23

In [18]: df1.loc[1:,('age','name')] #按行列索引名访问
Out[18]:
age name
1 22 John
2 23 Jimi
```

访问数据框的某个具体的位置：

```
In [19]: df1.at[1, 'name'] #这里的 1 是索引
Out[19]: 'John'

In [20]: df2.at['second', 'name'] #这里的 second 是索引名
Out[20]: 'John'
```

< 97 >

```
In [21]: df2
Out[21]:
age name
first 21 Ken
second 22 John
third 23 Jimi

In [22]: df2.at[1, 'name'] #这里使用了索引号，会报错，当有索引名时，不能使用索引号
Out[22]:
Traceback (most recent call last):

File "<ipython-input-74-702e401264f6>", line 1, in <module>
df2.at[1, 'name'] #这里使用了索引号，会报错，当有索引名时，不能使用索引号

ValueError: At based indexing on an non-integer index can only have non-integer
indexers

In [23]: df2.loc['first','name']#获取第 0 行与 name 列的交叉值
Out[23]: 'Ken'
```

修改索引列名，增、删行列：

```
In [24]: df1
Out[24]:
age name
0 21 Ken
1 22 John
2 23 Jimi

In [25]: df1.columns=['age2', 'name2']#修改列名
         df1
Out[25]:
age2 name2
0 21 Ken
1 22 John
2 23 Jimi

In [26]: df1.index = range(1,4) #修改行索引
         df1
Out[26]:
age2 name2
1 21 Ken
2 22 John
3 23 Jimi

In [27]: df1.drop(1, axis=0) #根据行索引进行删除，axis=0 表示行轴，可以省略
Out[27]:
age2 name2
2 22 John
3 23 Jimi

In [28]: df1.drop('age2', axis=1) #第一种删除的方法：根据列名进行删除，axis=1 表示列轴，
不可以省略
Out[28]:
name2
1 Ken
2 John
3 Jimi
```

< 98 >

```
In [29]: df1
Out[29]:
age2 name2
1 21 Ken
2 22 John
3 23 Jimi

In [30]: del df1['age2']  #第二种删除列的方法

In [31]: df1
Out[31]:
name2
1 Ken
2 John
3 Jimi

In [32]: df1['newColumn'] = [2, 4, 6]  #增加列

In [33]: df1
Out[33]:
name2 newColumn
1 Ken 2
2 John 4
3 Jimi 6

In [34]: df2.loc[len(df2)]=[24,"Keno"]  #增加行。这种方法的效率比较低
```

可以通过合并两个数据框来增加行，例如：

```
In [1]: from pandas import DataFrame
        df = DataFrame([[1, 2], [3, 4]], columns=list('AB'))
        df
Out[1]:
A B
0 1 2
1 3 4

In [2]: df2 = DataFrame([[5, 6], [7, 8]], columns=list('AB'))
        df2
Out[2]:
A B
0 5 6
1 7 8

In [3]: pd.concat([df,df2])  #仅把 df 和 df2 "叠" 起来了，没有修改合并后 df2 的 index
Out[3]:
A B
0 1 2
1 3 4
0 5 6
1 7 8

In [4]: pd.concat([df,df2], ignore_index=True)  #修改 index，对 df2 部分重新索引了
Out[4]:
A B
0 1 2
1 3 4
2 5 6
3 7 8
```

注意　在合并两个数据框需要更新索引时，需要添加 ignore_index=True 参数。

< 99 >

5.2.3 数据导入

数据存在的形式多样，包括文件（.txt、.csv、.xls、.xlsx）和数据库（MySQL、Access、SQL Server）等。在 pandas 中，常用的导入函数是 read_csv()。除此之外，还有 read_excel()和 read_table()，read_table()可以读取.txt 文件。若是进行服务器相关的部署，还会用到 read_sql()，它直接访问数据库，但必须配合 MySQL 相关的包使用。

1．导入.txt 文件

.txt 是最常见的一种文件格式，.txt 文件主要存储文本信息，即文字信息，例如，.txt 格式的电子书是被手机普遍支持的，这种格式的电子书容量大，所占空间小。将.txt 文件中的数据导入 pandas 变量的函数格式如下：

read_table(file, names=[列名 1,列名 2,…], sep="",…)

函数参数说明如下。

file：文件路径/文件名。

names：列名，默认将文件中的第一行作为列名。

sep：分隔符，默认为空字符串。

.txt 文件内容如图 5-4 所示。

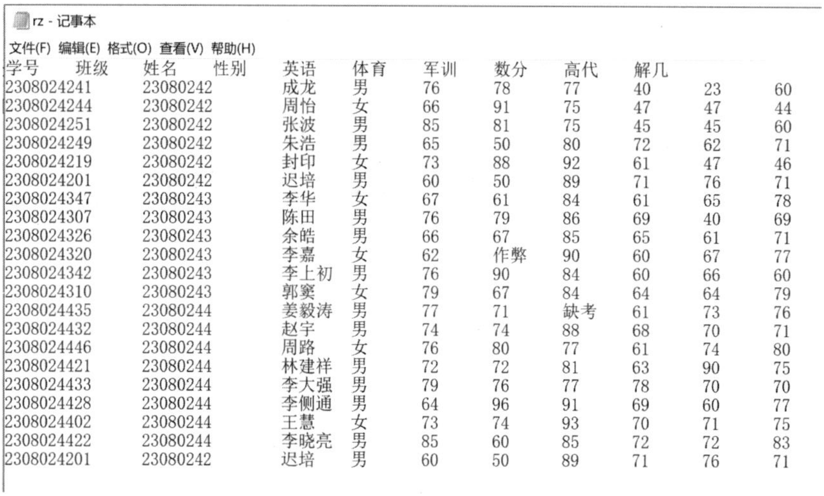
rz - 记事本
文件(F) 编辑(E) 格式(O) 查看(V) 帮助(H)

学号	班级	姓名	性别	英语	体育	军训	数分	高代	解几		
2308024241	23080242	成龙	男	76	78	77	40	23	60		
2308024244	23080242	周怡	女	66	91	75	47	47	44		
2308024251	23080242	张波	男	85	81	75	45	45	60		
2308024249	23080242	朱浩	男	65	50	80	72	62	71		
2308024219	23080242	封印	女	73	88	92	61	47	46		
2308024201	23080242	迟培	男	60	50	89	71	76	71		
2308024347	23080243	李华	女	67	61	84	61	65	78		
2308024307	23080243	陈田	男	76	79	86	69	40	69		
2308024326	23080243	余皓	男	66	67	85	65	61	71		
2308024320	23080243	李嘉	女	62	作弊	90	60	67	77		
2308024342	23080243	李上初	男	76	90	84	60	66	60		
2308024310	23080243	郭窦	女	79	67	84	64	64	79		
2308024435	23080244	姜毅涛	男	77	71	缺考	61	73	76		
2308024432	23080244	赵宇	男	74	74	88	68	70	71		
2308024446	23080244	周路	女	76	80	77	61	74	80		
2308024421	23080244	林建祥	男	72	72	81	63	90	75		
2308024433	23080244	李大强	男	79	76	77	78	70	70		
2308024428	23080244	李侧通	男	64	96	91	69	60	77		
2308024402	23080244	王慧	女	73	74	93	70	71	75		
2308024422	23080244	李晓亮	男	85	60	85	72	72	83		
2308024201	23080242	迟培	男	60	50	89	71	76	71		

图 5-4 .txt 文件内容

导入数据首先需要导入相关的包。

```
In [1]:from pandas import read_table
       df = read_table(r'C:\Users\yubg\OneDrive\2019book\rz.txt', sep=" ")
       df.head()    #查看 df 的前 5 项数据
Out[1]:
          学号\t 班级\t 姓名\t 性别\t 英语\t 体育\t 军训\t 数分\t 高代\t 解几
0  2308024241\t23080242\t 成龙\t 男\t76\t78\t77\t40\t2...
1  2308024244\t23080242\t 周怡\t 女\t66\t91\t75\t47\t4...
2  2308024251\t23080242\t 张波\t 男\t85\t81\t75\t45\t4...
3  2308024249\t23080242\t 朱浩\t 男\t65\t50\t80\t72\t6...
4  2308024219\t23080242\t 封印\t 女\t73\t88\t92\t61\t4...
```

注意　（1）.txt 文件要保存成 UTF-8 编码格式才会不报错；

（2）查看数据框 df 前 n 项数据使用 df.head(n)，后 m 项数据使用 df.tail(m)。默认查看 5 项数据。

2．导入 .csv 文件

CSV（Comma-Separated Value，逗号分隔值，有时也称为字符分隔值，因为分隔符可以不是逗号）格式的文件以纯文本形式存储表格数据（数字和文本）。纯文本意味着该文件是一个字符序列，不含像二进制数字那样必须被解读的数据。.csv 文件由任意数目的记录组成，记录间以某种换行符分隔；每条记录由字段组成，字段间的分隔符是其他字符（常见的是逗号或制表符）或字符串。通常，所有记录都有完全相同的字段序列，它们通常都是纯文本文件。.csv 文件常见于手机通讯录，可以使用 Excel 打开。将 .csv 文件中的数据导入 pandas 变量的函数格式如下：

read_csv(file,names=[列名 1,列名 2,…],sep="",…)

函数参数说明如下。

file：文件路径/文件名。

names：列名，默认将文件中的第一行作为列名。

sep：分隔符，默认为空字符串，表示默认将数据导入为一列。

```
In [1]: from pandas import read_csv
        df = read_csv(r'C:\Users\yubg\OneDrive\stock_data_bac.csv',sep=",")
        df.tail(5)
Out[1]:
date open high low close volume
529 2019-02-11 28.34 28.46 28.21 28.41 47724366
530 2019-02-12 28.62 28.86 28.58 28.69 49178068
531 2019-02-13 28.87 28.99 28.66 28.70 48951184
532 2019-02-14 28.36 28.62 28.11 28.39 47756631
533 2019-02-15 28.76 29.31 28.67 29.11 65866974
```

使用 read_table() 也能将 .csv 文件中的数据导入 pandas 变量，结果与使用 read_csv() 的一致：

```
In [2]: from pandas import read_table
        df = read_table(r'C:\Users\yubg\OneDrive\stock_data_bac.csv',sep=",")
        df.tail(5)
Out[2]:
date open high low close volume
529 2019-02-11 28.34 28.46 28.21 28.41 47724366
530 2019-02-12 28.62 28.86 28.58 28.69 49178068
531 2019-02-13 28.87 28.99 28.66 28.70 48951184
532 2019-02-14 28.36 28.62 28.11 28.39 47756631
533 2019-02-15 28.76 29.31 28.67 29.11 65866974
```

3．导入 Excel 文件

Excel 是我们常见的处理和存储数据的软件，其保存的数据文件格式的扩展名为 .xlsx。读取 Excel 数据到 pandas 变量的函数格式如下：

read_excel(file, sheet_name,header=0)

函数参数说明如下。

file：文件路径/文件名。

sheet_name：表的名称，如 sheet1。

header：列名，默认为 0（只接收布尔值 0 和 1），即将文件的第一行作为列名。

```
In [1]: from pandas import read_excel
        df = read_excel(r'C:\Users\yubg\OneDrive\db_data.xlsx',sheet_name='Sheet1')
        df.head(7)
Out[1]:
```

< 101 >

```
   title price star
0 解忧杂货店 39.50元 8.5
1 活着 20.00元 9.3
2 追风筝的人 29.00元 8.9
3 三体 23.00元 8.8
4 白夜行 29.80元 9.1
5 小王子 22.00元 9.0
6 房思琪的初恋乐园 45.00元 9.2
```

注意 header 取 0 和 1 的差别是，取 0 表示将第一行作为表头显示，取 1 表示将第一行丢弃不作为表头显示。有时可以跳过首行或者读取多个表，例如：

df = pd.read_excel(filefullpath, sheet_name=[0,2],skiprows=[0])

sheet_name 可以指定读取几个表，表的数目从 0 开始计，如果 sheet_name=[0,2]，则代表读取第 1 页和第 3 页的表；skiprows=[0]代表读取时跳过第 1 行。

4．导入 MySQL 库

Python 中操作 MySQL 的模块是 pymysql，在导入 MySQL 数据之前，需要安装 pymysql 模块。目前，由于 MySQLdb 模块还不支持 Python 3.x，所以 Python 3.x 如果想连接 MySQL，需要安装 pymysql 模块。安装 pymysql 如图 5-5 所示，安装使用的命令为 pip install pymysql。

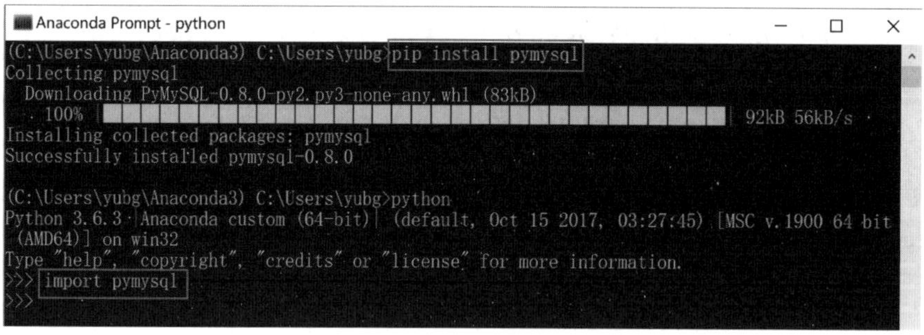

图 5-5　安装 pymysql

在 Python 编辑器中输入并执行 import pymysql，如果编译未出错，即表示 pymysql 安装成功，如图 5-5 所示。将 MySQL 数据导入 pandas 变量的函数格式如下：

read_sql(sql,conn)
函数参数说明如下。

sql：从数据库中查询数据的 SQL（Structure Query Language，结构查询语言）语句。

conn：数据库的连接对象，需要在程序中先创建。

示例代码如下。

```
import pandas as pd
import pymysql

dbconn=pymysql.connect(host="**********",
                database="kimbo",
                user="kimbo_test",
                password="******",
                port=3306,
                charset='utf8')       #加上字符集参数，防止中文乱码
sqlcmd="select * from table_name"     #SQL 语句
a=pd.read_sql(sqlcmd,dbconn)          #利用 pandas 模块导入 MySQL 数据
```

< 102 >

```
dbconn.close()
b=a.head()      #取前 5 行数据
print(b)
```

将 MySQL 数据导入 pandas 变量的其他方法。

方法一：

```
import pymysql.cursors
import pymysql
import pandas as pd

#连接配置信息
config = { 'host':'127.0.0.1',
           'port':3306,                  #MySQL 默认端口
           'user':'root',                #MySQL 默认用户名
           'password':'root',
           'db':'db_test',               #数据库名
           'charset':'utf8',
           'cursorclass':pymysql.cursors.DictCursor }

# 创建连接
conn= pymysql.connect(**config)
# 执行 SQL 语句
try:
    with conn.cursor() as cursor:
        sql="select * from table_name"
        cursor.execute(sql)
        result=cursor.fetchall()
finally:
    conn.close();
df=pd.DataFrame(result)          #转换成数据框格式
print(df.head())
```

方法二：

```
import pandas as pd
from sqlalchemy import create_engine

engine = create_engine(' mysql+pymysql://user:password@host:port/databasename ')
    # user:password 是用户名和密码，host:port 是访问地址和端口，databasename 是数据库名
df = pd.read_sql('table_name',engine)   # 从 MySQL 库中读取表名为 table_name 的表数据
```

5.2.4　数据导出

为了保存处理好的数据，有时需要先将数据导出，数据可以导出为多种格式的文件。

1．导出为.csv 文件

导出为.csv 文件的函数格式如下：

to_csv(file_path,sep= "," , index=True, header=True)
函数参数说明如下。

file_path：文件路径。

sep：分隔符，默认是逗号。

index：是否导出行序号，默认为 True，表示导出行序号。

header：是否导出列名，默认为 True，表示导出列名。

< 103 >

```
In [1]: from pandas import DataFrame
        from pandas import Series
        df = DataFrame({'age':Series([26,85,64]),
                       'name':Series(['Ben','John','Jerry'])})
        df
Out[1]:
age name
0 26 Ben
1 85 John
2 64 Jerry

In [2]: df.to_csv(r'c:\Users\yubg\OneDrive\01.csv')              #默认导出行序号
        df.to_csv(r'c:\Users\yubg\OneDrive\02.csv',index=False) #不导出行序号
```

结果如图 5-6 所示。

	age	name
0	26	Ben
1	85	John
2	64	Jerry

01.csv 默认导出行序号

age	name
26	Ben
85	John
64	Jerry

02.csv index=False，不导出行序号

图 5-6 导出为 01.csv 和 02.csv 的结果

2. 导出为 Excel 文件

导出为 Excel 文件的函数格式如下：

to_excel(file_path, index=True,header=True)
函数参数说明如下。

file_path：文件路径。

index：是否导出行序号，默认为 True，表示导出行序号。

header：是否导出列名，默认为 True，表示导出列名。

```
In [1]: from pandas import DataFrame
        from pandas import Series
        df = DataFrame({'age':Series([26,85,64]),
        'name':Series(['Ben','John','Jerry'])})

In [2]: df.to_excel(r'c:\Users\yubg\OneDrive\01.xlsx')  #默认导出行序号
        df.to_excel(r'c:\Users\yubg\OneDrive\02.xlsx',index=False)#不导出行序号
```

结果如图 5-7 所示。

	age	name
0	26	Ben
1	85	John
2	64	Jerry

01.csv 默认导出行序号

age	name
26	Ben
85	John
64	Jerry

02.csv index=False，不导出行序号

图 5-7 导出为 01.xlsx 和 02.xlsx 的结果

3. 导出到 MySQL 库

导出到 MySQL 库的函数格式如下：

to_sql(tableName, con=数据库的连接对象)

< 104 >

函数参数说明如下。

tableName：数据库中的表名。

con：数据库的连接对象，需要在程序中先创建。

示例代码如下。

```
#在 Python 3.6 下利用 pymysql 将数据库数据写入 MySQL 库
from pandas import DataFrame
from pandas import Series
from sqlalchemy import create_engine

#启动引擎
engine = create_engine("mysql+pymysql://user:password@host:port/databasename?
charset=utf8")
#这里一定要写成 mysql+pymysql，不要写成 mysql+mysqldb
#user:password 是用户名和密码，host:port 是访问地址和端口，databasename 是数据库名

#数据框数据
df = DataFrame({'age':Series([26,85,64]),'name':Series(['Ben','John','Jerry'])})

#写入 MySQL 库
df.to_sql(name = 'table_name',
          con = engine,
          if_exists = 'append',
          index = False,
          index_label = False)
```

数据库引擎（ engine = create_engine("mysql+pymysql://user:password@host:port/databasename?
charset=utf8")）说明如下。

mysql+pymysql：是要用的数据库和需要用的接口程序。

user：是数据库用户名。

password：是数据库密码。

host：是数据库所在服务器的访问地址。

port：是 MySQL 占用的端口。

databasename：是数据库名。

charset=utf8：用于设置数据库的编码方式为 UTF-8，这样可以防止因无法识别拉丁字符而报错。
关于数据库的其他操作，请参阅附录 C 部分。

5.3 实战体验：输出符合条件的内容

需求：现有一张 Excel 表，表中有多个字段，包括"申请日"字段和"发明人"字段，"发明人"
字段中的发明人一般包括多个人名，都用";"分隔开了，如图 5-8 所示。现在请将所有含有发明人
"吴峰"的发明专利的"申请日"输出，并将含有发明人"吴峰"的所有发明专利条目保存到 Excel
表中。

< 105 >

申请号	申请日	公开号	公开（公告）日	名称	申请人	地址	发明人
200810084235.8	2008.03.27	CN101546038A	2009.09.30	防结焦吹扫装置	合肥金星机电科技发展有限公司	230088安徽省合肥市高新区天智路23号	吴峰;吴永升;蔡永厚
200810084234.3	2008.03.27	CN101546608A	2009.09.30	恶劣环境下取样探头的传动装置	合肥金星机电科技发展有限公司	230088安徽省合肥市高新区天智路23号	吴峰;吴永升;周荣荻
200810195728.9	2008.08.26	CN101344433A	2009.01.14	一种新型红外测温扫描仪	合肥金星机电科技发展有限公司	230088安徽省合肥市高新区天智路23号	吴峰;吴永升;翟燕
200810195727.4	2008.08.26	CN101344703A	2009.01.14	一种用于高温环境下的微孔成像镜头	合肥金星机电科技发展有限公司	230088安徽省合肥市高新区天智路23号	吴峰;吴永升;翟燕
200910116515.7	2009.04.10	CN101527187A	2009.09.09	用于视频平衡传输的多功能电缆	合肥金星机电科技发展有限公司	230088安徽省合肥市高新区天智路23号	吴华锋;涂宋芳
200910116514.2	2009.04.10	CN101527450A	2009.09.09	用于视频传输的保护装置	合肥金星机电科技发展有限公司	230088安徽省合肥市高新区天智路23号	吴华锋;涂宋芳
200910116773.5	2009.05.14	CN101556186A	2009.10.14	一种采用选频方式的新式磨音装置	合肥金星机电科技发展有限公司	230088安徽省合肥市高新区天智路23号	吴华锋;涂宋芳

图 5-8　Excel 表

具体数据处理代码如下。

首先，接收数据。把数据导入，并查看数据。

```
# -*- coding: utf-8 -*-
"""
Created on Mon May 13 22:15:23 2019

@author: yubg
"""
#接收数据
from pandas import read_excel
df = read_excel(r"c:\Users\yubg\Desktop\zhuanli.xlsx")

#查看数据
df.head()
```

其次，提取"发明人"这一列数据作为被处理对象。将"发明人"这一列数据中的每一行作为一个列表，每个发明人名就是其中的一个元素，主要是为了方便判断"吴峰"这个人名在不在这一行。我们将使用 split()函数按照人名间的";"对人名进行分隔。

```
#提取"发明人"这一列并查看数据
fmr = df['发明人']
fmr.tail(10)
len(fmr)

#将"发明人"这一列数据作为列表 fmr_list，每一行（多个发明人）就是列表的一个元素
fmr_list = map(lambda x:fmr[x],list(range(len(fmr))))
fmr_list = list(fmr_list)

#将 fmr_list 每一行元素按照";"分隔成列表，每个发明人名就是 fmr_list 列表中的元素列表的元素
fmr_list_0 = []
k = 0
for i in range(len(fmr_list)):
    fmr_list_0.append(fmr_list[k].split(';'))
    k += 1

print(fmr_list_0)

#判断每行（即 fmr_list 中的每个元素）是否含有发明人名"吴峰"，有输出 1，无输出 0，并按序形成
index_0 列表
index_0 = []
p = 0
```

< 106 >

```
q = "吴峰"
for j in fmr_list_0:
    if q in fmr_list_0[p]:
        index_0.append(1)
    else:
        index_0.append(0)
    p +=1

#print(index_0)

#为了方便查看，直接将对应的 0、1 带上索引号
ind = []
for (index, index_0) in enumerate(index_0):
    ind.append((index, index_0))

#print(ind)

#用输出为 1 所对应的索引号形成一个列表 rq，输出 df 中含有的 rq 列表中的索引号所对应的日期——申请日
rq =[]
for element in ind:
    if element[1] == 1:
        rq.append(element[0])
        print(element[0])

for j in rq:
    print(df['申请日'][j])
len(rq)
```

最后，保存输出结果。将结果保存到 Excel 表中。

```
#保存输出结果
#先创建一个跟原数据有相同的列的列表
#方法 1
df0 = df.copy()
df0.drop(df0.index,inplace=True)

#方法 2
import pandas as pd
col = df.columns
df0 = pd.DataFrame(columns = col)

#将提取出来的数据放入数据列表 df0 中
m = 0
for i in rq:
    df0.loc[m] = df.loc[i]
    m += 1
len(df0)

#将数据列表保存到 Excel 表中
df0.to_excel(r"c:\Users\yubg\Desktop\output_zhuanli.xlsx")
```

< 107 >

第 **6** 章　数据处理与分析

数据清洗是数据价值链中最关键的步骤。垃圾数据，即使经过最好的分析，也将产生错误的结果，并误导业务本身。在整个数据处理与分析过程中，数据清洗是最为重要的环节，占据着百分之七八十甚至更多的工作量。

数据处理不仅要提高数据的质量，更要让数据更好地适应特定的数据分析工具。

6.1　数据清洗与操作

在进行数据分析时，如果海量的原始数据中存在着大量不完整、不一致、异常的数据，就会严重影响数据分析的结果，所以进行数据清洗就显得尤为重要。

数据清洗就是处理缺失数据以及清除无意义的信息，如删除原始数据中的无关数据、重复数据，填充缺失数据，平滑噪声数据，过滤掉与数据分析主题无关的数据等。

6.1.1　异常值处理

异常值处理包括对重复值和缺失值的处理，对缺失值的处理要尤其谨慎。当数据量较大，并且删除缺失值不影响结论时，可以删除缺失值；当数据量较少，删除缺失值后可能会影响数据分析的结果时，最好对缺失值进行填充。

微课视频

1．重复值的处理

Python 中的 pandas 模块处理重复值的步骤如下。

（1）利用数据框中的 duplicated()方法返回一个布尔型的序列，显示是否有重复行，没有重复行显示为 False，有重复行则从重复的第二行起，重复的行均显示为 True。

（2）利用数据框中的 drop_duplicates()方法，返回一个移除了重复行的数据框。

（3）使用 df[df.a.duplicated()]显示重复值。

用于显示重复值的 duplicated()函数格式如下：

duplicated(self, subset=None, keep='first')

其中的重要参数解释如下。

subset：用于识别重复的列标签或列标签序列，默认识别所有列标签。

keep='frist'：除了第一次出现的列标签外，其余相同的被标记为重复。

keep 还可以取以下值，含义如下。

keep='last'：除了最后一次出现的列标签外，其余相同的被标记为重复。

keep=False：所有相同的列标签都被标记为重复。

如果 duplicated()方法和 drop_duplicates()方法中没有设置参数，则这两个方法默认判断所有的列；如果在这两个方法中加入了指定的属性名（列名），例如 frame.drop_duplicates(['state'])，则指定对部分属性（state 列）进行重复项的判断。

drop_duplicates()：把数据结构中行相同的数据去除（保留其中的一行）。

```
In [1]:from pandas import DataFrame
        from pandas import Series
        df = DataFrame({'age':Series([26,85,64,85,85]),
                        'name':Series(['Yubg','John','Jerry','Cd','John'])})
        df
Out[1]:
   age    name
0   26    Yubg
1   85    John
2   64    Jerry
3   85    Cd
4   85    John

In [2]:df.duplicated()
Out[2]:
0    False
1    False
2    False
3    False
4    True
dtype: bool

In [3]: df[df.duplicated()]#显示重复行
Out[3]:
age name
4 85 John

In [4]:df.duplicated('name')
Out[4]:
0    False
1    False
2    False
3    False
4    True
dtype: bool

In [5]: df[~df.duplicated('name')]#先取反再取布尔值 True，即删除 name 列中的重复行
Out[5]:
age name
0 26 Yubg
1 85 John
2 64 Jerry
3 85 Cd

In [6]:df.drop_duplicates('age')  #剔除 age 列中的重复行
Out[6]:
   age    name
0   26    Yubg
1   85    John
2   64    Jerry
```

上面的 df 中索引为 4 的行是索引为 1 的重复行，去重后索引为 4 的行被删除。

< 109 >

~表示取反，本例中所有显示为 True 的转换为 False，而所有显示为 False 的转换为 True，再从布尔值里提取数据，即把为 True 的值提取出来，相当于将 False 值所在的行（取反前为 True 的重复行）删除。

2. 缺失值的处理

从统计的角度来说，缺失值可能会造成有偏估计，从而导致样本数据不能很好地代表总体，而现实中绝大部分数据都包含缺失值，因此，处理缺失值很重要。

一般说来，缺失值的处理包括两个步骤，即缺失数据的识别和缺失值的具体处理。

（1）缺失数据的识别

pandas 使用浮点值 NaN 表示浮点和非浮点数组里的缺失数据，并使用.isnull()和.notnull()函数来判断缺失情况。

```
In [1]:from pandas import DataFrame
        from pandas import read_excel
        df = read_excel(r'C:\Users\yubg\rz.xlsx',sheet_name='Sheet2')
        df
Out[1]:
        学号        姓名  英语    数分     高代    解几
0  2308024241  成龙  76   40.0   23.0   60
1  2308024244  周怡  66   47.0   47.0   44
2  2308024251  张波  85   NaN    45.0   60
3  2308024249  朱浩  65   72.0   62.0   71
4  2308024219  封印  73   61.0   47.0   46
5  2308024201  迟培  60   71.0   76.0   71
6  2308024347  李华  67   61.0   65.0   78
7  2308024307  陈田  76   69.0   NaN    69
8  2308024326  余皓  66   65.0   61.0   71
9  2308024219  封印  73   61.0   47.0   46

In [2]:df.isnull()
Out[2]:
      学号      姓名     英语     数分     高代     解几
0  False  False  False  False  False  False
1  False  False  False  False  False  False
2  False  False  False   True  False  False
3  False  False  False  False  False  False
4  False  False  False  False  False  False
5  False  False  False  False  False  False
6  False  False  False  False  False  False
7  False  False  False  False   True  False
8  False  False  False  False  False  False
9  False  False  False  False  False  False

In [3]:df.notnull()
Out[3]:
      学号    姓名    英语     数分     高代    解几
0  True  True  True   True   True  True
1  True  True  True   True   True  True
2  True  True  True  False   True  True
3  True  True  True   True   True  True
4  True  True  True   True   True  True
5  True  True  True   True   True  True
6  True  True  True   True   True  True
7  True  True  True   True  False  True
```

< 110 >

```
8  True  True  True  True  True  True
9  True  True  True  True  True  True
```

若要显示某列空值所在的行，如数分列，可以使用 df[df.数分.isnull()]。要删除这个空值所在的行，可以使用 df[~df.数分.isnull()]，~表示取反。

（2）缺失值的具体处理

处理缺失值的方式有删除对应行、数据补齐、忽略等方法。

① dropna()：用于对数据结构中的空值所在的行进行删除。

删除数据结构中的空值所在的行。

```
In [4]:newDF=df.dropna()
newDF
Out[4]:
        学号    姓名  英语   数分    高代   解几
0  2308024241  成龙   76  40.0  23.0  60
1  2308024244  周怡   66  47.0  47.0  44
3  2308024249  朱浩   65  72.0  62.0  71
4  2308024219  封印   73  61.0  47.0  46
5  2308024201  迟培   60  71.0  76.0  71
6  2308024347  李华   67  61.0  65.0  78
8  2308024326  余皓   66  65.0  61.0  71
9  2308024219  封印   73  61.0  47.0  46
```

示例中 NaN 所在的第 2、7 行已经被删除。可以指定参数 how='all'，表示只有行数据全部为空时才将该行删除，如 df.dropna(how='all')。如果想以同样的方式按列删除，可以传入 axis=1，如 df.dropna(how='all',axis=1)。

② df.fillna()：用其他数值填充 NaN。

有些时候将空数据直接删除会影响分析的结果，此时可以对空数据进行填充，如使用数值或者任意字符替代缺失值。

```
In [5]:df.fillna('?')
Out[5]:
        学号    姓名  英语  数分  高代  解几
0  2308024241  成龙   76  40  23  60
1  2308024244  周怡   66  47  47  44
2  2308024251  张波   85  ?   45  60
3  2308024249  朱浩   65  72  62  71
4  2308024219  封印   73  61  47  46
5  2308024201  迟培   60  71  76  71
6  2308024347  李华   67  61  65  78
7  2308024307  陈田   76  69  ?   69
8  2308024326  余皓   66  65  61  71
9  2308024219  封印   73  61  47  46
```

例如，第 2、7 行中用"？"填充缺失值。

③ df.fillna(method='pad')：用前一个数值替代 NaN。

用前一个数值替代当前的缺失值。

```
In [6]:df.fillna(method='pad')
Out[6]:
        学号    姓名  英语  数分 高代 解几
```

< 111 >

```
0  2308024241  成龙  76  40.0  23.0  60
1  2308024244  周怡  66  47.0  47.0  44
2  2308024251  张波  85  47.0  45.0  60
3  2308024249  朱浩  65  72.0  62.0  71
4  2308024219  封印  73  61.0  47.0  46
5  2308024201  迟培  60  71.0  76.0  71
6  2308024347  李华  67  61.0  65.0  78
7  2308024307  陈田  76  69.0  65.0  69
8  2308024326  余皓  66  65.0  61.0  71
9  2308024219  封印  73  61.0  47.0  46
```

④ df.fillna(method='bfill')：用后一个数值替代 NaN。

与 pad 相反，bfill 表示用后一个数值替代 NaN。可以添加可选参数，限制每列可以替代 NaN 的数目。

```
In [7]:df.fillna(method='bfill')
Out[7]:
       学号   姓名  英语  数分  高代  解几
0  2308024241  成龙  76  40.0  23.0  60
1  2308024244  周怡  66  47.0  47.0  44
2  2308024251  张波  85  72.0  45.0  60
3  2308024249  朱浩  65  72.0  62.0  71
4  2308024219  封印  73  61.0  47.0  46
5  2308024201  迟培  60  71.0  76.0  71
6  2308024347  李华  67  61.0  65.0  78
7  2308024307  陈田  76  69.0  61.0  69
8  2308024326  余皓  66  65.0  61.0  71
9  2308024219  封印  73  61.0  47.0  46
```

⑤ df.fillna(df.mean())：用平均值或者其他描述性统计量来替代 NaN。

使用平均值来填补空数据。

```
In [8]:df.fillna(df.mean())
Out[8]:
       学号   姓名  英语   数分      高代     解几
0  2308024241  成龙  76  40.000000  23.000000  60
1  2308024244  周怡  66  47.000000  47.000000  44
2  2308024251  张波  85  60.777778  45.000000  60
3  2308024249  朱浩  65  72.000000  62.000000  71
4  2308024219  封印  73  61.000000  47.000000  46
5  2308024201  迟培  60  71.000000  76.000000  71
6  2308024347  李华  67  61.000000  65.000000  78
7  2308024307  陈田  76  69.000000  52.555556  69
8  2308024326  余皓  66  65.000000  61.000000  71
9  2308024219  封印  73  61.000000  47.000000  46
```

数分列中有一个空值，除它之外的 9 个数的均值约为 60.777778，故以 60.777778 替代该值；高代列的处理方式与数分列的相同。

⑥ df.fillna(df.mean()['列名':'列名'])：可以选择多列同时进行缺失值处理。

为这些列使用各自列的均值来填充空数据。

< 112 >

```
In [9]:df.fillna(df.mean()['高代':'解几'])  #高代至解几的列场使用各自列的均值填充
Out[9]:
        学号       姓名  英语    数分        高代  解几
0  2308024241  成龙  76  40.0  23.000000  60
1  2308024244  周怡  66  47.0  47.000000  44
2  2308024251  张波  85   NaN  45.000000  60
3  2308024249  朱浩  65  72.0  62.000000  71
4  2308024219  封印  73  61.0  47.000000  46
5  2308024201  迟培  60  71.0  76.000000  71
6  2308024347  李华  67  61.0  65.000000  78
7  2308024307  陈田  76  69.0  52.555556  69
8  2308024326  余皓  66  65.0  61.000000  71
9  2308024219  封印  73  61.0  47.000000  46
```

⑦ df.fillna({'列名1':值1,'列名2':值2})：可以传入一个字典，对不同的列填充不同的值。
为不同的列填充不同的值来填充空数据，例如，用100填充数分列，用0填充高代列。

```
In [10]:df.fillna({'数分':100,'高代':0})
Out[10]:
        学号       姓名  英语    数分    高代  解几
0  2308024241  成龙  76   40.0  23.0  60
1  2308024244  周怡  66   47.0  47.0  44
2  2308024251  张波  85  100.0  45.0  60
3  2308024249  朱浩  65   72.0  62.0  71
4  2308024219  封印  73   61.0  47.0  46
5  2308024201  迟培  60   71.0  76.0  71
6  2308024347  李华  67   61.0  65.0  78
7  2308024307  陈田  76   69.0   0.0  69
8  2308024326  余皓  66   65.0  61.0  71
9  2308024219  封印  73   61.0  47.0  46
```

⑧ strip()：删除字符串左右或首尾指定的字符（默认为空格），中间的字符不删除。
删除字符串左右或首尾指定的空格。

```
In [11]:from pandas import DataFrame
   from pandas import Series
   df = DataFrame({'age':Series([26,85,64,85,85]),
          'name':Series(['   Ben','John ','   Jerry','John ','John'])})
   df
Out[11]:
   age     name
0  26        Ben
1  85      John
2  64      Jerry
3  85      John
4  85      John

In [12]:df['name'].str.strip()
Out[12]:
0     Ben
1    John
2   Jerry
3    John
4    John
Name: name, dtype: object
```

<113>

如果只删除右侧的字符则可以使用 df['name'].str.rstrip()，只删除左侧的字符则可以使用 df['name'].str.lstrip()，默认删除空格，也可以用参数指定要删除的字符，如删除右侧的 "n"：

```
In [13]:df['name'].str.rstrip('n')
Out[13]:
0        Be
1      John
2     Jerry
3      John
4       Joh
Name: name, dtype: object
```

6.1.2 数据抽取

1. 字段抽取

字段抽取是指抽出某列上指定位置的数据形成新的列。

slice() 函数格式如下：

slice(start, stop)
函数参数说明如下。

start：开始位置。

stop：结束位置。

手机号码一般由 11 位数字组成，如 18603518513，前 3 位（186）表示运营商（联通），中间 4 位（0315）表示地域（太原），后 4 位（8513）才是用户号码。下面我们对手机号码数据分别进行抽取。

```
In [1]:from pandas import DataFrame
       from pandas import read_excel
       df = read_excel(r'C:\Users\yubg\i_nuc.xlsx',sheet_name='Sheet4')
       df.head()        #显示数据表的前 5 行，要显示后 5 行可以使用 df.tail()
Out[1]:
          学号       电话号码              IP 地址
0  2308024241  1.892225e+10    221.205.98.55
1  2308024244  1.352226e+10    183.184.226.205
2  2308024251  1.342226e+10    221.205.98.55
3  2308024249  1.882226e+10    222.31.51.200
4  2308024219  1.892225e+10    120.207.64.3
In [2]:df['电话号码']=df['电话号码'].astype(str)   #astype()用于转化数据类型
    df['电话号码']
Out[2]:
0     18922254812.0
1     13522255003.0
2     13422259938.0
3     18822256753.0
4     18922253721.0
5            nan
6     13822254373.0
7     13322252452.0
8     18922257681.0
9     13322252452.0
10    18922257681.0
11    19934210999.0
12    19934210911.0
13    19934210912.0
14    19934210913.0
15    19934210914.0
16    19934210915.0
```

< 114 >

```
17     19934210916.0
18     19934210917.0
19     19934210918.0
Name: 电话号码, dtype: object

In [3]:bands = df['电话号码'].str.slice(0,3)   #抽取手机号码的前3位，便于判断手机号码所属运
营商
       bands
Out[3]:
0      189
1      135
2      134
3      188
4      189
5      nan
6      138
7      133
8      189
9      133
10     189
11     199
12     199
13     199
14     199
15     199
16     199
17     199
18     199
19     199
Name: 电话号码, dtype: object

In [4]:areas= df['电话号码'].str.slice(3,7)   #抽取手机号码的中间4位，以判断手机号码所
属地域
       areas
Out[4]:
0      2225
1      2225
2      2225
3      2225
4      2225
5
6      2225
7      2225
8      2225
9      2225
10     2225
11     3421
12     3421
13     3421
14     3421
15     3421
16     3421
17     3421
18     3421
19     3421
Name: 电话号码, dtype: object

In [5]: tell= df['电话号码'].str.slice(7,11)   #抽取手机号码的后4位
       tell
```

< 115 >

```
Out[5]:
0      4812
1      5003
2      9938
3      6753
4      3721
5
6      4373
7      2452
8      7681
9      2452
10     7681
11     0999
12     0911
13     0912
14     0913
15     0914
16     0915
17     0916
18     0917
19     0918
Name: 电话号码, dtype: object
```

2. 字段拆分

字段拆分是指按指定的分隔符 sep，拆分已有的字符串。

split()函数格式如下：

split(sep,n,expand=False)
函数参数说明如下。

sep：用于分隔字符串的分隔符。

n：拆分后新增的列数。

expand：是否展开为数据框，默认为 False。

若 expand 为 True，则该函数返回数据框；若 expand 为 False，则返回序列。

```
In [6]:from pandas import DataFrame
       from pandas import read_excel
       df = read_excel(r'C:\Users\yubg\i_nuc.xlsx',sheet_name='Sheet4')
       df
Out[6]:
           学号        电话号码              IP 地址
0    2308024241   1.892225e+10      221.205.98.55
1    2308024244   1.352226e+10      183.184.226.205
2    2308024251   1.342226e+10      221.205.98.55
3    2308024249   1.882226e+10      222.31.51.200
4    2308024219   1.892225e+10      120.207.64.3
5    2308024201        NaN          222.31.51.200
6    2308024347   1.382225e+10      222.31.59.220
7    2308024307   1.332225e+10      221.205.98.55
8    2308024326   1.892226e+10      183.184.230.38
9    2308024320   1.332225e+10      221.205.98.55
10   2308024342   1.892226e+10      183.184.230.38
11   2308024310   1.993421e+10      183.184.230.39
12   2308024435   1.993421e+10      185.184.230.40
13   2308024432   1.993421e+10      183.154.230.41
14   2308024446   1.993421e+10      183.184.231.42
15   2308024421   1.993421e+10      183.154.230.43
16   2308024433   1.993421e+10      173.184.230.44
17   2308024428   1.993421e+10           NaN
```

< 116 >

```
18  2308024402  1.993421e+10      183.184.230.4
19  2308024422  1.993421e+10      153.144.230.7

In [7]: df['IP地址'].str.strip()   #先将IP地址列数据转换为字符串，再删除首尾空格
Out[7]:
0        221.205.98.55
1      183.184.226.205
2        221.205.98.55
3        222.31.51.200
4         120.207.64.3
5        222.31.51.200
6        222.31.59.220
7        221.205.98.55
8       183.184.230.38
9        221.205.98.55
10      183.184.230.38
11      183.184.230.39
12      185.184.230.40
13      183.154.230.41
14      183.184.231.42
15      183.154.230.43
16      173.184.230.44
17                 NaN
18       183.184.230.4
19       153.144.230.7
Name: IP, dtype: object
```

In [8]: newDF= df['IP地址'].str.split('.',n=1,1,expand=True) #按第1个"."分成两列，1表示新增的列数

```
        newDF
Out[8]:
         0           1
0       221     205.98.55
1       183    184.226.205
2       221     205.98.55
3       222     31.51.200
4       120      207.64.3
5       222     31.51.200
6       222     31.59.220
7       221   205.98.55
8       183      184.230.38
9       221   205.98.55
10      183      184.230.38
11      183      184.230.39
12      185      184.230.40
13      183      154.230.41
14      183      184.231.42
15      183      154.230.43
16      173      184.230.44
17      NaN          None
18      183      184.230.4
19      153      144.230.7
```

In [9]: newDF.columns = ['IP1','IP2-4']   #给第1、2列增加列名

```
        newDF
Out[9]:
        IP1        IP2-4
0       221     205.98.55
1       183    184.226.205
2       221     205.98.55
```

< 117 >

```
3     222       31.51.200
4     120        207.64.3
5     222       31.51.200
6     222       31.59.220
7     221      205.98.55
8     183      184.230.38
9     221      205.98.55
10    183      184.230.38
11    183      184.230.39
12    185      184.230.40
13    183      154.230.41
14    183      184.231.42
15    183      154.230.43
16    173      184.230.44
17    NaN           None
18    183       184.230.4
19    153       144.230.7
```

3．记录抽取

记录抽取是指根据一定的条件，对数据进行抽取。

记录抽取格式如下：

dataframe[condition]

参数说明如下。

condition：过滤条件。

对记录进行抽取后返回数据框。

常用的 condition 类型如下。

微课视频

比较运算：==、<、>、>=、<=、!=，如 df[df.comments>10000)]。

范围运算：between(left,right)，如 df[df.comments.between(1000,10000)]。

空置运算：isnull(column)，如 df[df.title.isnull()]。

字符匹配：str.contains(pattern,na = False)，如 df[df.title.str.contains('电台',na=False)]。

逻辑运算：&（与）、|（或）、not（非），如 df[(df.comments>=1000)&(df.comments<=10000)]与 df[df.comments.between(1000,10000)]等价。

（1）按条件抽取数据

```
In [11]: import pandas
         from pandas import read_excel
         df = read_excel(r'C:\Users\yubg\i_nuc.xlsx',sheet_name='Sheet4')
         df.head()
Out[11]:
     学号        电话号码              IP 地址
0  2308024241  1.892225e+10     221.205.98.55
1  2308024244  1.352226e+10    183.184.226.205
2  2308024251  1.342226e+10     221.205.98.55
3  2308024249  1.882226e+10     222.31.51.200
4  2308024219  1.892225e+10      120.207.64.3

In [12]: df[df.电话号码==13322252452]
Out[12]:
     学号        电话号码           IP 地址
7  2308024307  1.332225e+10  221.205.98.55
9  2308024320  1.332225e+10  221.205.98.55


In [13]: df[df.电话号码>13500000000]
Out[13]:
```

< 118 >

```
       学号          电话号码              IP 地址
0   2308024241   1.892225e+10        221.205.98.55
1   2308024244   1.352226e+10       183.184.226.205
3   2308024249   1.882226e+10        222.31.51.200
4   2308024219   1.892225e+10        120.207.64.3
6   2308024347   1.382225e+10        222.31.59.220
8   2308024326   1.892225e+10       183.184.230.38
10  2308024342   1.892226e+10       183.184.230.38
11  2308024310   1.993421e+10       183.184.230.39
12  2308024435   1.993421e+10       185.184.230.40
13  2308024432   1.993421e+10       183.154.230.41
14  2308024446   1.993421e+10       183.184.231.42
15  2308024421   1.993421e+10       183.154.230.43
16  2308024433   1.993421e+10       173.184.230.44
17  2308024428   1.993421e+10               NaN
18  2308024402   1.993421e+10        183.184.230.4
19  2308024422   1.993421e+10        153.144.230.7

In [14]: df[df.电话号码.between(13400000000,13999999999)]
Out[14]:
       学号          电话号码            IP 地址
1   2308024244   1.352226e+10     183.184.226.205
2   2308024251   1.342226e+10      221.205.98.55
6   2308024347   1.382225e+10      222.31.59.220

In [15]: df[df.IP 地址.isnull()]
Out[15]:
       学号          电话号码      IP 地址
17  2308024428   1.993421e+10   NaN

In [16]: df[df.IP 地址.str.contains('222.',na=False)]
Out[16]:
       学号          电话号码            IP 地址
3   2308024249   1.882226e+10     222.31.51.200
5   2308024201          NaN       222.31.51.200
6   2308024347   1.382225e+10     222.31.59.220
```

（2）通过逻辑条件进行数据切片：df[逻辑条件]

```
In [1]: from pandas import read_excel
        df =read_excel(r'C:\Users\yubg\i_nuc.xlsx',sheet_name='Sheet4')
        df.head()
Out[1]:
       学号          电话号码              IP 地址
0   2308024241   1.892225e+10        221.205.98.55
1   2308024244   1.352226e+10       183.184.226.205
2   2308024251   1.342226e+10        221.205.98.55
3   2308024249   1.882226e+10        222.31.51.200
4   2308024219   1.892225e+10        120.207.64.3

In [2]:df[df.电话号码 >= 18822256753]    #单个逻辑条件
Out[2]:
       学号          电话号码              IP 地址
0   2308024241   1.892225e+10     221.205.98.55
3   2308024249   1.882226e+10     222.31.51.200
4   2308024219   1.892225e+10     120.207.64.3
8   2308024326   1.892226e+10     183.184.230.38
10  2308024342   1.892226e+10     183.184.230.38
11  2308024310   1.993421e+10     183.184.230.39
```

< 119 >

```
12   2308024435   1.993421e+10    185.184.230.40
13   2308024432   1.993421e+10    183.154.230.41
14   2308024446   1.993421e+10    183.184.231.42
15   2308024421   1.993421e+10    183.154.230.43
16   2308024433   1.993421e+10    173.184.230.44
17   2308024428   1.993421e+10              NaN
18   2308024402   1.993421e+10     183.184.230.4
19   2308024422   1.993421e+10     153.144.230.7

In [3]:df[(df.电话号码>=13422259938 )&(df.电话号码 < 13822254373)]
Out[3]:
         学号          电话号码                  IP 地址
1   2308024244   1.352226e+10     183.184.226.205
2   2308024251   1.342226e+10      221.205.98.55
```

使用这种方式获取的数据切片都是数据框。

4. 按索引条件抽取

（1）使用索引名（标签）选取数据：df.loc[行标签,列标签]

```
In [4]: df=df.set_index('学号')              #更改学号列为新的索引
        df.head()
Out[4]:
     学号              电话号码                  IP 地址
2308024241    1.892225e+10      221.205.98.55
2308024244    1.352226e+10     183.184.226.205
2308024251    1.342226e+10      221.205.98.55
2308024249    1.882226e+10      222.31.51.200
2308024219    1.892225e+10      120.207.64.3

In [5]: df.loc[2308024241:2308024201]          #选取 a～b 行的数据: df.loc['a':'b']
Out[5]:
     学号              电话号码                  IP 地址
2308024241    1.892225e+10      221.205.98.55
2308024244    1.352226e+10     183.184.226.205
2308024251    1.342226e+10      221.205.98.55
2308024249    1.882226e+10      222.31.51.200
2308024219    1.892225e+10      120.207.64.3
2308024201            NaN      222.31.51.200

In [6]: df.loc[:,'电话号码'].head()              #选取电话号码列的数据
Out[6]:
学号
2308024241      1.892225e+10
2308024244      1.352226e+10
2308024251      1.342226e+10
2308024249      1.882226e+10
2308024219      1.892225e+10
Name: 电话号码, dtype: float64
```

df.loc 的第一个参数是行标签，第二个参数为列标签（可选参数，默认为所有列标签），两个参数既可以是列表也可以是单个字符，如果两个参数都为列表则返回的是数据框，否则返回的是序列。

```
In [7]: import pandas as pd
df = pd.DataFrame({'a': [1, 2, 3], 'b': ['a', 'b', 'c'],'c': ["A","B","C"]})
df
Out[7]:
   a  b  c
0  1  a  A
```

< 120 >

```
1 2 b B
2 3 c C

In [8]: df.loc[1]              #抽取 index=1 的行，但返回的是序列，而不是数据框
Out[8]:
a    2
b    b
c    B
Name: 1, dtype: object

In [9]: df.loc[[1,2]]          #抽取 index=1 和 index=2 的两行
Out[9]:
   a b c
1  2 b B
2  3 c C
```

注意 当同时抽取多行时，行的索引必须写成列表的形式，而不能写成简单地用逗号分隔的形式，例如，df.loc[1,2] 会报错。

（2）使用索引号选取数据：df.iloc[行索引号,列索引号]

```
In [1]: from pandas import read_excel
        df = read_excel(r'C:\Users\yubg\i_nuc.xlsx',sheet_name='Sheet4')
        df=df.set_index('学号')
        df.head()
Out[1]:
学号              电话号码                IP 地址
2308024241  1.892225e+10        221.205.98.55
2308024244  1.352226e+10      183.184.226.205
2308024251  1.342226e+10        221.205.98.55
2308024249  1.882226e+10        222.31.51.200
2308024219  1.892225e+10         120.207.64.3

In [2]: df.iloc[1,0]            #选取第 2 行、第 1 列的值，返回单个值
Out[2]: 13522255003.0

In [3]: df.iloc[[0,2],:]        #选取第 1 行和第 3 行的数据
Out[3]:
学号              电话号码                IP 地址
2308024241  1.892225e+10        221.205.98.55
2308024251  1.342226e+10        221.205.98.55

In [4]: df.iloc[0:2,:]          #选取第 1 行到第 3 行（不包含第 3 行）的数据
Out[4]:
学号              电话号码                IP 地址
2308024241  1.892225e+10        221.205.98.55
2308024244  1.352226e+10      183.184.226.205

In [5]: df.iloc[:,1]            #选取所有记录的第 2 列的值，返回一个序列
Out[5]:
学号
2308024241          221.205.98.55
2308024244        183.184.226.205
2308024251          221.205.98.55
2308024249          222.31.51.200
2308024219           120.207.64.3
2308024201          222.31.51.200
2308024347          222.31.59.220
2308024307      221.205.98.55
```

< 121 >

```
2308024326        183.184.230.38
2308024320        221.205.98.55
2308024342        183.184.230.38
2308024310        183.184.230.39
2308024435        185.184.230.40
2308024432        183.154.230.41
2308024446        183.184.231.42
2308024421        183.154.230.43
2308024433        173.184.230.44
2308024428               NaN
2308024402        183.184.230.4
2308024422        153.144.230.7
Name: IP, dtype: object

In [6]: df.iloc[1,:]            #选取第2行数据，返回一个序列
Out[6]:
电话号码          1.35223e+10
IP地址        183.184.226.205
Name: 2308024244, dtype: object
```

说明： loc 为 location 的缩写，iloc 则为 integer & location 的缩写。更广义的切片方式是使用 .ix，它自动根据给到的索引类型判断是使用索引号还是使用索引名（标签）进行切片。iloc 为整型索引（只能使用索引号）；loc 为字符串索引（只能使用索引名）；ix 是 iloc 和 loc 的合体，索引号或者索引名皆可使用，但是当索引名的类型是 int 型时，只能用索引名，不能用索引号。

```
In [1]: import pandas as pd
        index_loc = ['a','b']
        index_iloc = [1,2]
        data = [[1,2,3,4],[5,6,7,8]]
        columns = ['one','two','three','four']
        df1 = pd.DataFrame(data=data,index=index_loc,columns=columns)
        df2 = pd.DataFrame(data=data,index=index_iloc,columns=columns)

In [2]:df1.ix['a']          #按索引名提取
Out[2]:
one       1
two       2
three     3
four      4
Name: a, dtype: int64

In [3]:df1.ix[0]            #按索引号提取
Out[3]:
one       1
two       2
three     3
four      4
Name: a, dtype: int64

In [4]:df2.ix[1]            #按索引名提取
Out[4]:
one       1
two       2
three     3
four      4
Name: 1, dtype: int64

In [4]:df2.ix[0]            #按索引号提取，会报错，因为索引名的类型是 int 型
```

< 122 >

```
Traceback (most recent call last):
    File "<ipython-input-58-ef3ad73f7bd0>", line 1, in <module>
        df2.ix[0]            #按索引号提取
        ......
    File "pandas\_libs\hashtable_class_helper.pxi", line 765, in pandas._libs.hashtable.
Int64HashTable.get_item
    KeyError: 0
```

注意 ix：通过行标签或者行号索引行数据；

loc：通过索引名抽取行数据；

iloc：通过索引号抽取行数据；

ix：通过索引号和索引名抽取行数据（loc 和 iloc 的混合）。

同理，索引列数据也是如此！

5．随机抽样

随机抽样是指随机从数据中按照一定的行数或者比例抽取数据。

随机抽样函数格式如下：

numpy.random.randint(start,end,num)

函数参数说明如下。

start：抽取范围的开始值。

end：抽取范围的结束值。

num：抽样数。

该函数返回行的索引值序列。

```
In [1]: from pandas import read_excel
        Import numpy as np
        df = read_excel(r'C:\Users\yubg\i_nuc.xlsx',sheet_name='Sheet4')
        df.head()

Out[1]:
        学号          电话号码                IP 地址
0   2308024241   1.892225e+10      221.205.98.55
1   2308024244   1.352226e+10     183.184.226.205
2   2308024251   1.342226e+10      221.205.98.55
3   2308024249   1.882226e+10      222.31.51.200
4   2308024219   1.892225e+10      120.207.64.3

In [2]:r = np.random.randint(0,10,3)
     r
Out[2]: array([3, 4, 9])

In [3]:df.loc[r,:]    #抽取 r 行数据，可以直接写成 df.loc[r]
Out[3]:
        学号          电话号码                IP 地址
3   2308024249   1.882226e+10      222.31.51.200
4   2308024219   1.892225e+10      120.207.64.3
9   2308024320   1.332225e+10   221.205.98.55
```

6.1.3 插入记录

pandas 里并没有通过直接指定索引插入记录的方法，所以要自行设置。插入记录的方法如下。

```
In [1]: import pandas as pd
        df = pd.DataFrame({'a': [1, 2, 3], 'b': ['a', 'b', 'c'],'c': ["A","B","C"]})
```

< 123 >

```
        df
Out[1]:
   a b c
0  1 a A
1  2 b B
2  3 c C

In [2]:line = pd.DataFrame({'a':"--", 'b':"--", 'c':"--"},
            index=[1])
        line
Out[2]:
   a  b  c
1  -- -- --

In [3]:df0 = pd.concat([df.loc[:0],line,df.loc[1:]])
       df0
Out[3]:
   a  b  c
0  1  a  A
1  -- -- --
1  2  b  B
2  3  c  C
```

df.loc[:0]在这里不能写成 df.loc[0]，因为 df.loc[0]表示抽取 index=0 的行，返回的是序列而不是数据框。

df0 没有给出新的索引，需要对索引进行重新设定。重新设定索引的方法如下。

方法一 先利用 reset_index()函数给出新的索引，原索引将作为新增的 index 列；再对新增的列使用 drop()以删除新增的 index 列。虽然此方法有点烦琐、笨拙，但有时确实有输出原索引的需求。

```
In [4]: df1=df0.reset_index()  #给出新的索引
        df1
Out[4]:
   index  a  b  c
0     0   1  a  A
1     1   -- -- --
2     2   2  b  B
3     3   3  c  C

In [5]: df2=df1.drop('index', axis=1)  #删除index列
        df2
Out[5]:
   a  b  c
0  1  a  A
1  -- -- --
2  2  b  B
3  3  c  C
```

方法二 直接给 reset_index()函数添加 drop=True 参数，以删除原索引并给出新的索引。

```
In [6]:df2=pd.concat([df.loc[:0],line,df.loc[1:]]).reset_index(drop=True)
    df2
Out[6]:
   a  b  c
0  1  a  A
1  -- -- --
2  2  b  B
3  3  c  C
```

方法三 先找出 df0 的索引长度（使用 length=len(df0.index)）；再利用整数序列函数 range(length)

< 124 >

生成索引；最后把生成的索引赋值给 df0.index。

```
In [7]: df0.index=range(len(df0.index))
        df0
Out[7]:
     a    b    c
0    1    a    A
1   --   --   --
2    2    b    B
3    3    c    C
```

6.1.4 修改记录

修改记录是常有的事情，比如经常需要整体替换某些数据，有些数据需要个别修改等。

整列、整行替换很容易做到，如采用 df['平时成绩']= score_2 可以进行整列替换，这里的 score_2 替换数据框中"平时成绩"的数据（可以是列表或者序列）。

这里假设整个 df 数据框各列中可能都有 NaN，现在把所有空值全部替换成"0"以便计算，类似 Word 软件中的"查找和替换"。

```
In [1]: from pandas import read_excel
        df = pd.read_excel(r'C:\Users\yubg\i_nuc.xlsx',sheet_name='Sheet3')
        df.head()
Out[1]:
        学号          班级      姓名  性别  英语  体育  军训  数分  高代  解几
0   2308024241   23080242   成龙  男   76   78   77   40   23   60
1   2308024244   23080242   周怡  女   66   91   75   47   47   44
2   2308024251   23080242   张波  男   85   81   75   45   45   60
3   2308024249   23080242   朱浩  男   65   50   80   72   62   71
4   2308024219   23080242   封印  女   73   88   92   61   47   46
```

（1）单值替换。

df.replace('B', 'A')表示用 A 替换 B。也可以使用 df.replace({'B': 'A'})。

```
In [2]: df.replace('作弊',0)     #用 0 替换"作弊"
Out[2]:
         学号          班级      姓名  性别  英语  体育  军训  数分  高代  解几
0    2308024241   23080242   成龙   男   76   78   77   40   23   60
1    2308024244   23080242   周怡   女   66   91   75   47   47   44
2    2308024251   23080242   张波   男   85   81   75   45   45   60
3    2308024249   23080242   朱浩   男   65   50   80   72   62   71
4    2308024219   23080242   封印   女   73   88   92   61   47   46
5    2308024201   23080242   迟培   男   60   50   89   71   76   71
6    2308024347   23080243   李华   女   67   61   84   61   65   78
7    2308024307   23080243   陈田   男   76   79   86   69   40   69
8    2308024326   23080243   余皓   男   66   67   85   65   61   71
9    2308024320   23080243   李嘉   女   62   0    90   60   67   77
10   2308024342   23080243   李上初  男   76   90   84   60   66   60
11   2308024310   23080243   郭窦   女   79   67   84   64   64   79
12   2308024435   23080244   姜毅涛  男   77   71  缺考   61   73   76
13   2308024432   23080244   赵宇   男   74   74   88   68   70   71
14   2308024446   23080244   周路   女   76   80   77   61   74   80
15   2308024421   23080244   林建祥  男   72   72   81   63   90   75
```

< 125 >

```
16  2308024433  23080244    李大强  男  79  76  77  78  70  70
17  2308024428  23080244    李侧通  男  64  96  91  69  60  77
18  2308024402  23080244     王慧  女  73  74  93  70  71  75
19  2308024422  23080244    李晓亮  男  85  60  85  72  72  83
20  2308024201  23080242     迟培  男  60  50  89  71  76  71
```

（2）指定列单值替换。

df.replace({'体育':'作弊'},0)表示用 0 替换体育列中的 "作弊"。

df.replace({'体育':'作弊','军训':'缺考'},0)表示用 0 替换体育列中的"作弊"和军训列中的 "缺考"。

```
In [3]: df.replace({'体育':'作弊'},0)        #用 0 替换体育列中的 "作弊"
Out[3]:
        学号          班级      姓名  性别  英语  体育  军训  数分  高代  解几
0   2308024241  23080242    成龙  男   76  78  77  40  23  60
1   2308024244  23080242    周怡  女   66  91  75  47  47  44
2   2308024251  23080242    张波  男   85  81  75  45  45  60
3   2308024249  23080242    朱浩  男   65  50  80  72  62  71
4   2308024219  23080242    封印  女   73  88  92  61  47  46
5   2308024201  23080242    迟培  男   60  50  89  71  76  71
6   2308024347  23080243    李华  女   67  61  84  61  65  78
7   2308024307  23080243    陈田  男   76  79  86  69  40  69
8   2308024326  23080243    余皓  男   66  67  85  65  61  71
9   2308024320  23080243    李嘉  女   62  0   90  60  67  77
10  2308024342  23080243   李上初  男   76  90  84  60  66  60
11  2308024310  23080243    郭窦  女   79  67  84  64  64  79
12  2308024435  23080244   姜毅涛  男   77  71  缺考  61  73  76
13  2308024432  23080244    赵宇  男   74  74  88  68  70  71
14  2308024446  23080244    周路  女   76  80  77  61  74  80
15  2308024421  23080244   林建祥  男   72  72  81  63  90  75
16  2308024433  23080244   李大强  男   79  76  77  78  70  70
17  2308024428  23080244   李侧通  男   64  96  91  69  60  77
18  2308024402  23080244    王慧  女   73  74  93  70  71  75
19  2308024422  23080244   李晓亮  男   85  60  85  72  72  83
20  2308024201  23080242    迟培  男   60  50  89  71  76  71
```

（3）多值替换。

df.replace(['成龙','周怡'],['陈龙','周毅'])表示用"陈龙"替换"成龙"，用"周毅"替换"周怡"。

还可以用下面两种方式进行上述多值替换，效果一致。

df.replace({'成龙':'陈龙','周怡':'周毅'})

df.replace({'成龙','周怡'},{'陈龙','周毅'})

```
In [4]: df.replace({'成龙':'陈龙','周怡':'周毅'})#用 "陈龙" 替换 "成龙" ，用 "周毅" 替换"周怡"
Out[4]:
        学号          班级      姓名  性别  英语  体育  军训  数分  高代  解几
0   2308024241  23080242    陈龙  男   76  78  77  40  23  60
1   2308024244  23080242    周毅  女   66  91  75  47  47  44
2   2308024251  23080242    张波  男   85  81  75  45  45  60
3   2308024249  23080242    朱浩  男   65  50  80  72  62  71
4   2308024219  23080242    封印  女   73  88  92  61  47  46
```

< 126 >

5	2308024201	23080242	迟培	男	60	50	89	71	76	71
6	2308024347	23080243	李华	女	67	61	84	61	65	78
7	2308024307	23080243	陈田	男	76	79	86	69	40	69
8	2308024326	23080243	余皓	男	66	67	85	65	61	71
9	2308024320	23080243	李嘉	女	62	作弊	90	60	67	77
10	2308024342	23080243	李上初	男	76	90	84	60	66	60
11	2308024310	23080243	郭窦	女	79	67	84	64	64	79
12	2308024435	23080244	姜毅涛	男	77	71	缺考	61	73	76
13	2308024432	23080244	赵宇	男	74	74	88	68	70	71
14	2308024446	23080244	周路	女	76	80	77	61	74	80
15	2308024421	23080244	林建祥	男	72	72	81	63	90	75
16	2308024433	23080244	李大强	男	79	76	77	78	70	70
17	2308024428	23080244	李侧通	男	64	96	91	69	60	77
18	2308024402	23080244	王慧	女	73	74	93	70	71	75
19	2308024422	23080244	李晓亮	男	85	60	85	72	72	83
20	2308024201	23080242	迟培	男	60	50	89	71	76	71

6.1.5　索引排序

1. 使用 sort_index() 重新排序

序列的 sort_index(ascending=True) 方法可以对索引进行排序操作，该方法的 ascending 参数用于控制排序方式为升序（ascending=True）或降序（ascending=False），默认为升序。

```
In [1]:from pandas import DataFrame
        df0={'Ohio':[0,6,3],'Texas':[7,4,1],'California':[2,8,5]}
        df=DataFrame(df0,index=['a','d','c'])
        df
Out[1]:
   California  Ohio  Texas
a           2     0      7
c           8     6      4
d           5     3      1

In [2]:df.sort_index()    #默认按 index 升序排列, 要按降序排列需要添加参数 ascending=False
Out[2]:
   California  Ohio  Texas
a           2     0      7
c           5     3      1
d           8     6      4

In [3]:df.sort_index(axis=1)
Out[3]:
   California  Ohio  Texas
a           2     0      7
c           8     6      4
b           5     3      1
```

按某列进行排序时，也可以使用 df.sort_values('a') 方法。

```
In [4]:df.sort_values(['California','Texas'])
Out[4]:
        Ohio    Texas     California
a          0        7              2
c          3        1              5
d          6        4              8
```

< 127 >

排名（Series.rank(method='average'、ascending=True)）的作用与排序的不同之处在于，它会把对象的值替换成名次（从 1 到 n），对于平级项可以通过方法里的 method 参数来处理。method 参数有 4 个可选项：average、min、max、first。举例如下：

```
In [1]: from pandas import Series
        ser=Series([3,2,0,3],index=list('abcd'))
        ser
Out[1]:
a    3
b    2
c    0
d    3
dtype: int64

In [2]:ser.rank()
Out[2]:
a    3.5
b    2.0
c    1.0
d    3.5
dtype: float64

In [3]:ser.rank(method='min')
Out[3]:
a    3.0
b    2.0
c    1.0
d    3.0
dtype: float64

In [4]:ser.rank(method='max')
Out[4]:
a    4.0
b    2.0
c    1.0
d    4.0
dtype: float64

In [5]:ser.rank(method='first')
Out[5]:
a    3.0
b    2.0
c    1.0
d    4.0
dtype: float64
```

注意　在 ser[0] 和 ser[3] 这对平级项上，使用不同 method 参数会表现出不同名次。数据框的 .rank(axis=0, method='average', ascending=True) 方法多了 axis 参数，可选择按行或列分别进行排名。

2. 使用 reindex() 重新索引

序列对象的重新索引通过 reindex(index=None,**kwargs) 方法实现。**kwargs 有参数 fill_value，当索引个数大于值个数时，缺少的值用 fill_value 填充。

```
In [1]: from pandas import Series
        ser = Series([4.5,7.2,-5.3,3.6],index=['d','b','a','c'])
        A = ['a','b','c','d','e']
        ser.reindex(A)
Out[1]:
a   -5.3
```

< 128 >

```
b    7.2
c    3.6
d    4.5
e    NaN
dtype: float64

In [2]: ser = ser.reindex(A,fill_value=0)
        ser
Out[2]:
a    -5.3
b    7.2
c    3.6
d    4.5
e    0.0
dtype: float64
```

在数据框中，reindex()更多的不是用于修改数据框对象的索引，而只是用于修改索引的顺序。如果修改的索引不存在，就会使用默认的 None 替代索引标识的行。reindex()不会修改原数组，要修改原数组需要使用赋值语句。

```
In [1]:import numpy as np
        import pandas as pd
        df= pd.DataFrame(np.arange(9).reshape((3,3)),
                        index=['a','d','c'],
                        columns=['c1','c2','c3'])
        df
Out[1]:
   c1  c2  c3
a  0   1   2
d  3   4   5
c  6   7   8

In [2]:#按照给定的索引重新排序
        df_na=df.reindex(index=['a', 'c', 'b', 'd'])
        df_na
Out[2]:
    c1   c2   c3
a  0.0  1.0  2.0
c  6.0  7.0  8.0
b  NaN  NaN  NaN
d  3.0  4.0  5.0

In [3]:#对原来没有的新产生的索引标识的行按给定的插值方式赋值
        df_na.fillna(method='ffill',axis=0)
Out[3]:
    c1   c2   c3
a  0.0  1.0  2.0
c  6.0  7.0  8.0
b  6.0  7.0  8.0
d  3.0  4.0  5.0

In [4]:#对列按照给定列名索引重新排序
        states = ['c1', 'b2', 'c3']
        df1=df.reindex(columns=states)
        df1
Out[4]:
   c1  b2  c3
a  0  NaN   2
d  3  NaN   5
```

< 129 >

```
c   6 NaN   8
```

```
In [5]:#对原来没有的新产生的列名所在的列按给定的插值方式赋值
        df1.fillna(method='ffill',axis=1)
Out[5]:
     c1    b2   c3
a  0.0   0.0  2.0
d  3.0   3.0  5.0
c  6.0   6.0  8.0
```

```
In [6]:#也可对列按照给定列名索引重新排序并为新产生的列名所在的列赋值
        df2=df.reindex(columns=states,fill_value=1)
        df2
Out[6]:
   c1  b2  c3
a   0   1   2
d   3   1   5
c   6   1   8
```

3．使用 set_index() 重置索引

6.1.2 小节中讲过重置索引，set_index() 可以用于将数据框中的某列重新设置为索引。

使用 set_index() 重置索引格式如下：

DataFrame.set_index(keys,

　　　　　　drop=True,

　　　　　　append=False,

　　　　　　inplace=False)

append=True 时保留原索引并添加新索引；drop 为 False 时保留被作为索引的列；inplace 为 True 时在原数据框上修改。

数据框通过 set_index() 方法不仅可以设置单索引，而且可以设置复合索引，打造层次化索引。

```
In [1]: import pandas as pd
        df = pd.DataFrame({'a': [1, 2, 3], 'b': ['a', 'b', 'c'],'c': ["A","B","C"]})
        df
Out[1]:
   a  b  c
0  1  a  A
1  2  b  B
2  3  c  C
```

```
In [2]:df.set_index(['b','c'],
                     drop=False,      #保留 b、c 两列
                     append=True,     #保留原索引
                     inplace=False)   #保留原 df，即不在原 df 上修改，生成新的数据框
Out[2]:
        a  b  c
  b c
0 a A   1  a  A
1 b B   2  b  B
2 c C   3  c  C
```

注意　默认情况下，设置成索引的列会从数据框中移除，可设置 drop=False 将其保留下来。

< 130 >

6.1.6 数据合并与分组

1. 记录合并

记录合并是指将两个结构相同的数据框合并成一个数据框，也就是在一个数据框中追加另一个数据框的数据记录。

记录合并函数格式如下：

concat([dataFrame1, dataFrame2,…])

其中，dataFrame1、dataFrame2 表示数据框。该函数的返回值为数据框。

```
In [1]: from pandas import read_excel
        df1 = read_excel(r'C:\Users\yubg\i_nuc.xlsx',sheet_name='Sheet3')
        df1.head()
Out[1]:
      学号        班级    姓名 性别 英语 体育 军训 数分 高代 解几
0  2308024241  23080242  成龙  男  76  78  77  40  23  60
1  2308024244  23080242  周怡  女  66  91  75  47  47  44
2  2308024251  23080242  张波  男  85  81  75  45  45  60
3  2308024249  23080242  朱浩  男  65  50  80  72  62  71
4  2308024219  23080242  封印  女  73  88  92  61  47  46

In [2]: df2 = read_excel(r'C:\Users\yubg\i_nuc.xlsx',sheet_name='Sheet5')
        df2
Out[2]:
      学号         班级    姓名 性别 英语 体育 军训 数分 高代 解几
0  2308024501  23080245  李同   男  64  96  91  69  60  77
1  2308024502  23080245  王致意 女  73  74  93  70  71  75
2  2308024503  23080245  李同维 男  85  60  85  72  72  83
3  2308024504  23080245  池莉   男  60  50  89  71  76  71

In [3]: df=pandas.concat([df1,df2])
        df
Out[3]:
       学号        班级    姓名 性别 英语 体育 军训 数分 高代 解几
0   2308024241  23080242  成龙   男  76  78  77  40  23  60
1   2308024244  23080242  周怡   女  66  91  75  47  47  44
2   2308024251  23080242  张波   男  85  81  75  45  45  60
3   2308024249  23080242  朱浩   男  65  50  80  72  62  71
4   2308024219  23080242  封印   女  73  88  92  61  47  46
5   2308024201  23080242  迟培   男  60  50  89  71  76  71
6   2308024347  23080243  李华   女  67  61  84  61  65  78
7   2308024307  23080243  陈田   男  76  79  86  69  40  69
8   2308024326  23080243  余皓   男  66  67  85  65  61  71
9   2308024320  23080243  李嘉   女  62  作弊 90  60  67  77
10  2308024342  23080243  李上初 男  76  90  84  60  66  60
11  2308024310  23080243  郭窦   女  79  67  84  64  64  79
12  2308024435  23080244  姜毅涛 男  77  71  缺考 61  73  76
13  2308024432  23080244  赵宇   男  74  74  88  68  70  71
14  2308024446  23080244  周路   女  76  80  77  61  74  80
15  2308024421  23080244  林建祥 男  72  72  81  63  90  75
```

< 131 >

```
16    2308024433    23080244    李大强  男  79  76  77  78  70  70
17    2308024428    23080244    李侧通  男  64  96  91  69  60  77
18    2308024402    23080244    王慧    女  73  74  93  70  71  75
19    2308024422    23080244    李晓亮  男  85  60  85  72  72  83
20    2308024201    23080242    迟培    男  60  50  89  71  76  71
0     2308024501    23080245    李同    男  64  96  91  69  60  77
1     2308024502    23080245    王致意  女  73  74  93  70  71  75
2     2308024503    23080245    李同维  男  85  60  85  72  72  83
3     2308024504    23080245    池莉    男  60  50  89  71  76  71
```

两个数据框的数据记录合并到一起，实现了数据记录的追加，但是记录的索引并没有顺延，保持着原有的状态。

2. 字段合并

字段合并是指将同一个数据框中的不同的列进行合并，形成新的列。

字段合并示例如下：

X = x1+x2+…

x1：数据列 1。

x2：数据列 2。

合并前的数据列要求长度一致。

```
In [1]: from pandas import DataFrame
        df = DataFrame({'band':[189,135,134,133],
            'area':['0351','0352','0354','0341'],
            'num':[2190,8513,8080,7890]})
        df
Out[1]:
   area  band   num
0  0351   189  2190
1  0352   135  8513
2  0354   134  8080
3  0341   133  7890

In [2]:df = df.astype(str)
       tel=df['band']+df['area']+df['num']
       tel
Out[2]:
0    18903512190
1    13503528513
2    13403548080
3    13303417890
dtype: object

In [3]:df['tel']=tel
    df
Out[3]:
   area band   num         tel
0  0351  189  2190  18903512190
1  0352  135  8513  13503528513
2  0354  134  8080  13403548080
3  0341  133  7890  13303417890
```

3. 字段匹配

字段匹配是指将两个或两个以上不同结构的数据框，按照一定的条件进行匹配与合并，即追加列，

< 132 >

效果类似于 Excel 中的 VLOOKUP 函数的效果。例如，有两个数据表，第一个表包含学号、姓名数据，第二个表包含学号、手机号码数据，现需要整理一份包含学号、姓名、手机号码数据的表，此时则需要用到 merge()，其格式如下：

　　merge(x,y,left_on,right_on)
　　函数参数说明如下。
　　x：第一个数据框。
　　y：第二个数据框。
　　left_on：第一个数据框的用于匹配的列。
　　right_on：第二个数据框的用于匹配的列。
　　该函数返回数据框。

```
In [1]:import pandas as pd
        from pandas import read_excel
        df1= pd.read_excel(r' C:\Users\yubg\i_nuc.xlsx',sheet_name ='Sheet3')
        df1.head()
Out[1]:
        学号          班级      姓名 性别 英语 体育 军训 数分 高代 解几
0  2308024241  23080242  成龙  男  76  78  77  40  23  60
1  2308024244  23080242  周怡  女  66  91  75  47  47  44
2  2308024251  23080242  张波  男  85  81  75  45  45  60
3  2308024249  23080242  朱浩  男  65  50  80  72  62  71
4  2308024219  23080242  封印  女  73  88  92  61  47  46

In [2]:df2= pd.read_excel(r'C:\Users\yubg\i_nuc.xlsx',sheet_name ='Sheet4')
        df2.head()
Out[2]:
        学号          电话号码          IP 地址
0  2308024241  1.892225e+10    221.205.98.55
1  2308024244  1.352226e+10  183.184.226.205
2  2308024251  1.342226e+10    221.205.98.55
3  2308024249  1.882226e+10    222.31.51.200
4  2308024219  1.892225e+10     120.207.64.3

In [3]:df=pd.merge(df1,df2,left_on='学号',right_on='学号')
        df.head()
Out[3]:
        学号      班级    姓名 性别 英语 体育 军训 数分 高代 解几 电话号码  \
0  2308024241  23080242  成龙  男  76  78  77  40  23  60  1.892225e+10
1  2308024244  23080242  周怡  女  66  91  75  47  47  44  1.352226e+10
2  2308024251  23080242  张波  男  85  81  75  45  45  60  1.342226e+10
3  2308024249  23080242  朱浩  男  65  50  80  72  62  71  1.882226e+10
4  2308024219  23080242  封印  女  73  88  92  61  47  46  1.892225e+10
5  2308024201  23080242  迟培  男  60  50  89  71  76  71          NaN
6  2308024201  23080242  迟培  男  60  50  89  71  76  71          NaN

          IP 地址
0      221.205.98.55
1    183.184.226.205
2      221.205.98.55
3      222.31.51.200
4       120.207.64.3
5      222.31.51.200
```

< 133 >

6	222.31.51.200

这里匹配了有相同学号的行，对于 df1 中的重复记录，df2 进行了重复的匹配。但假如第一个数据框 df1 中有"学号=2308024200"，而第二个数据框 df2 中没有"学号=2308024200"，则在结果中不会有"学号=2308024200"的记录。

merge()还有以下参数。

how：用于指定连接方式，包括 inner（默认，取交集）、outer（取并集）、left（左侧数据框取全部）、right（右侧数据框取全部）。

on：用于连接列名，连接的列名必须同时存在于左、右两侧数据框对象中，如果未指定，则以 left 和 right 列名的交集作为连接键。如果左、右侧数据框的连接键列名不一致，但是取值有重叠，就用上面示例中的方法，使用 left_on、right_on 来指定左、右连接键（列名）。

```
In [1]: import pandas as pd
        df1 = pd.DataFrame({'key':['b','b','a','c','a','a','b'],'data1': range(7)})
        df1
Out[1]:
   data1 key
0     0   b
1     1   b
2     2   a
3     3   c
4     4   a
5     5   a
6     6   b
In [2]: df2 = pd.DataFrame({'key':['a','b','d'],'data2':range(3)})
        df2
Out[2]:
   data2 key
0     0   a
1     1   b
2     2   d


In [3]: df1.merge(df2,on = 'key',how = 'right')
        #右连接，右侧数据框取全部，左侧数据框取部分
Out[3]:
   data1 key  data2
0   0.0   b      1
1   1.0   b      1
2   6.0   b      1
3   2.0   a      0
4   4.0   a      0
5   5.0   a      0
6   NaN   d      2


In [4]: df1.merge(df2,on = 'key',how = 'outer')#外链接，取并集，并用 NaN 填充
Out[4]:
   data1 key  data2
0   0.0   b    1.0
1   1.0   b    1.0
2   6.0   b    1.0
3   2.0   a    0.0
4   4.0   a    0.0
5   5.0   a    0.0
6   3.0   c    NaN
7   NaN   d    2.0
```

< 134 >

4．数据分组

数据分组是指根据数据分析对象的特征，按照一定的数据指标，把数据划分到不同的区间来进行研究，以揭示其内在的联系和规律。简单来说，数据分组就是新增一列（一种类别），将原来的数据按照其性质归入新的类别中。

cut()函数格式如下。

cut(series,bins,right=True,labels=NULL)

函数参数说明如下。

series：需要分组的数据。

bins：分组的依据数据。

right：用于指定分组的时候右侧是否闭合。

labels：分组的自定义标签，标签也可以不自定义。

现有数据如图 6-1 所示，将数据进行分组。

学号	解几
2308024241	60
2308024244	44
2308024251	60
2308024249	71
2308024219	46

学号	解几	类别
2308024241	60	及格
2308024244	44	不及格
2308024251	60	及格
2308024249	71	良好
2308024219	46	不及格

图 6-1 数据分组

```
In [1]: from pandas import read_excel
        import pandas as pd
        df = pd.read_excel(r'C:\Users\yubg\rz.xlsx')
        df.head()      #查看前 5 行数据
Out[1]:
    学号       班级    姓名 性别 英语 体育 军训 数分 高代 解几
0 2308024241 23080242 成龙  男  76  78  77  40  23  60
1 2308024244 23080242 周怡  女  66  91  75  47  47  44
2 2308024251 23080242 张波  男  85  81  75  45  45  60
3 2308024249 23080242 朱浩  男  65  50  80  72  62  71
4 2308024219 23080242 封印  女  73  88  92  61  47  46


In [2]: df.shape      #查看数据 df 的形状
Out[2]: (21, 10)      #df 共有 21 行 10 列


In [3]: bins=[min(df.解几)-1,60,70,80,max(df.解几)+1]
        lab=["不及格","及格","良好","优秀"]
        demo=pd.cut(df.解几,bins,right=False,labels=lab)
        demo.head()     #仅显示前 5 行数据
Out[3]:
0     及格
1     不及格
2     及格
3     良好
4     不及格
Name: 解几, dtype: category
Categories (4, object): [不及格 < 及格 < 良好 < 优秀]
```

< 135 >

```
In [4]:df['demo']=demo
       df.head()
Out[4]:
        学号          班级     姓名 性别 英语 体育 军训 数分 高代 解几 demo
0  2308024241  23080242  成龙  男  76  78  77  40  23  60  及格
1  2308024244  23080242  周怡  女  66  91  75  47  47  44  不及格
2  2308024251  23080242  张波  男  85  81  75  45  45  60  及格
3  2308024249  23080242  朱浩  男  65  50  80  72  62  71  良好
4  2308024219  23080242  封印  女  73  88  92  61  47  46  不及格
```

使用 bins 时需要注意最大值的取法——max(df.解几)+1，bins 要符合单调递增原则，所以最好先把
最大值和最小值求出来，再分段。

6.1.7 数据运算

数据运算是对各字段进行加、减、乘、除等四则算术运算，并将得到的结果作为新的字段，如
图 6-2 所示。

学号	姓名	高代	解几
2308024241	成龙	23	60
2308024244	周怡	47	44
2308024251	张波	45	60
2308024249	朱浩	62	71
2308024219	封印	47	46

学号	姓名	高代	解几	高代+解几
2308024241	成龙	23	60	83
2308024244	周怡	47	44	91
2308024251	张波	45	60	105
2308024249	朱浩	62	71	133
2308024219	封印	47	46	93

图 6-2　字段之间的运算结果作为新的字段

```
In [1]:from pandas import read_excel
       df = read_excel(r'c:\Users\yubg\i_nuc.xlsx',sheet_name='Sheet3')
       df.head()
Out[1]:
        学号          班级     姓名 性别 英语 体育 军训 数分 高代 解几
0  2308024241  23080242  成龙  男  76  78  77  40  23  60
1  2308024244  23080242  周怡  女  66  91  75  47  47  44
2  2308024251  23080242  张波  男  85  81  75  45  45  60
3  2308024249  23080242  朱浩  男  65  50  80  72  62  71
4  2308024219  23080242  封印  女  73  88  92  61  47  46

In [2]:jj=df['解几'].astype(int)    #将 df 中的解几列数据的数据类型转换为 int 型
       gd=df['高代'].astype(int)

       df['高代+解几']=gd+jj          #在 df 中新增高代+解几列，值为 gd+jj
       df.head()
Out[2]:
        学号          班级     姓名 性别 英语 体育 军训 数分 高代 解几        高代+解几
0  2308024241  23080242  成龙  男  76  78  77  40  23  60      83
1  2308024244  23080242  周怡  女  66  91  75  47  47  44      91
2  2308024251  23080242  张波  男  85  81  75  45  45  60      105
3  2308024249  23080242  朱浩  男  65  50  80  72  62  71      133
4  2308024219  23080242  封印  女  73  88  92  61  47  46      93
```

< 136 >

6.1.8 日期处理

日期处理包括日期转换、日期格式化、日期抽取。

1. 日期转换

日期转换是指将字符型的日期格式转换为日期格式的过程。

日期转换函数格式如下：

to_datetime(dateString, format)
其中，format 格式如下。

%Y：年份。

%m：月份。

%d：日期。

%H：小时。

%M：分。

%S：秒。

例如 to_datetime(df.注册时间,format='%Y/%m/%d')。

```
In[1]: from pandas import read_excel
       from pandas import to_datetime
       df = read_excel(r'C:\Users\yubg\rz.xlsx', sheet_name ='Sheet6')
       df
Out[1]:
   num  price  year  month       date
0  123    159  2016      1  2016/6/1
1  124    753  2016      2  2016/6/2
2  125    456  2016      3  2016/6/3
3  126    852  2016      4  2016/6/4
4  127    210  2016      5  2016/6/5
5  115    299  2016      6  2016/6/6
6  102    699  2016      7  2016/6/7
7  201    599  2016      8  2016/6/8
8  154    199  2016      9  2016/6/9
9  142    899  2016     10  2016/6/10

In[2]: df_dt = to_datetime(df.date,format="%Y/%m/%d")
       df_dt
Out[2]:
0   2016-06-01
1   2016-06-02
2   2016-06-03
3   2016-06-04
4   2016-06-05
5   2016-06-06
6   2016-06-07
7   2016-06-08
8   2016-06-09
9   2016-06-10
Name: date, dtype: datetime64[ns]
```

2. 日期格式化

日期格式化是指将日期型的数据按照给定的格式转换为字符型的数据。下面的方法可以将日期格式化。

< 137 >

apply(lambda x:处理逻辑)

datetime.strftime(x,format)

如将日期型数据转化为字符型数据，先定义 df_dt 和 df_dt_str 如下。

df_dt = to_datetime(df.注册时间, format='%Y/%m/%d')；

df_dt_str = df_dt.apply(df.注册时间, format='%Y/%m/%d')。

```
In[1]: from pandas import read_excel
       from pandas import to_datetime
       from datetime import datetime

       df = read_excel(r'C:\Users\yubg\rz.xlsx', sheet_name ='Sheet6')
       df_dt = to_datetime(df.date,format="%Y/%m/%d")

       df_dt_str=df_dt.apply(lambda x: datetime.strftime(x,"%Y/%m/%d"))   #下面会
对 apply()进行介绍
       df_dt_str
Out[1]:
0    2016/06/01
1    2016/06/02
2    2016/06/03
3    2016/06/04
4    2016/06/05
5    2016/06/06
6    2016/06/07
7    2016/06/08
8    2016/06/09
9    2016/06/10
Name: date, dtype: object
```

注意　如果希望将函数 f()应用到数据框对象的行或列，可以使用.apply(f, axis=0, args=(), **kwds) 方法（axis=0 表示按列运算，axis=1 时表示按行运算），示例如下。

```
In[1]: from pandas import DataFrame
       df=DataFrame({'Ohio':[1,3,6],'Texas':[1,4,5],'California':[2,5,8]},inde
x=['a','c','d'])
       df
Out[1]:
   California  Ohio  Texas
a           2     1      1
c           5     3      4
d           8     6      5

In[2]: f = lambda x:x.max()-x.min()
       df.apply(f)   #默认按列运算，同 df.apply(f,axis=0)
       Out[2]:
       California    6
       Ohio         5
       Texas        4
       dtype: int64

In[3]: df.apply(f,axis=1)   #按行运算
Out[3]:
a    1
c    2
d    3
dtype: int64
```

< 138 >

3．日期抽取

日期抽取是指从日期格式里抽取出需要的部分属性。

日期抽取格式如下：

Data_dt.dt.property

其中，property 可取以下参数。

second：1～60 秒，取值从 1 开始到 60。

minute：1～60 分，取值从 1 开始到 60。

hour：1～24 小时，取值从 1 开始到 24。

day：1～31 日，表示一个月中的第几天，取值从 1 开始到 31。

month：1～12 月，取值从 1 开始到 12。

year：年份。

weekday：1～7，表示一周中的第几天，取值从 1 开始，最大为 7。

```
In[1]: from pandas import read_excel
from pandas import to_datetime
df = read_excel(r'C:\Users\yubg\rz.xlsx', sheet_name ='Sheet6')
df
Out[1]:
   num  price  year  month      date
0  123    159  2016      1  2016/6/1
1  124    753  2016      2  2016/6/2
2  125    456  2016      3  2016/6/3
3  126    852  2016      4  2016/6/4
4  127    210  2016      5  2016/6/5
5  115    299  2016      6  2016/6/6
6  102    699  2016      7  2016/6/7
7  201    599  2016      8  2016/6/8
8  154    199  2016      9  2016/6/9
9  142    899  2016     10  2016/6/10

In[2]: df_dt =to_datetime(df.date,format='%Y/%m/%d')
       df_dt
Out[2]:
0   2016-06-01
1   2016-06-02
2   2016-06-03
3   2016-06-04
4   2016-06-05
5   2016-06-06
6   2016-06-07
7   2016-06-08
8   2016-06-09
9   2016-06-10
Name: date, dtype: datetime64[ns]

In[3]: df_dt.dt.year
Out[3]:
0    2016
1    2016
2    2016
3    2016
4    2016
5    2016
6    2016
7    2016
```

< 139 >

```
8    2016
9    2016
Name: date, dtype: int64

In[4]: df_dt.dt.day
Out[4]:
0     1
1     2
2     3
3     4
4     5
5     6
6     7
7     8
8     9
9    10
Name: date, dtype: int64
```

其他相关方法如下，可以自行试运行。

df_dt.dt.month

df_dt.dt.weekday

df_dt.dt.second

df_dt.dt.hour

6.2 数据标准化

在进行数据分析之前，我们通常需要将某些数据标准化（normalization），利用标准化后的数据进行分析。数据标准化是指将数据按比例缩放，使之落入一个小的特定区间。在某些比较和评价的指标处理中经常会用到数据标准化，数据标准化能够去除数据的单位限制，将其转化为无量纲的纯数值，便于不同单位或量级的指标能够进行比较和加权处理。

数据标准化处理主要包括数据同趋化处理和数据无量纲化处理两个方面。数据同趋化处理主要解决不同性质的数据问题，数据无量纲化处理主要解决数据的可比性问题。数据标准化的方法有很多种，常用的有最小-最大标准化、Z-score 标准化等。经过上述标准化处理，原始数据均转换为无量纲化指标测评值，即各指标值都处于同一个数量级别，可以进行综合测评与分析。

6.2.1 最小-最大标准化

最小-最大标准化（min-max normalization），又名离差标准化，是对原始数据的线性变换，使结果映射到[0,1]且无量纲，公式如下：

$$X^*=(x-min)/(max-min)$$

max：样本最大值。

min：样本最小值。

当有新数据加入时，需要重新进行数据标准化。

```
In [1]: from pandas import read_excel
        df = read_excel(r'C:\Users\yubg\OneDrive\2018book\i_nuc.xlsx',sheet_name='Sheet3')
        df.head()
Out[1]:
```

< 140 >

```
     学号        班级      姓名 性别 英语 体育 军训 数分 高代 解几
0  2308024241  23080242   成龙  男   76  78  77  40  23  60
1  2308024244  23080242   周怡  女   66  91  75  47  47  44
2  2308024251  23080242   张波  男   85  81  75  45  45  60
3  2308024249  23080242   朱浩  男   65  50  80  72  62  71
4  2308024219  23080242   封印  女   73  88  92  61  47  46

In [2]:scale= (df.数分.astype(int)-df.数分.astype(int).min())/(
              df.数分.astype(int).max()-df.数分.astype(int).min())
       scale.head()
Out[2]:
0    0.000000
1    0.184211
2    0.131579
3    0.842105
4    0.552632
Name: 数分, dtype: float64
```

数据标准化还可以使用如下方法。

对正项序列 $x_1, x_2, \cdots, x_n$ 进行变换，变换结果为：

$$y_i = \frac{x_i}{\sum_{i=1}^{n} x_i}$$

则新序列 $y_1, y_2, \cdots, y_n \in [0,1]$ 且无量纲，并且显然有 $\sum_{i=1}^{n} y_i = 1$。

6.2.2　Z-score 标准化

Z-score 标准化基于原始数据的均值（mean）和标准差进行数据的标准化。经过 Z-score 标准化处理的数据符合标准正态分布，即均值为 0，标准差为 1，转化函数为：

$$X^* = (x-\mu)/\sigma$$

其中，μ 为所有样本数据的均值，σ 为所有样本数据的标准差。将数据按其属性（按列进行）减去其均值，并除以其标准差，得到的结果是，对于数据的每个属性（每列）来说，所有数据都聚集在 0 附近，标准差为 1。

Z-score 标准化适用于属性 A 的最大值和最小值未知的情况，或有超出取值范围的离群数据的情况。标准化后的数据围绕 0 上下波动，大于 0 说明高于平均水平，小于 0 说明低于平均水平。

可以使用 sklearn.preprocessing.scale() 函数直接将给定数据标准化：

```
In [3]: from sklearn import preprocessing
        import numpy as np

        df1=df['数分']
        df_scaled = preprocessing.scale(df1)
        df_scaled
Out[3]:
      array([-2.50457384, -1.75012229, -1.96567988,  0.94434751, -0.2412192 ,
              0.83656872, -0.2412192 ,  0.62101114,  0.18989597, -0.34899799,
             -0.34899799,  0.08211717, -0.2412192 ,  0.51323234, -0.2412192 ,
             -0.02566162,  1.59102027,  0.62101114,  0.72878993,  0.94434751,
              0.83656872])
```

也可以使用 sklearn.preprocessing.StandardScaler 类。使用该类的好处在于，可以保存训练集中的参

< 141 >

数（如均值、标准差、方差等），直接用于转换测试集数据：

```
In [4]:X = np.array([[ 1., -1.,  2.],[ 2.,  0.,  0.],[ 0.,  1., -1.]])
       X
Out[4]:
    array([[ 1., -1.,  2.],
           [ 2.,  0.,  0.],
           [ 0.,  1., -1.]])

In [5]:scaler = preprocessing.StandardScaler().fit(X)
       scaler
Out[5]: StandardScaler(copy=True, with_mean=True, with_std=True)

In [6]:scaler.mean_   #均值
Out[6]: array([ 1.       , 0.       , 0.33333333])

In [7]:scaler.scale_   #标准差
Out[7]: array([ 0.81649658, 0.81649658, 1.24721913])

In [8]:scaler.var_   #方差
Out[8]: array([ 0.66666667, 0.66666667, 1.55555556])

In [9]:scaler.transform(X)
Out[9]:
    array([[ 0.       , -1.22474487,  1.33630621],
           [ 1.22474487,  0.       , -0.26726124],
           [-1.22474487,  1.22474487, -1.06904497]])

In [10]:#可以直接使用训练集对测试集数据进行转换
    scaler.transform([[-1.,  1.,  0.]])
Out[10]: array([[-2.44948974, 1.22474487, -0.26726124]])
```

6.3 数据分析

本节主要利用前述的 Python 包 NumPy、pandas 和 SciPy 等常用分析工具结合常用的统计量，来进行数据分析，把数据的特征和内在结构展现出来。

6.3.1 基本统计分析

基本统计分析又叫描述性统计分析，一般统计某个变量的最小值、第一个四分位数、中位数、第三个四分位数以及最大值。

数据的中心位置是我们最容易想到的数据特征。借由数据的中心位置，我们可以知道数据的平均情况，如果要对新数据进行预测，那么平均情况是非常直观的选择。数据的中心位置可分为均值、中位数（median）、众数（mode），其中均值和中位数用于定量数据，众数用于定性数据。对于定量的数据来说，均值是数据总和除以总量 N，中位数是数值大小位于中间（奇偶总量处理不同）的值，均值相对中位数来说，包含的信息量更大，但是容易受异常值的影响。

基本统计分析函数为 describe()，返回值可以是均值、标准差、最大值、最小值、分位数等值。describe() 可以带一些参数，如 percentitles=[0,2,0.4,0.6,0.8]（用于指定计算 0.2、0.4、0.6、0.8 分位数，而不是默认的 1/4、1/2、3/4 分位数）。

常用的统计函数如下。

< 142 >

size：计数（此函数不需要圆括号）。

sum()：求和。

mean()：求平均值。

var()：求方差。

std()：求标准差。

min()：求最小值。

max()：求最大值。

【例 6-1】数据的基本统计分析。

```
In [1]: import pandas as pd
        df = pd.read_excel(r'C:\Users\yubg\i_nuc.xlsx',sheet_name='Sheet7')
        df.head()
Out[1]:
        学号          班级        姓名 性别  英语  体育  军训  数分  高代  解几
0   2308024241    23080242    成龙  男   76  78  77  40  23  60
1   2308024244    23080242    周怡  女   66  91  75  47  47  44
2   2308024251    23080242    张波  男   85  81  75  45  45  60
3   2308024249    23080242    朱浩  男   65  50  80  72  62  71
4   2308024219    23080242    封印  女   73  88  92  61  47  46


In [2]: df.数分.describe()      #查看数分列的基本统计分析结果
Out[2]:
count    20.000000
mean     62.850000
std       9.582193
min      40.000000
25%      60.750000
50%      63.500000
75%      69.250000
max      78.000000
Name: 数分, dtype: float64


In [3]:df.describe()    #查看所有列的基本统计分析结果
Out[3]:
        学号              班级            英语       体育          军训          数分
count   2.000000e+01    2.000000e+01  20.000   20.000000   20.000000   20.000000
mean    2.308024e+09    2.308024e+07  72.550   70.250000   75.800000   62.850000
std     8.399160e+01    8.522416e-01   7.178   20.746274   26.486541    9.582193
min     2.308024e+09    2.308024e+07  60.000    0.000000    0.000000   40.000000
25%     2.308024e+09    2.308024e+07  66.000   65.500000   77.000000   60.750000
50%     2.308024e+09    2.308024e+07  73.500   74.000000   84.000000   63.500000
75%     2.308024e+09    2.308024e+07  76.250   80.250000   88.250000   69.250000
max     2.308024e+09    2.308024e+07  85.000   96.000000   93.000000   78.000000

        高代          解几
count   20.000000   20.000000
mean    62.150000   69.650000
std     15.142394   10.643876
min     23.000000   44.000000
25%     56.750000   66.750000
50%     65.500000   71.000000
75%     71.250000   77.000000
max     90.000000   83.000000


In [4]: df.解几.size    #注意：这里没有括号()
```

< 143 >

```
Out[4]: 20

In [5]:df.解几.max()
Out[5]: 83

In [6]:df.解几.min()
Out[6]: 44

In [7]:df.解几.sum()
Out[7]: 1393

In [8]:df.解几.mean()
Out[8]: 69.65

In [9]:df.解几.var()
Out[9]: 113.29210526315788

In [10]:df.解几.std()
Out[10]: 10.643876420889049
```

对于 NumPy 数组，可以使用 mean() 函数计算样本的均值，也可以使用 average() 函数计算样本的加权均值。

可以使用 mean() 函数计算"数分"的平均成绩：

```
In [11]:import numpy as np
        np.mean(df['数分'])
Out[11]:
  62.85
```

也可以使用 average() 函数：

```
In [12]:import numpy as np
        np.average(df['数分'])
Out[12]:
62.850000000000001
```

还可以使用 pandas 的数据框对象的 mean() 方法求均值：

```
In [13]:df['数分'].mean()
Out[13]:
63.23809523809524
```

计算中位数：

```
In [14]: df.median()
Out[14]:
学号    2.308024e+09
班级    2.308024e+07
英语    7.350000e+01
体育    7.400000e+01
军训    8.400000e+01
数分    6.350000e+01
高代    6.550000e+01
解几    7.100000e+01
dtype: float64
```

对于定性数据来说，众数是出现次数最多的值，使用 mode() 计算众数：

< 144 >

```
In [15]: df.mode()
Out[15]:
        学号        班级      姓名   性别   英语   体育   军训   数分   高代   解几
0  2308024201  23080244.0   余皓   男   76.0  50.0  84.0  61.0  47.0  71.0
1  2308024219       NaN    周怡  NaN   NaN  67.0   NaN   NaN  70.0   NaN
2  2308024241       NaN    周路  NaN   NaN  74.0   NaN   NaN   NaN   NaN
3  2308024244       NaN   姜毅涛  NaN   NaN   NaN   NaN   NaN   NaN   NaN
4  2308024249       NaN    封印  NaN   NaN   NaN   NaN   NaN   NaN   NaN
```

6.3.2　分组分析

分组分析是指根据分组字段将分析对象划分成不同的组，以对比分析各组之间的差异性的一种方法。

分组分析常用的统计方法是计数、求和、求平均值。

分组分析常用方法格式如下：

df.groupby(by=['分类 1','分类 2',…])['被统计的列'].agg({列别名 1:统计函数 1,列别名 2:统计函数 2,…})

其中参数含义如下。

by：用于分组的列。

['被统计的列']：用于统计的列。

.agg()：列别名显示统计值的名称，统计函数用于统计数据。

【例 6-2】分组分析。

```
In [1]:import numpy as np
       from pandas import read_excel
       df = read_excel(r' C:\Users\yubg\i_nuc.xlsx',sheet_name='Sheet7')
       df
Out[1]:
         学号          班级      姓名  性别  英语  体育  军训  数分  高代  解几
0   2308024241   23080242   成龙   男   76  78  77  40  23  60
1   2308024244   23080242   周怡   女   66  91  75  47  47  44
2   2308024251   23080242   张波   男   85  81  75  45  45  60
3   2308024249   23080242   朱浩   男   65  50  80  72  62  71
4   2308024219   23080242   封印   女   73  88  92  61  47  46
5   2308024201   23080242   迟培   男   60  50  89  71  76  71
6   2308024347   23080243   李华   女   67  61  84  61  65  78
7   2308024307   23080243   陈田   男   76  79  86  69  40  69
8   2308024326   23080243   余皓   男   66  67  85  65  61  71
9   2308024320   23080243   李嘉   女   62   0  90  60  67  77
10  2308024342   23080243  李上初  男   76  90  84  60  66  60
11  2308024310   23080243   郭窦   女   79  67  84  64  64  79
12  2308024435   23080244  姜毅涛  男   77  71   0  61  73  76
13  2308024432   23080244   赵宇   男   74  74  88  68  70  71
14  2308024446   23080244   周路   女   76  80   0  61  74  80
15  2308024421   23080244  林建祥  男   72  72  81  63  90  75
16  2308024433   23080244  李大强  男   79  76  77  78  70  70
17  2308024428   23080244  李侧通  男   64  96  91  69  60  77
18  2308024402   23080244   王慧   女   73  74  93  70  71  75
```

< 145 >

```
19 2308024422  23080244  李晓亮  男  85  60  85  72  72  83

In [2]: df.groupby( '班级')['军训','英语','体育', '性别'].mean()
Out[2]:
                军训         英语         体育
班级
23080242  81.333333   70.833333   73.000000
23080243  85.500000   71.000000   60.666667
23080244  64.375000   75.000000   75.375000
```

groupby()可将列名直接当作分组对象，分组中，数值列会被聚合，非数值列会从结果中排除，当 by 不止一个分组对象（列名）时，需要使用列表，例如：

df.groupby(['班级','性别'])['军训','英语','体育',].mean()   # "by=" 可省略不写

当统计使用不止一个统计函数并用别名显示统计值的名称时，比如要同时计算各组数据的平均值、标准差、总和等，可以使用 agg()：

```
In [3]:df.groupby(by=['班级','性别'])['军训'].agg({'总分':np.sum,
                    '人数': np.size,
                    '平均值':np.mean,
                    '方差':np.var,
                    '标准差':np.std,
                    '最高分':np.max,
                    '最低分':np.min})
Out[3]:
            总分  人数  平均值      方差        标准差     最高分 最低分
班级      性别
23080242 女  167  2  83.500000  144.500000  12.020815  92   75
         男  321  4  80.250000   38.250000   6.184658  89   75
23080243 女  258  3  86.000000   12.000000   3.464102  90   84
         男  255  3  85.000000    1.000000   1.000000  86   84
23080244 女   93  2  46.500000 4324.500000  65.760931  93    0
         男  422  6  70.333333 1211.866667  34.811875  91    0
```

6.3.3 分布分析

分布分析是根据分析的目的，将数据（定量数据）进行等距或不等距的分组，研究各组分布规律的一种方法。

【例6-3】分布分析。

```
In [1]: import pandas as pd
        import numpy
        from pandas import read_excel
        df = pd.read_excel(r'C:\Users\yubg\i_nuc.xlsx',sheet_name='Sheet7')
        df.head()

Out[1]:
     学号        班级     姓名 性别 英语 体育 军训 数分 高代 解几
0 2308024241  23080242  成龙  男  76  78  77  40  23  60
1 2308024244  23080242  周怡  女  66  91  75  47  47  44
2 2308024251  23080242  张波  男  85  81  75  45  45  60
3 2308024249  23080242  朱浩  男  65  50  80  72  62  71
```

< 146 >

```
4   2308024219  23080242   封印  女  73  88  92  61  47  46

In [2]: df['总分']=df.英语+df.体育+df.军训+df.数分+df.高代+df.解几
        df['总分'].head()
Out[2]:
0    354
1    370
2    391
3    400
4    407
Name: 总分, dtype: int64

In [3]: df['总分'].describe()
Out[3]:
count     20.000000
mean     413.250000
std       36.230076
min      354.000000
25%      386.000000
50%      416.500000
75%      446.250000
max      457.000000
Name: 总分, dtype: float64

In [4]: bins = [min(df.总分)-1,400,450,max(df.总分)+1]    #将数据分成3组
        bins
Out[4]: [353, 400, 450, 458]
In [5]: labels=['400以下','400到450','450以上']    #给3组数据贴标签
        labels
Out[5]: ['400以下', '400到450', '450以上']

In [6]: 总分分层 = pd.cut(df.总分,bins,labels=labels)
        总分分层.head()
Out[6]:
0    400以下
1    400以下
2    400以下
3    400以下
4    400到450
Name: 总分, dtype: category
Categories (3, object): [400以下 < 400到450 < 450以上]


In [7]: df['总分分层']= 总分分层
        df.tail()
Out[7]:
       学号       班级      姓名 性别 英语 体育 军训 数分 高代 解几  总分   总分分层
15  2308024421  23080244  林建祥  男  72  72  81  63  90  75  453  450以上
16  2308024433  23080244  李大强  男  79  76  77  78  70  70  450  400到450
17  2308024428  23080244  李侧通  男  64  96  91  69  60  77  457  450以上
18  2308024402  23080244   王慧  女  73  74  93  70  71  75  456  450以上
19  2308024422  23080244  李晓亮  男  85  60  85  72  72  83  457  450以上

In [8]: df.groupby(by=['总分分层'])['总分'].agg({'人数':numpy.size})
```
< 147 >

```
__main__:1: FutureWarning: using a dict on a Series for aggregation
is deprecated and will be removed in a future version
Out[8]:
              人数
总分分层
400 以下    7
400 到 450      9
450 以上  、 4
```

6.3.4 交叉分析

交叉分析通常用于分析两个或两个以上分组变量之间的关系，以交叉表形式进行变量间关系的对比分析。交叉分析一般分为定量、定量分组交叉；定量、定性分组交叉；定性、定型分组交叉。

交叉分析常用函数格式如下：

pivot_table(values,index,columns,aggfunc,fill_value)
函数参数说明如下。

values：数据透视表中的值。

index：数据透视表中的行。

columns：数据透视表中的列。

aggfunc：统计函数。

fill_value：统一替换 NaN 的值。

该函数返回数据透视表的结果。

【例 6-4】利用例 6-3 的数据进行交叉分析。

```
In[1]:import pandas as pd
      import numpy
      from pandas import pivot_table
      from pandas import read_excel
      df = pd.read_excel(r'C:\Users\yubg\i_nuc.xlsx',sheet_name='Sheet7')
      df.pivot_table(index=['班级','姓名'])
Out[1]:
                体育  军训    学号    数分  英语  解几  高代
班级       姓名
23080242 周怡   91   75  2308024244  47  66  44  47
         封印   88   92  2308024219  61  73  46  47
         张波   81   75  2308024251  45  85  60  45
         成龙   78   77  2308024241  40  76  60  23
         朱浩   50   80  2308024249  72  65  71  62
         迟培   50   89  2308024201  71  60  71  76
23080243 余皓   67   85  2308024326  65  66  71  61
         李上初 90   84  2308024342  60  76  60  66
         李华   61   84  2308024347  61  67  78  65
         李嘉    0   90  2308024320  60  62  77  67
         郭窦   67   84  2308024310  64  79  79  64
         陈田   79   86  2308024307  69  76  69  40
23080244 周路   80    0  2308024446  61  76  80  74
         姜毅涛 71    0  2308024435  61  77  76  73
         李侧通 96   91  2308024428  69  64  77  60
         李大强 76   77  2308024433  78  79  70  70
```

< 148 >

```
李晓亮  60  85  2308024422  72  85  83  72
林建祥  72  81  2308024421  63  72  75  90
王慧    74  93  2308024402  70  73  75  71
赵宇    74  88  2308024432  68  74  71  70
```

默认对所有的数据列进行透视,非数值列自动删除,也可选取部分列进行透视,例如:

df.pivot_table(['军训','英语','体育','性别'],index=['班级','姓名'])

复杂一点的数据透视表:

```
In [2]: df.pivot_table(values=['总分'],index=['总分分层'],
        columns=['性别'],aggfunc=[numpy.size,numpy.mean])
Out[2]:
            size          mean
            总分            总分
性别        女 男       女          男
总分分层
400 以下    3  4  365.666667  375.750000
400 到 450    3  6  420.000000  430.333333
450 以上    1  3  456.000000  455.666667
```

6.3.5 结构分析

结构分析是在分组分析以及交叉分析的基础上,计算各组成部分所占的比重,进而分析总体的内部特征的一种方法。

结构分析中的分组主要指定性分组。定性分组一般注重结构,它的关注重点在于部分占总体的比重。

我们经常把市场比作蛋糕,市场占有率就是结构分析的一个经典应用。另外,股权也是结构的一种,如果你的股票占比大于 50%,你就有绝对的话语权。

axis 参数说明:axis=0 表示列;axis=1 表示行。

【例 6-5】结构分析。

```
In [1]:import numpy as np
       import pandas as pd
       from pandas import read_excel
       from pandas import pivot_table     #在 Spyder 下也可以不导入

       df = read_excel(r'C:\Users\yubg\OneDrive\2018book\i_nuc.xlsx', sheet_name='Sheet7')
       df['总分']=df.英语+df.体育+df.军训+df.数分+df.高代+df.解几
       df_pt = df.pivot_table(values=['总分'],
       index=['班级'],columns=['性别'],aggfunc=[np.sum])
       df_pt
Out[1]:
          sum
          总分
性别      女    男
班级
23080242   777  1562
23080243  1209  1270
23080244   827  2620
```

< 149 >

```
In [2]: df_pt.sum()
Out[2]:
        性别
sum 总分 女     2813
        男     5452
dtype: int64

In [3]: df_pt.sum(axis=1)   #按行合计
Out[3]:
班级
23080242    2339
23080243    2479
23080244    3447
dtype: int64

In [4]: df_pt.div(df_pt.sum(axis=1),axis=0)   #按列占比
Out[4]:
            sum
            总分
性别       女        男

班级
23080242  0.332193  0.667807
23080243  0.487697  0.512303
23080244  0.239919  0.760081

In [5]: df_pt.div(df_pt.sum(axis=0),axis=1)   #按行占比
Out[5]:
            sum
            总分
性别          女        男
班级
23080242  0.276218  0.286500
23080243  0.429790  0.232942
23080244  0.293992  0.480558
```

在第 4 个输出按列占比中，23080242 班中女生成绩占比约为 0.332193，男生成绩占比约为 0.667807，其他班级中，23080243 班女生成绩占比约为 0.487697，男生成绩占比约为 0.512303；23080244 班女生成绩占比约为 0.239919，男生成绩占比约为 0.760081。

在第 5 个输出女生成绩按行占比中，23080242 班占比约为 0.276218，23080243 班占比约为 0.429790，23080244 班占比约为 0.293992。

6.3.6 相关分析

判断两个变量是否具有线性相关关系的最直观的方法之一是绘制散点图，以观察变量间是否符合某个变化规律。当需要同时观察多个变量间的相关关系时，一一绘制它们间的简单散点图是比较麻烦的。此时可以利用散点矩阵图同时绘制各变量间的散点图，从而快速发现多个变量间的主要相关性，这在进行多元线性回归时显得尤为重要。

相关分析是研究现象之间是否存在某种依存关系，并对具体存在依存关系的现象探讨其相关方向和相关度，以及研究随机变量之间的相关关系的一种方法。

要更加准确地描述变量之间的线性相关度，可以通过计算相关系数来进行相关分析。在二元变量的相关分析过程中，比较常用的有 Pearson（皮尔逊）相关系数、Spearman（斯皮尔曼）秩相关系数和

< 150 >

判定系数。Pearson 相关系数一般用于分析两个连续变量之间的关系，要求连续变量的取值服从正态分布。不服从正态分布的变量、分类或等级变量之间的关联性可采用 Spearman 秩相关系数（也称等级相关系数）来描述。

相关系数可以用来描述定量变量之间的关系。

相关系数与相关度的对应关系如表 6-1 所示。

相关分析函数如下：

DataFrame.corr()

Series.corr(other)

表 6-1　相关系数与相关度的对应关系

相关系数|r|取值范围	相关度
0≤|r|<0.3	低度相关
0.3≤|r|<0.8	中度相关
0.8≤|r|≤1	高度相关

如果由数据框调用 corr() 方法，那么将会计算每两列之间的相关度。如果由序列调用 corr() 方法，那么只计算该序列与传入的序列之间的相关度。

返回值情况如下。

由数据框调用：返回数据框。

由序列调用：返回一个数值型数据，其大小为相关度。

【例 6-6】相关分析。

```
In [1]:import numpy as np
        import pandas as pd
        from pandas import read_excel

        df = read_excel(r'C:\Users\yubg\OneDrive\2018book\i_nuc.xlsx',sheet_name
='Sheet7')

In [2]: df['高代'].corr(df['数分'])     #两列之间的相关度计算
Out[2]: 0.60774082332601076

In [3]: df.loc[:,['英语','体育','军训','解几','数分','高代']].corr()
Out[3]:
        英语        体育        军训        解几        数分        高代
英语  1.000000  0.375784 -0.252970  0.027452 -0.129588 -0.125245
体育  0.375784  1.000000 -0.127581 -0.432656 -0.184864 -0.286782
军训 -0.252970 -0.127581  1.000000 -0.198153  0.164117 -0.189283
解几  0.027452 -0.432656 -0.198153  1.000000  0.544394  0.613281
数分 -0.129588 -0.184864  0.164117  0.544394  1.000000  0.607741
高代 -0.125245 -0.286782 -0.189283  0.613281  0.607741  1.000000
```

第 2 个输出结果约为 0.6077，处在 0.3 和 0.8 之间，属于中度相关，比较符合实际，毕竟高等代数（高代）和数学分析（数分）都属于数学类基础课程，但是又存在差异，不像高等代数和线性代数应该是高度相关的。

6.4　实战体验：股票统计分析

本案例主要学习以下内容：

（1）获取股票数据；

（2）利用数学和统计分析函数完成实际统计分析应用；

（3）存储数据。

< 151 >

1．数据获取

pandas 库提供了专门从财经网站获取金融数据的 API——akshare。akshare 是一个基于 Python 的金融数据获取和分析工具，提供了广泛的金融市场数据，包括股票、期货、外汇、基金等各种类型的数据。安装 akshare 包跟安装 NumPy 库一样，通过在 Anaconda 下的 Anaconda Prompt 中执行以下命令（见图 6-3）来实现：

conda install akshare
或者

pip install akshare
使用 akshare 之前需导入：

import akshare as ak

```
Anaconda Prompt                    ×    +    ∨                          —    □    ×

(base) C:\Users\yubg>pip install akshare
Collecting akshare
  Obtaining dependency information for akshare from https://files.pythonhosted.org/packages
/fd/3d/a9d24492c33bad1594ae219af0dcd0c3868fc848a2a17aea179ae90dea84/akshare-1.13.73-py3-non
e-any.whl.metadata
  Using cached akshare-1.13.73-py3-none-any.whl.metadata (14 kB)
Requirement already satisfied: beautifulsoup4>=4.9.1 in c:\users\yubg\anaconda3\lib\site-pa
ckages (from akshare) (4.12.2)
Requirement already satisfied: lxml>=4.2.1 in c:\users\yubg\anaconda3\lib\site-packages (fr
om akshare) (4.9.3)
Requirement already satisfied: pandas>=0.25 in c:\users\yubg\anaconda3\lib\site-packages (f
```

图 6-3　安装 akshare 包

从 akshare 中获取历史行情数据的方式为：ak.stock_zh_a_daily(symbol, start_date, end_date)，其中 symbol 为股票代码，start_date 为获取的开始日期，end_date 为获取的结束日期。

```
In [1]: import akshare as ak
   ...:
   ...: # 获取股票日线行情数据
   ...: stock_data = ak.stock_zh_a_daily(symbol="sz000001",
   ...:                                  start_date="2021-01-01",
   ...:                                  end_date="2023-12-31")

In [2]: stock_data.head()#查看数据的前 5 行，默认是前 5 行
Out[2]:
        date   open   high  ...       amount  outstanding_share  turnover
0  2021-01-04  19.10  19.10  ...  2.891682e+09       1.940575e+10  0.008009
1  2021-01-05  18.40  18.48  ...  3.284607e+09       1.940575e+10  0.009386
2  2021-01-06  18.08  19.56  ...  3.648522e+09       1.940575e+10  0.009971
3  2021-01-07  19.52  19.98  ...  3.111275e+09       1.940575e+10  0.008163
4  2021-01-08  19.90  20.10  ...  2.348316e+09       1.940575e+10  0.006160

[5 rows x 9 columns]

In [3]: stock_data.tail(3)#查看数据的末 3 行
Out[3]:
          date  open  high  ...       amount  outstanding_share  turnover
724  2023-12-27  9.10  9.13  ...  5.820367e+08       1.940555e+10  0.003306
725  2023-12-28  9.11  9.47  ...  1.550257e+09       1.940555e+10  0.008562
726  2023-12-29  9.42  9.48  ...  8.031967e+08       1.940555e+10  0.004400

[3 rows x 9 columns]
```

< 152 >

```
In [4]: len(stock_data) #查看数据的长度（即条数）
Out[4]: 534
```

为了防止数据丢失，将获取到的数据以.csv 格式存储到本地。

```
In [5]: stock_data.to_csv('stock_data_bac.csv ')#保存数据
```

数据属性如下：date（日期）、high（最高价）、low（最低价）、open（开盘价）、close（收盘价）、volume（成交量）。

共有 534 条数据，我们将数据保存在 stock_data_bac.csv 文件中，以备后用。

如果在获取网上数据的过程中出现问题，可以直接在本书的配套资源中找到相应的.csv 文件，并使用 ny.loadtxt()方法读取.csv 文件，打开的文件中 BAC 银行数据如图 6-4 所示。

	A	B	C	D	E	F
1	date	open	high	low	close	volume
2	2017-1-3	21.8468	21.9241	21.4601	21.7791	99298080
3	2017-1-4	21.9628	22.1948	21.8468	22.1851	76875052
4	2017-1-5	22.0595	22.1658	21.6003	21.9241	86826447
5	2017-1-6	22.0208	22.0885	21.8081	21.9241	66281476
6	2017-1-9	21.7598	21.9531	21.6535	21.7985	75901509

图6-4　BAC 银行数据

```
In [1]: import numpy as np
        params = dict(fname = "stock_data_bac.csv", #注意文件路径
                      delimiter = ',',
                      usecols = (4,5),
                      skiprows=1,
                      unpack = True)
        closePrice,volume = np.loadtxt(**params)
        print(closePrice)
        print(volume)
[ 21.6685 22.0724 21.8128 21.8128 21.6877 22.0628 22.1878 22.0436
22.1301 21.2068 21.7647 21.6685 21.7743 21.6973 22.0724 22.4764
22.5437 22.4668 22.0724 21.7743 22.0147 21.8512 22.3994 22.2359
22.0243 21.8031 22.2359 22.1975 22.5052 23.14 23.6401 23.6401
#此处省略若干行
30.03 30.05 30.07 30.02 30.08 30.35 30.77 30.58
30.26 30.5 30.71 30.47 29.92 29.8 29.71 29.58 ]

[ 9.92980800e+07 7.68750520e+07 8.68264470e+07 6.62814760e+07
7.59015090e+07 1.00977665e+08 9.23855510e+07 1.20474191e+08
1.61930864e+08 1.52495923e+08 1.24366028e+08 7.59908360e+07
#此处省略若干行
5.61609700e+07 4.06341250e+07 3.52560500e+07 3.98820420e+07
5.85283510e+07 3.99033680e+07 4.41734690e+07 5.96499350e+07]
```

说明：

numpy.loadtxt()需要传入以下 5 个关键字参数。

（1）fname：用于指定文件名（含路径）。

（2）delimiter：用于指定分隔符，数据类型为字符串。

（3）usecols：用于指定读取的列数，数据类型为元组，元组中有多少个元素，则选出多少列（注意，A 列是第 0 列，B 列才是第 1 列）。

（4）unpack：用于指定是否解包，数据类型为布尔型。

（5）skiprows：用于指定跳过前 1 行，默认值是 0（如果设置 skiprows=2，就会跳过前 2 行）。

< 153 >

2．数据统计分析

要想知道股票的基本信息，我们需要计算成交量加权平均价格、股价近期最高价的最大值和最低价的最小值、股价近期最高价和最低价的最大值与最小值的差值、收盘价的中位数、收盘价的方差，以及年波动率或月波动率等。

（1）计算成交量加权平均价格

成交量加权平均价格（Volume-Weighted Average Price，VWAP）是一个非常重要的经济学量，代表着金融资产的"平均"价格。

某个价格的成交量越大，该价格所占的权重就越大。VWAP 就是以成交量为权重计算出来的加权平均值。

```
In [2]: import numpy as np
        params = dict(fname = "stock_data_bac.csv",
                      delimiter = ',',
                      usecols = (4,5),
                      skiprows=1,
                      unpack = True)

        closePrice,volume = np.loadtxt(**params)
        print("没有加权均值:",np.average(closePrice))
        print("含加权均值:",np.average(closePrice,weights=volume))
没有加权均值: 26.7865441948
含加权均值: 26.406299509
```

从计算的结果可以看出：

① 对于 numpy.average()方法，是否加 weights 参数，结果会有区别；

② 如果 numpy.average()方法没有 weights 参数，与 numpy.mean()方法效果相同；

③ 使用 np.mean(closePrice)的效果和使用 closePrice.mean()的效果相同。

（2）计算最大值和最小值

计算股价近期最高价的最大值和最低价的最小值，我们使用 numpy.max(highPrice)、numpy.min(lowPrice)或者 highPrice.max()、lowPrice.min()方法均可。

最高价位于 Excel 表中的第 2 列，最低价位于 Excel 表中的第 3 列，所以 usecols=(2,3)。

```
In [3]: import numpy as np
        params = dict(fname = "stock_data_bac.csv",
                      delimiter = ',',
                      usecols = (2,3),
                      skiprows=1,
                      unpack = True)
        highPrice,lowPrice = np.loadtxt(**params)
        print("highPrice _max=",highPrice.max())
        print("lowPrice _min=",lowPrice.min())
highPrice _max= 32.5751
lowPrice _min= 21.2765
```

（3）计算极差

计算股价近期最高价和最低价的最大值与最小值的差值（即极差），使用 np.ptp(highPrice)、np.ptp(lowPrice)或 highPrice.ptp()、lowPrice.ptp()方法均可。

```
In [4]: import numpy as np
        params = dict(
        fname = "stock_data_bac.csv",
        delimiter = ',',
        usecols = (2,3),
```

< 154 >

```
       skiprows=1,
       unpack = True)
       highPrice,lowPrice = np.loadtxt(**params)
       print("max - min of high price:", highPrice.ptp())
       print("max - min of low price:", lowPrice.ptp())
max - min of high price: 10.7746
max - min of low price: 10.8945
```

（4）计算中位数

计算收盘价的中位数可以使用 np.median(closePrice)方法，但不能使用 closePrice.median()方法。

```
In [5]: import numpy as np
       params = dict(fname = "stock_data_bac.csv",
                    delimiter = ',',
                    usecols = 4,
                    skiprows=1 )
       closeprice = np.loadtxt(**params)
       print("median =",np.median(closePrice))
median = 27.23925
```

（5）计算方差

计算收盘价的方差可以使用 closePrice.var()或者 np.var(closePrice)方法，两者效果相同。

```
In [6]: import numpy as np
       params = dict(
       fname = "stock_data_bac.csv",
       delimiter = ',',
       usecols = 4,
       skiprows=1)
       closePrice = np.loadtxt(**params)
       print("variance =",np.var(closePrice))
       print("variance =",closePrice.var())
variance = 10.2873645602
variance = 10.2873645602
```

（6）计算波动率

波动率在投资学中是对价格变动的一种度量，历史波动率可以根据历史价格数据计算得出。在计算历史波动率时，需要先求出对数收益率。在下面的代码中将求得的对数收益率赋值给 logReturns。

年波动率和月波动率的计算公式如下。

$$年波动率=\frac{对数收益率的标准差}{对数收益率的均值}\times\sqrt{252}$$

$$月波动率=\frac{对数收益率的标准差}{对数收益率的均值}\times\sqrt{12}$$

通常，年交易日取 252 天，交易月取 12 个月。

```
In [7]: import numpy as np
   ...: params = dict(fname = "stock_data_bac.csv",
   ...:               delimiter = ',',
   ...:               usecols = 4,
   ...:               skiprows=1)
   ...: closePrice = np.loadtxt(**params)
   ...:
   ...: logReturns = np.diff(np.log(closePrice))
   ...: annual_volatility = logReturns.std()/logReturns.mean()*np.sqrt(252)
   ...: monthly_volatility = logReturns.std()/logReturns.mean()*np.sqrt(12)
   ...: print("年波动率",annual_volatility)
   ...: print("月波动率",monthly_volatility)
```

< 155 >

```
年波动率 434.117002549
月波动率 94.7320964117
```

np.diff()函数的作用是让每行的后一个值减去前一个值。

（7）股票统计分析

文件中的数据为给定时间范围内某股票的数据，现计算：

① 该时间范围内交易日星期一、星期二、星期三、星期四、星期五分别对应的平均收盘价；

② 平均收盘价最低、最高分别在星期几出现。

```
In [8]: import numpy as np
   ...: import datetime
   ...:
   ...: def dateStr2num(s):
   ...: s = s.decode("utf-8")
   ...: return datetime.datetime.strptime(s, "%Y-%m-%d").weekday()
   ...:
   ...:
   ...: params = dict(fname = "stock_data_bac.csv",
   ...:               delimiter = ',',
   ...:               usecols = (0,4),
   ...:               skiprows=1,
   ...:               converters = {0:dateStr2num},
   ...:               unpack = True)
   ...:
   ...: date, closePrice = np.loadtxt(**params)
   ...: average = []
   ...: for i in range(5):
   ...:     average.append(closePrice[date==i].mean())
   ...:     print("星期%d 的平均收盘价为:" %(i+1), average[i])
   ...:
   ...: print("\n 平均收盘价最低在星期%d 出现" %(np.argmin(average)+1))
   ...: print("平均收盘价最高在星期%d 出现" %(np.argmax(average)+1))
星期 1 的平均收盘价为: 26.7351606061
星期 2 的平均收盘价为: 26.8320703704
星期 3 的平均收盘价为: 26.7969944954
星期 4 的平均收盘价为: 26.7781018349
星期 5 的平均收盘价为: 26.7860972477

平均收盘价最低在星期 1 出现
平均收盘价最高在星期 2 出现
```

3. 数据存储

前面获取到的数据已经以.csv 的格式存储在本地了。如果想存储变量值，可以使用 pickle 模块。如保存股票数据统计分析中 closePrice 变量值的代码如下。

```
In [9]: import pickle
   ...: with open('d:\closePrice.pkl', 'wb') as f:
   ...:     pickle.dump(closePrice, f)
```

上面的代码将变量值保存到本地 D 盘，文件名为 closePrice.pkl。下次使用时可以加载该变量后直接使用，加载数据的代码如下。

```
In [10]: with open(' d:\closePrice.pkl ', 'rb') as f:
   ...:     closePrice = pickle.load(f) #直接将读取到的数据赋值给变量 closePrice
```

< 156 >

第 **7** 章 网络爬虫

使用网络爬虫是为了让程序自动从互联网上批量地抓取想要获取的信息。

随着网络的迅速发展，万维网成为大量信息的载体，如何有效地提取并利用这些信息成为一个巨大的挑战，网络爬虫应运而生。网络爬虫，是一种按照一定的规则，自动地抓取万维网信息的程序或者脚本。

网络爬虫的基本工作流程如图 7-1 所示。

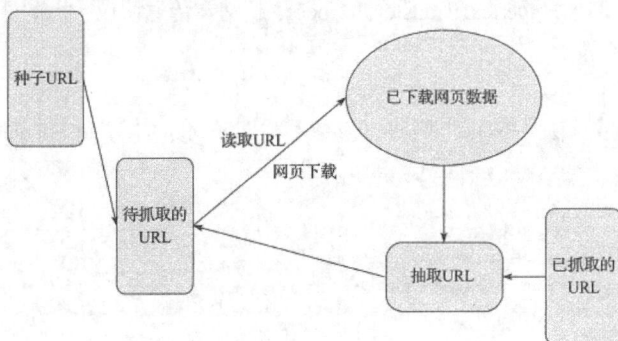

图 7-1　网络爬虫的基本工作流程

本章我们将学习最简单、最基本的爬虫方法。

7.1 urllib 库

urllib 是 Python 自带的库，可以用来抓取简单的静态页面，常用的打开网址的函数格式如下：

urllib.request.urlopen(url,data=None,[timeout,]*,cafile=None,capath=None,cadefault=False, context=None)

其中部分参数含义如下。

url：需要打开的网址。

data：以 Post 方式提交的数据。

timeout：设置网站的访问超时时间。

```
In [1]: from urllib import request
   ...: def getHtml(url):
   ...:     """
   ...:     下载网页上的内容
   ...:     """
```

```
    ...:         page_content = request.urlopen(url)
    ...:         html = page_content.read()
    ...:         return html

In [2]: url = 'http://tieba.baidu.com/f?kw=%BA%A3%C4%CF%D2%BD%D1%A7%D4%BA&fr=ala0&tpl=
5&traceid='
    ...: getHtml(url)
    Out[2]: b'\r\n<!DOCTYPE html>\r\n<!--STATUS OK-->\r\n<html>\r\n<head>\r\n <meta
charset="UTF-8">\r\n <meta http-equiv="X-UA-Compatible" content="IE=edge,chrome=1">
\r\n <link rel="search" type="application/opensearchdescription+xml" href="/tb/cms/
content-search.xml" title="\xe7\x99\xbe\xe5\xba\xa6\xe8\xb4\xb4\xe5\x90\xa7"/>\r\n
\t<meta itemprop="dateUpdate" content="2019-03-05 23:30:34" />\n\n
......
```

直接用 urllib.request 模块的 urlopen() 获取网页，page_content 的数据格式为 bytes 类型，不便于我们阅读，需要将其解码转换成字符串类型，以显示网页上的文字等。网页转换需要用 decode('utf8') 解码。

解码后在输出部分没有了 b 前缀，表示输出的类型为字符串类型。urlopen() 返回对象提供方法如下。

read()、readline()、readlines()、fileno()、close()：对 HTTPResponse 类型数据进行操作。

info()：返回 HTTPMessage 对象，表示远程服务器返回的头信息。

getcode()：返回 HTTP（Hypertext Transfer Protocol，超文本传送协议）状态码。如果是 HTTP 请求，200 表示请求成功，404 表示未找到。

geturl()：返回请求的 URL。

urlopen() 的 data 参数默认为 None，当 data 参数不为 None 的时候，urlopen() 的提交方式为 Post。

```
In [3]: from urllib import request
    ...: def getHtml(url):
    ...:         page_content = request.urlopen(url)
    ...:         html = page_content.read()
    ...:         html = html.decode('utf8')
    ...:         return html
    ...:
    ...:
    ...: url = 'http://tieba.baidu.com/f?kw=%BA%A3%C4%CF%D2%BD%D1%A7%D4%BA&fr=ala0&tpl=
5&traceid='
    ...: getHtml(url)
    Out[3]: '\r\n<!DOCTYPE html>\r\n<!--STATUS OK-->\r\n<html>\r\n<head>\r\n <meta
charset="UTF-8">\r\n <meta http-equiv="X-UA-Compatible" content="IE=edge,chrome=1">
\r\n <link rel="search" type="application/opensearchdescription+xml" href="/tb/cms/
content-search.xml" title=" 百度贴吧 " />\r\n \t<meta itemprop="dateUpdate" content=
"2019-03-05 23:30:34" />\n\n <meta name="keywords" content="海南医学院,海南院校,高等院
校,学姐,考研">\r\n <meta name="description" content="本吧热帖: 1-各位学长学姐, 我是 19 年
考研的学生, 临床医学专业, 总分 296。2-考研临床检验诊断专业 330 有希望吗?  3-我是 19 湖北考生, 报考
的是中药学, 总分 307 4-大杰? 要我分享了吗 5-19 届文科生可以报考贵校的口腔专业吗, 专科大概多少分,
我是江西的考生 6-口腔 b 类地区, 分数 301, 英语超 60, 能调剂到贵校专硕么, 求 7-想问一下, 如果今年专
升本没过, 可以明年再考吗">\r\n <title>海南医学院吧-百度贴吧——博学厚德, 和谐发言, 海医吧有您更
加精彩!  </title>\r\n
......
```

Python 中使用 requests 实现 HTTP 请求的方式，是在 Python 爬虫开发中最为常用的方式。使用 requests 实现 HTTP 请求非常简单，操作也很人性化。

requests 库是第三方模块，需要额外进行安装。安装方式同 NumPy，直接在 Anaconda Prompt 下执行 conda install requests 或者 pip install requests 命令即可。

```
In [4]: import requests
    ...: r = requests.get("http://www.baidu.com")
```

< 158 >

```
   ...: print(r.status_code)
   ...: print(r.headers)
 200
 {'Cache-Control': 'private, no-cache, no-store, proxy-revalidate, no-transform',
'Connection': 'Keep-Alive', 'Content-Encoding': 'gzip', 'Content-Type': 'text/html',
'Date': 'Wed, 06 Mar 2019 07:56:11 GMT', 'Last-Modified': 'Mon, 23 Jan 2017 13:27:32
GMT', 'Pragma': 'no-cache', 'Server': 'bfe/1.0.8.18', 'Set-Cookie': 'BDORZ=27315;
max-age=86400; domain=.baidu.com; path=/', 'Transfer-Encoding': 'chunked'}

 In [5]: r.content
 Out[5]: b'<!DOCTYPE html>\r\n<!--STATUS OK--><html> <head><meta http-equiv=content-
type content=text/html;charset=utf-8><meta http-equiv=X-UA-Compatible content=IE=Edge><meta
content=always name=referrer><link rel=stylesheet type=text/css href=http://s1.bdstatic.com/
r/www/cache/bdorz/baidu.min.css><title>
 ......
```

7.2 Beautiful Soup 库

　　前面的 requests 和 urllib 已经实现了将网页的页面内容抓取下来的目的，但抓取的页面内容是很凌乱的，不利于提取想要的内容。正因为如此，便有了 Beautiful Soup 模块。

　　Beautiful Soup 是一个可以从 HTML 或 XML 文件中提取数据的 Python 库，其最主要的功能是从网页中抓取数据。Beautiful Soup 提供一些简单的、Python 式的函数来处理导航、搜索、修改分析树等功能。它是一个工具箱，通过解析文档为用户提供需要抓取的数据。因为函数简单，所以不需要多少代码就可以写出一个完整的应用程序。Beautiful Soup 自动将输入文档转换为 Unicode 编码，输出文档的格式转换为 UTF-8 编码格式，不需要考虑编码方式。

微课视频

　　使用 Beautiful Soup 前要安装该库，安装命令是 pip install beautifulsoup4。

　　创建 Beautiful Soup 对象，导入 bs4 库的命令是 from bs4 import BeautifulSoup。

```
 In [1]: import urllib
    ...: html = urllib.request.urlopen(r'http://www.baidu.com')
    ...: html
 Out[1]: <http.client.HTTPResponse at 0x253e5b3d748>

 In [2]: from bs4 import BeautifulSoup
    ...: soup = BeautifulSoup(html, 'html.parser')
    ...: soup
 Out[2]:
 <!DOCTYPE html>

 <!--STATUS OK-->
 <html>
 <head>
 <meta content="text/html;charset=utf-8" http-equiv="content-type"/>
 <meta content="IE=Edge" http-equiv="X-UA-Compatible"/>
 <meta content="always" name="referrer"/>
 <meta content="#2932e1" name="theme-color"/>
 <link href="/favicon.ico" rel="shortcut icon" type="image/x-icon"/>
 <link href="/content-search.xml" rel="search" title="百度搜索" type= "application/
opensearchdescription+xml"/>
 <link href="//www.baidu.com/img/baidu_85beaf5496f291521eb75ba38eacbd87.svg" mask=
"" rel="icon" sizes="any"/>
 <link href="//s1.bdstatic.com" rel="dns-prefetch">
```

< 159 >

```
<link href="//t1.baidu.com" rel="dns-prefetch"/>
<link href="//t2.baidu.com" rel="dns-prefetch"/>
<link href="//t3.baidu.com" rel="dns-prefetch"/>
<link href="//t10.baidu.com" rel="dns-prefetch"/>
<link href="//t11.baidu.com" rel="dns-prefetch"/>
<link href="//t12.baidu.com" rel="dns-prefetch"/>
<link href="//b1.bdstatic.com" rel="dns-prefetch"/>
<title>百度一下, 你就知道</title>
<style id="css_index" index="index" type="text/css">html,body{height:100%}
html{overflow-y:auto}
......
<div class="s_tab" id="s_tab">
<div class="s_tab_inner">
<b>网页</b>
  <a href="//www.baidu.com/s?rtt=1&amp;bsst=1&amp;cl=2&amp;tn=news&amp;word=" onmousedown
="return c({'fm':'tab','tab':'news'})" sync="true" wdfield="word">资讯</a>
  <a href="http://tieba.baidu.com/f?kw=&amp;fr=wwwt" onmousedown="return c({'fm':
'tab','tab':'tieba'})" wdfield="kw">贴吧</a>
  <a href="http://zhidao.baidu.com/q?ct=17&amp;pn=0&amp;tn=ikaslist&amp; rn=10&amp;
word=&amp;fr=wwwt" onmousedown="return c({'fm':'tab','tab':'zhidao'})" wdfield="word">
知道</a>
  ......
```

有时候为了代码的层次感更清晰, 会使用 print(soup.prettify())来显示网页源码。

1. select()查找

在写 CSS（Cascading Style Sheets, 串联样式表）代码进行查找时, 标签名不需要加任何修饰, 类名前加 ".", id 前加 "#"。这里, 我们可以利用类似的方法来筛选元素, 筛选元素用到的方法是 soup.select(), 其返回类型是列表。

（1）通过标签名查找。

```
In [6]: print(soup.select('title'))
[<title>百度一下, 你就知道</title>]

In [7]: print(soup.select('b'))
[<b>网页</b>, <b>百度</b>]
```

（2）通过类名查找。

```
In [13]: print(soup.select('.cp-feedback'))
[<a class="cp-feedback" href="http://jianyi.baidu.com/" onmousedown="return ns_c
({'fm':'behs','tab':'tj_homefb'})">意见反馈</a>]
```

（3）通过 id 查找。

```
In [16]: print(soup.select('#setf'))
[<a  href="//www.baidu.com/cache/sethelp/help.html"  id="setf"  onmousedown="return
ns_c({'fm':'behs','tab':'favorites','pos':0})" target= "_blank">把百度设为主页</a>]
```

（4）组合查找。

组合查找的原理和写 class 文件时, 标签名与类名、id 进行组合的原理是一样的。

```
In [19]: print(soup.select('div #ftConw'))
[<div id="ftConw"><p id="lh"><a href="//www.baidu.com/cache/sethelp/help.html"
id="setf" onmousedown="return ns_c({'fm':'behs','tab':'favorites','pos':0})" target=
"_blank"> 把 百 度 设 为 主 页 </a><a href="http://home.baidu.com" onmousedown="return
ns_c({'fm':'behs','tab':'tj_about'})"> 关 于 百 度 </a><a href="http://ir.baidu.com"
```

< 160 >

```
onmousedown="return ns_c({'fm':'behs','tab':'tj_about_en'})">About  Baidu</a><a href=
"http://e.baidu.com/?refer=888"    onmousedown="return    ns_c({'fm':'behs','tab':
'tj_tuiguang'})">百度推广</a></p><p id="cp">©2019 Baidu <a href="http://www.baidu.
com/duty/" onmousedown="return ns_c({'fm':'behs','tab': 'tj_duty'})">使用百度前必读
</a> <a class="cp-feedback" href="http://jianyi. baidu.com/" onmousedown="return
ns_c({'fm':'behs','tab':'tj_homefb'})">意见反馈</a> 京ICP证030173号 <i class= "c-icon-
icrlogo"></i> <a href="http://www.beian. gov.cn/portal/registerSystemInfo? recordcode=
11000002000001" id="jgwab" target="_blank">京公网安备 11000002000001 号</a> <i class=
"c-icon-jgwablogo"> </i></p></div>]
```

使用直接子标签查找，标签间加 ">"。

```
In [24]: print(soup.select("div > img"))
[<img class="index-logo-src" height="129" hidefocus="true" src="//www.baidu.com/
img/dong1_dd071b75788996a161c3964d450fcd8c.gif" usemap="#mp" width="270"/>, <img
class="index-logo-srcnew" height="129" hidefocus="true" src="//www.baidu.com/img/
dong1_dd071b75788996a161c3964d450fcd8c.gif" usemap="#mp" width="270"/>]
```

（5）通过属性查找。

查找时还可以加入属性元素，属性需要用方括号进行标识，注意属性和标签属于同一节点，所以中间不能加空格，否则会无法匹配到。

```
In [25]: print(soup.select('a[href="http://home.baidu.com"]'))
[<a href="http://home.baidu.com" onmousedown="return ns_c({'fm':'behs','tab':
'tj_about'})">关于百度</a>]
```

同样，属性仍然可以与上述查找方式组合，不属于同一节点的用空格隔开，属于同一节点的不能用空格隔开。

```
In [26]: print(soup.select('div a[href="http://home.baidu.com"]'))
[<a href="http://home.baidu.com" onmousedown="return ns_c({'fm':'behs','tab':
'tj_about'})">关于百度</a>]
```

2．find_all()函数查找

在 BeautifulSoup 版本 4 中，功能 find_all 与 findAll 相同。

find_all(name=None, attrs={}, recursive=True, text=None, limit=None, **kwargs)
该函数返回一个列表。该函数最重要的参数是 name 和 keywords 参数。

参数 name 用于匹配 tag 的名字，获得相应的结果集。有几种方法可以用于匹配 name，最简单的方法是仅给定一个 tag 的 name 值。

① 搜索网页源码中所有 b 标签：soup.find_all('b')。

② 可以传递一个正则表达式。下面的代码用于查找所有以 b 开头的标签：

```
import re
tagsStartingWithB = soup.findall(re.compile('^b'))
```

③ 可以传递一个列表或字典。查找所有的 title 和 p 标签，使用方法 1 和方法 2 获得的结果一致，但方法 2 更快一些。

方法 1：soup.find_all(['title', 'p'])。

方法 2：soup.find_all({'title' : True, 'p' : True})。

输出：

```
[<title>Page title</title>,
 <p id="firstpara" align="center">This is paragraph <b>one</b>.</p>,
 <p id="secondpara" align="blah">This is paragraph <b>two</b>.</p>]
```

< 161 >

④ 可以传一个 True 值，以匹配每个 tag 的 name，也就是匹配每个 tag。当然，这看起来不是很有用，但是当限定属性（attribute）值时，使用 True 就很有用了。

```
allTags = soup.find_all(True)
```

⑤ 可以使用标签的属性搜索标签。

```
pid=soup.find_all('p',id='hehe')   #通过 tag 的 id 属性搜索标签
```

或者

```
pid=soup.find_all('p',{'id':'hehe'}) #通过字典的形式搜索标签内容，返回列表
```

输出均为：

```
[<p class="title" id="hehe"><b>The Dormouse's story</b></p>]
```

也可以使用如下方法，提取所有 a 标签中的属性 href：

```
In [37]: for link in soup.find_all('a'): #soup.find_all()返回的是列表
    ...:         print(link.get('href'))

https://passport.baidu.com/v2/?login&tpl=mn&u=http%3A%2F%2Fwww.baidu.com%2F&sm
s=5
http://news.baidu.com
https://www.hao123.com
http://map.baidu.com
http://v.baidu.com
http://tieba.baidu.com
http://xueshu.baidu.com
https://passport.baidu.com/v2/?login&tpl=mn&u=http%3A%2F%2Fwww.baidu.com%2F&sm
s=5
http://www.baidu.com/gaoji/preferences.html
http://www.baidu.com/more/
......
```

注意 要让 find_all()函数输出第一个可匹配对象，可使用 find_all()[0]。

7.3 实战体验：爬取豆瓣小说数据

我们已经学习了 urllib 和 Beautiful Soup，接下来就使用这两个库来爬取豆瓣小说的信息。由于互联网上的信息一直在更新，本实战案例中爬取的数据仅作为示例供读者参考，实战时请以实时数据为准。

获取目标数据：爬取小说名称、价格、星级。

拟解决的问题：（1）计算所有爬取小说的平均星级；（2）计算所有获取小说的均价。

打开"豆瓣图书标签：小说"页面（网址"https://book.douban.com/tag/小说?start=0&type=T"），如图 7-2 所示。

页面以综合排序列表的形式列出了小说相关数据，如小说名称、作者、出版社、出版时间、价格、星级、评价人数和摘要等信息。这里我们主要获取小说名称、价格、星级等信息，具体如图 7-3 所示。

< 162 >

图7-2　"豆瓣图书标签: 小说"页面

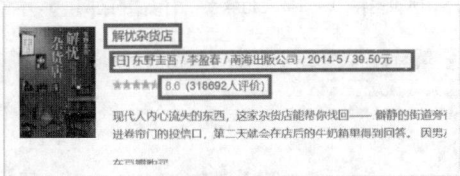

图7-3　拟获取的信息

我们再来看看要获取的小说总数情况。把页面拉到最下方，可以看到小说页面总数为 383（截图时的数量），具体如图 7-4 所示。其中，每页列出的小说共 20 部，也就是说 383 页共包含的小说数量大概为 7660 部。

图7-4　小说页面总数

所以我们在爬取页面信息的时候，不仅要获取第一页的 20 部小说的信息，还要获取所有 383 页的小说的信息，而且在爬取页面信息时还要处理翻页。我们首先查看第一页和第二页的网址并进行对比：

第一页的网址为 https://book.douban.com/tag/小说?start=0&type=T；

第二页的网址为 https://book.douban.com/tag/小说?start=20&type=T。

我们发现网址中仅有一个"start="的数据不同，我们还可以翻看其他网页网址，如第三页、第

< 163 >

四页：

第三页的网址为 https://book.douban.com/tag/小说?start=40&type=T；

第四页的网址为 https://book.douban.com/tag/小说?start=60&type=T。

从中我们发现，start 数据是小说数据的序列，第一页小说数据的序列为 0～19（注意，Python 的序列是从 0 开始的，即 0 表示第一条小说数据）；第二页刚好延续第一页的序列，从 20 开始，依此类推，第三页从 40 开始，第四页从 60 开始。

据此，我们在翻页时需要对网址进行处理，每翻一页 start 数据加 20，即对网址中的 start 数据使用占位符%d，再对占位符进行赋值，代码如下：

```
for i in range(0,7660,20):          #在0～7660 的范围内每隔20 取一个值
    url = 'https://book.douban.com/tag/%E5%B0%8F%E8%AF%B4'+'?start=%d&type=T'%i
```

下面我们来看看如何获取每个页面需要提取的数据。

为了方便获取想要的页面数据，我们可以使用功能键 Fn+F12，调取网页源码进行查阅。具体 HTML 代码如图 7-5 所示。当我们把光标定位到"元素/元素突出显示"的相应代码上，上半部分的页面会高亮显示，也就是说，高亮部分显示的数据所对应的代码就是被单击的代码行或者代码段，如图 7-5 中 A 区域的 b 行所示。

图 7-5 中左下角 B 区域和 A 区域中以"<li class="开始的都是显示每部小说相关信息的列表。

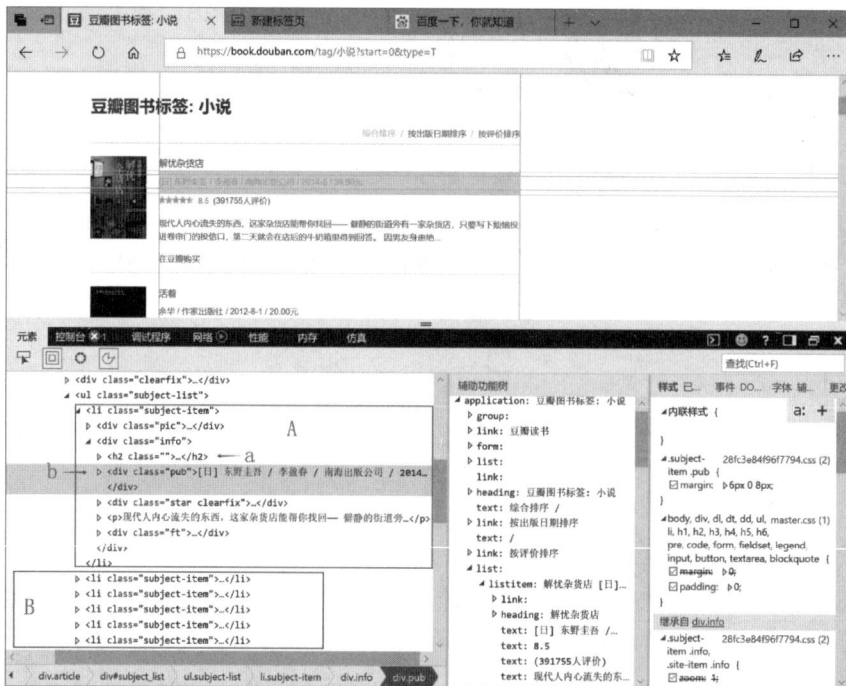

图7-5 查阅 HTML 代码

我们先来研究第一部小说《解忧杂货店》部分的代码。

单击 A 区域的 a 行代码，可以看到小说名称：title="解忧杂货店"。由此，我们就可以从这个页面中提取小说《解忧杂货店》的小说名称，如图 7-6 所示。

同理，我们单击 A 区域的 b 行代码，可以看到我们需要的作者、出版社、出版时间以及价格，如图 7-6 所示。

同理，星级数据可以从 A 区域的 c 行代码中获取。

< 164 >

图7-6　代码解析

1．翻页和获取网页数据

具体的翻页和获取网页数据的代码如下。

```
In [1]: # coding=utf-8
   ...: ############################
   ...: #爬取豆瓣小说数据并处理
   ...: #Created on 2019-3-3 13:44
   ...: #@author: yubg
   ...: ############################
   ...: import requests
   ...: from bs4 import BeautifulSoup
   ...: data_all =[]

In [2]: for i in range(0,7660,20):
   ...:     url = 'https://book.douban.com/tag/%E5%B0%8F%E8%AF%B4'+ '?start
=%d&type=T'%i
   ...:     douban_data = requests.get(url)
   ...:     soup = BeautifulSoup(douban_data.text,'lxml')
   ...:     titles = soup.select('h2 a[title]') #获取 h2 标签下 a 标签的 title 值，即
小说名称
   ...:     prices = soup.select('div.pub')    #获取小说价格
   ...:     stars  = soup.select('div span.rating_nums')#获取小说星级
   ...:     for title,price,star in zip(titles,prices,stars):
   ...:         data = {'title':title.get_text().strip().split()[0],
   ...:                 'price':price.get_text().strip().split('/')[-1],
   ...:                 'star' :star.get_text()}
   ...:
   ...:
   ...:         data_all.append(data)

In [3]: len(data_all)
Out[3]: 1484

In [4]: data_all[:5]   #查看前 5 行
Out[4]:
[{'price': ' 39.50元', 'star': 8.5, 'title': '解忧杂货店'},
 {'price': ' 20.00元', 'star': 9.3, 'title': '活着'},
```

< 165 >

```
    {'price': ' 29.00元', 'star': 8.9, 'title': '追风筝的人'},
    {'price': ' 23.00', 'star': 8.8, 'title': '三体'},
    {'price': ' 39.50元', 'star': 9.1, 'title': '白夜行'}]
```

从 data_all 的前 5 个元素可以看出，data_all 是一个列表，其中的每一个元素是一个字典，每个字典就是一部小说的数据，包含价格、星级和小说名称。

2. 保存数据

将已经爬取到的数据保存到 c:\Users\yubg\db_data.txt 里备用。如果从网上获取不到数据（获取不到数据的原因比较多，可能是由于网页改版，也可能是由于获取频率较高而被封号），请到本书提供的数据资源里下载 db_data.txt，以备后用。

```
In [5]: with open(r'c:\Users\yubg\db_data.txt','w',encoding='utf-8') as f:
   ...:     f.write(str(data_all))
```

< 166 >

第 *8* 章

数据可视化

数据可视化旨在借助图形化手段，清晰、有效地传达和沟通信息。有研究表明，人类大脑接收或理解图片的速度要比接收或理解文字的快 6 万倍左右，所以再整洁的数据、再好的表格，也不抵一张图简单、快捷。

8.1 使用 Matplotlib 可视化数据

Matplotlib 是一个用于创建具有出版质量图表的桌面绘图包，受 MATLAB 的启发而构建，其目的是为 Python 构建一个绘图接口（在 matplotlib.pyplot 模块中）。Matplotlib 是 Python 中用得最多的 2D 图形绘图库，它可以和 NumPy 一起使用，也可以和图形工具包（如 PyQt 和 wxPython 等）一起使用。

8.1.1 Matplotlib 的设置

我们先绘制一张图。

在 Jupyter Notebook 中试运行下面的代码，结果如图 8-1 所示。

```
%matplotlib inline    #让图像在Jupyter Notebook 中嵌入显示
%config InlineBackend.figure_format = 'retina'#提高图片清晰度
import matplotlib
import matplotlib.pyplot as plt

myfont = matplotlib.font_manager.FontProperties(
                fname=r'C:/Windows/Fonts/simfang.ttf')

plt.plot((1,2,3),(4,3,-1))
plt.xlabel(r'横坐标', fontproperties=myfont)
plt.ylabel(r'纵坐标', fontproperties=myfont)
```

如果是在 Jupyter Notebook 中绘图，为了方便图形的显示，需要加入指定图像显示方式的代码：

%matplotlib inline

%config InlineBackend.figure_format = 'retina'

代码%matplotlib inline 用于让图像在 Jupyter Notebook 中嵌入显示，这个命令在绘图时，会将图片内嵌在交互窗口中，而不会弹出一个图片窗口，但是这个命令有一个缺陷：除非将代码一次执行，否则无法叠加绘图。在分辨率较高的屏幕（如 Retina 显示屏）上，Jupyter

Notebook 中的默认图像可能会显示模糊，可以在 %matplotlib inline 之后使用 %config InlineBackend.figure_format = 'retina'来提高图像清晰度。

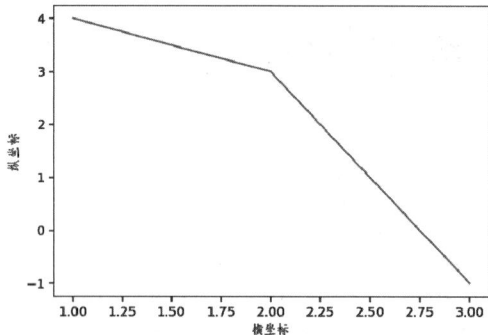

图 8-1　代码运行结果

在利用 Matplotlib 绘图时，有时候需要在图中进行一些标注，可能会涉及一些符号，尤其是中文符号，如果不对这些标注进行设置，可能出现无法显示的问题。我们需要对字体进行设置。首先导入 Matplotlib 库，然后调用库中的字体设置函数 font_manager.FontProperties()，如下：

```
import matplotlib
myfont = matplotlib.font_manager.FontProperties(
                    fname=r'C:/Windows/Fonts/simfang.ttf')
```

设置好的 myfont 可供后面代码调用，如 plt.xlabel(r'横坐标', fontproperties=myfont)。

要防止标注符号显示出现问题，可以用如下两行代码进行设置：

from matplotlib.font_manager import FontProperties

font = FontProperties(fname = "C:/Windows/Fonts/simfang.ttf",size=14)

fname 参数用于指定使用的字体，simfang.ttf 是仿宋常规简体字。具体字体可以到系统文件夹 Fonts 下查看。

Matplotlib 中显示中文的完整方式如下：

```
import matplotlib.pyplot as plt
import numpy as np

# 设置字体
from matplotlib.font_manager import FontProperties
font = FontProperties(fname = "C:/Windows/Fonts/simfang.ttf ",size=14)

# 要在 Jupyter Notebook 中显示图像还需要添加以下两句代码
%matplotlib inline
%config InlineBackend.figure_format = "retina"    # 在屏幕上显示高清图片
```

为了方便展示，我们绘制一个圆，并利用如下代码对定义图像的窗口大小、按坐标绘图、显示图例、保存图像等进行实现。

```
#绘制散点图的示例:
t = np.arange(0,10,0.05)
x = np.sin(t)
y = np.cos(t)

# 定义图像窗口大小
plt.figure(figsize=(8,5))
```

< 168 >

```
# 按 x、y 坐标绘图
plt.plot(t,x,"r-*",label='sin')        #绘制 sin 函数图
plt.plot(t,y,"b-o",label='cos')        #绘制 cos 函数图
plt.plot(x,y,"g-.",label='sin+cos')    #绘制 sin+cos 函数图

# 使坐标轴相等
plt.axis("equal")  #保证散点图中的圆是正圆，否则会有一点角度偏斜
plt.xlabel("x-横坐标",fontproperties = font)
plt.ylabel("y-纵坐标",fontproperties = font)
plt.title("一个圆",fontproperties = font)

#显示图例
label=["sin",'cos','sin+cos']
plt.legend(label, loc='upper right')   #显示图例

#保存图像
plt.savefig('./test2.jpg') #将图像保存在当前的环境目录下
```

结果如图 8-2 所示。

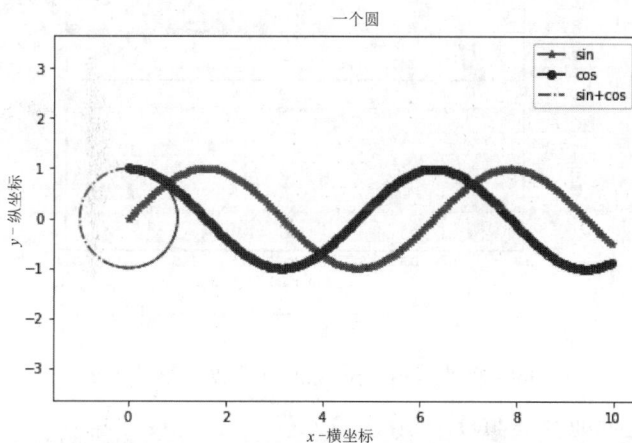

图 8-2　绘图结果

8.1.2　Matplotlib 绘图示例

1. 线图和点图

线图和点图可以用来表示二维数据之间的关系，是查看两个变量之间关系的最直观的两种方法，可以通过 plot() 得到。

使用 subplot() 函数绘制多个子图，并且添加 x、y 轴的名称，以及标题。代码如下：

```
# 使用 subplot() 函数绘制多个子图
import numpy as np
import matplotlib.pyplot as plt

# 生成 x 轴
x1 = np.linspace(0.0, 5.0)   #在开始点和结束点之间均匀取值，默认取 50 个点
x2 = np.linspace(0.0, 2.0)
```

< 169 >

```
# 生成 y 轴
y1 = np.cos(2 * np.pi * x1) * np.exp(-x1)
y2 = np.cos(2 * np.pi * x2)

# 绘制第一个子图
plt.subplot(2, 1, 1)
plt.plot(x1, y1, 'yo-')
plt.title('A tale of 2 subplots')
plt.ylabel('Damped oscillation')

# 绘制第二个子图
plt.subplot(2, 1, 2)
plt.plot(x2, y2, 'r.-')
plt.xlabel('time (s)')
plt.ylabel('Undamped')
plt.show()
```

运行上面的代码，得到的结果如图 8-3 所示。

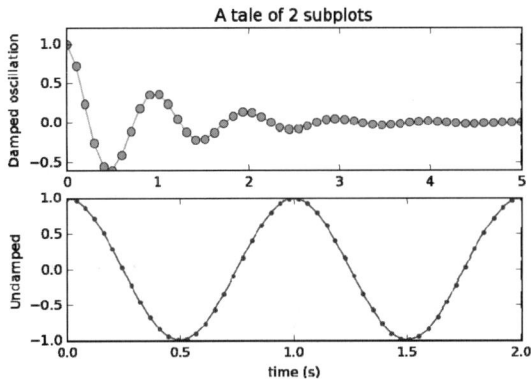

图 8-3　使用 subplot()函数绘制多个子图

绘图可以调用 matplotlib.pyplot 库来进行，plt.plot()函数调用格式如下：

plt.plot(x,y,format_string,**kwargs)
函数参数说明如下。

x：x 轴数据，列表或数组，可选。

y：y 轴数据，列表或数组。

format_string：控制曲线的格式字符串，可选。

**kwargs：第二组或更多。

注意：当绘制多条曲线时，各条曲线的 x 参数不能省略。

在 Matplotlib 下，一个 figure 对象可以包含多个 Axes，可以使用 subplot()进行快速绘制，其调用格式如下：

subplot(numRows, numCols, plotNum)
图表的整个绘图区域被分成 numRows 行和 numCols 列；按照从左到右、从上到下的顺序对每个子区域进行编号，左上的子区域的编号为 1；plotNum 参数用于指定创建的 Axes 对象所在的区域。

如果 numRows＝2、numCols＝3，那么整个绘图区域会被划分成 2×3 个图片区域，用坐标表示为：

(1, 1)、(1, 2)、(1, 3)

(2, 1)、(2, 2)、(2, 3)

< 170 >

图形表示如图 8-4 所示。

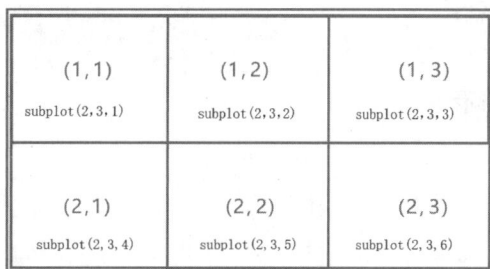

图 8-4　绘图区域划分

这时，plotNum = 3 表示的坐标为(1, 3)，即第一行、第三列的子图位置，如果 numRows、numCols 和 plotNum 这 3 个数都小于 10，它们之间可以不用符号分隔，例如 subplot(323) 和 subplot(3,2,3) 是相同的。

subplot()在 plotNum 指定的区域中创建一个轴对象。如果新创建的轴和之前创建的轴重叠，之前创建的轴将被删除。

以上是对线图的相关介绍，下面介绍用于绘制点图的 scatter()函数，其调用格式如下：

scatter(x,y,c='r',linewidths=lValue,marker='o')

函数参数说明如下。

x：数组。

y：数组。

c：颜色。

linewidths：点的大小。

marker：点的形状。

其中，颜色 b 表示 blue（蓝色），c 表示 cyan（青色），g 表示 green（绿色），k 表示 black（黑色），r 表示 red（红色），w 表示 white（白色），y 表示 yellow（黄色）。

点有多种形状，'.' 表示点，'o' 表示圆，'D' 表示钻石，'*' 表示星形。

```python
#导入必要的模块
import numpy as np
import matplotlib.pyplot as plt

# 设置字体
from matplotlib.font_manager import FontProperties
font = FontProperties(fname = "C:/Windows/Fonts/simfang.ttf ",size=14)

#产生测试数据
x = np.arange(1,10)
y = x**2

#设置标题
plt.title('散点图',fontproperties = font)
#设置 x 轴标签
plt.xlabel('X')
#设置 y 轴标签
plt.ylabel('Y')
#绘制散点图
plt.scatter(x,y,c = 'r',marker = 'D')
```

< 171 >

```
#设置图例
plt.legend('x')
#显示所绘制的散点图
plt.show()
```

图像显示结果如图 8-5 所示。

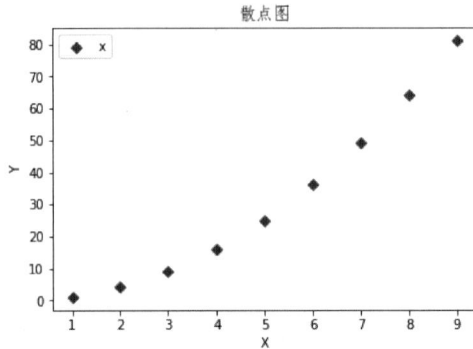

图 8-5　图像显示结果

2. 直方图

在统计学中，直方图（histogram）是一种对数据分布情况的图形表示、一种二维统计图表，它的两个坐标分别是统计样本和该样本对应的某个属性的度量。

我们使用 hist() 函数来绘制向量的直方图，计算直方图的概率密度，并且绘制概率密度曲线，在标注中使用数学表达式。示例代码如下：

```
# 直方图
import numpy as np
import matplotlib.mlab as mlab
import matplotlib.pyplot as plt
# 示例数据
mu = 100   # 分布的均值
sigma = 15   # 分布的标准差
x = mu + sigma * np.random.randn(10000)
print("x:",x.shape)
# 直方图的条数
num_bins = 50
#绘制直方图
n, bins, patches = plt.hist(x, num_bins, normed=1, facecolor='green', alpha=0.5)
#添加一个最佳拟合曲线
y = mlab.normpdf(bins, mu, sigma) # 返回关于数据的 normpdf()（概率密度函数）数值
plt.plot(bins, y, 'r--')
plt.xlabel('Smarts')
plt.ylabel('Probability')
# 在图中添加公式需要使用 LaTeX 的语法（$,$）
plt.title('Histogram of IQ: $\mu=100$, $\sigma=15$')
# 调整图像的间距，防止 y 轴数值与 y 轴标签重合
plt.subplots_adjust(left=0.15)
plt.show()
print("bind:\n",bins)
```

运行上面的代码，得到的直方图如图 8-6 所示。

< 172 >

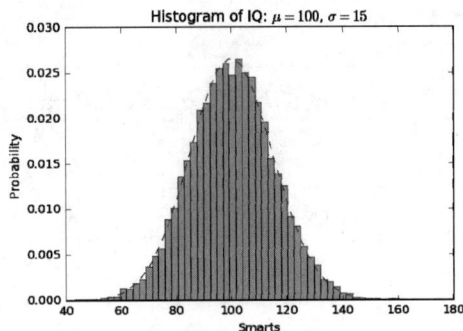

图 8-6　直方图

hist()函数调用格式如下：

n, bins, patches = plt.hist(arr,

　　　　　　　　bins=10,

　　　　　　　　normed=0,

　　　　　　　　facecolor='black',

　　　　　　　　edgecolor='black',

　　　　　　　　alpha=1,

　　　　　　　　histtype='bar')

hist()的参数非常多，但常用的只有以下几个，只有第一个是必需的，后面几个是可选参数。

arr：直方图的一维数组 x。

bins：用于指定直方图的柱数，可选项，默认为 10。

normed：用于指定是否将得到的直方图向量归一化，默认为 0。

facecolor：用于指定直方图颜色。

edgecolor：用于指定直方图边框颜色。

alpha：用于指定直方图颜色透明度。

histtype：用于指定直方图类型，包括'bar'、'barstacked'、'step'、'stepfilled'。

函数返回值如下。

n：直方图向量，是否归一化由参数 normed 设定。

bins：返回各个 bin 的区间范围。

patches：返回每个 bin 里面包含的数据，是一个列表。

3．等值线图

等值线图又称等量线图，是以相等数值点的连线表示连续分布且逐渐变化的数量特征的一种图形，是用数值相等各点连成的曲线（即等值线）在平面上的投影来表示物体的外形和大小的图形。

我们可以使用 contour()函数将三维图像表示在二维空间上，并使用 clabel()在每条线上显示数值的大小。

```
# 使用 Matplotlib 绘制三维图像
import numpy as np
from matplotlib import cm
import matplotlib.pyplot as plt
from mpl_toolkits.mplot3d import Axes3D
# 生成数据
delta = 0.2
x = np.arange(-3, 3, delta)
```

< 173 >

```
y = np.arange(-3, 3, delta)
X, Y = np.meshgrid(x, y)
Z = X**2 + Y**2
x=X.flatten() #返回一维的数组，但该函数只适用于NumPy对象（array或者mat）
y=Y.flatten()
z=Z.flatten()
fig = plt.figure(figsize=(12,6))
ax1 = fig.add_subplot(121, projection='3d')
ax1.plot_trisurf(x,y,z, cmap=cm.jet, linewidth=0.01) #cmap用于指定颜色，默认绘制为
RGB(A)颜色空间，jet表示"蓝-青-黄-红"
plt.title("3D")
ax2 = fig.add_subplot(122)
cs = ax2.contour(X, Y, Z,15,cmap='jet') #注意，这里是大写X、Y、Z。这里的15代表的是显
示等高线的密集程度，这个数值越大，画的等高线数就越多
ax2.clabel(cs, inline=True, fontsize=10, fmt='%1.1f')
plt.title("Contour")
plt.show()
```

运行上面的代码，得到的等值线图如图8-7所示。

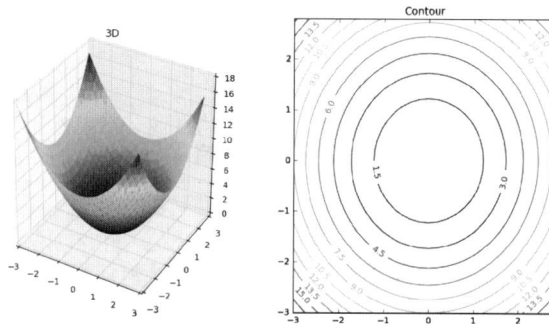

图8-7 等值线图

4. 三维曲面图

三维曲面图通常用来描绘三维空间的数值分布和形状。我们可以通过 plot_surface()函数来得到我们想要的图像，示例代码如下。

```
# 三维图像+各个轴的投影等高线
from mpl_toolkits.mplot3d import axes3d
import matplotlib.pyplot as plt
from matplotlib import cm

fig = plt.figure(figsize=(8,6))
ax = fig.gca(projection='3d')
# 生成三维测试数据
X, Y, Z = axes3d.get_test_data(0.05)
ax.plot_surface(X, Y, Z, rstride=8, cstride=8, alpha=0.3)
cset = ax.contour(X, Y, Z, zdir='z', offset=-100, cmap=cm.coolwarm)
cset = ax.contour(X, Y, Z, zdir='x', offset=-40, cmap=cm.coolwarm)
cset = ax.contour(X, Y, Z, zdir='y', offset=40, cmap=cm.coolwarm)
ax.set_xlabel('X')
ax.set_xlim(-40, 40)
ax.set_ylabel('Y')
ax.set_ylim(-40, 40)
ax.set_zlabel('Z')
ax.set_zlim(-100, 100)
plt.show()
```

< 174 >

运行上面的代码，我们可以得到图 8-8 所示的三维曲面图。

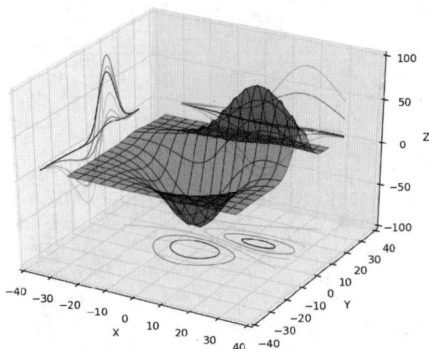

图 8-8　三维曲面图

很多时候，我们并不知道某个函数的具体使用方法，若想了解该函数的具体使用方法，可用 help()
查看，如：

```
help(ax.plot_surface)
```

结果显示如下：

```
Help on method plot_surface in module mpl_toolkits.mplot3d.axes3d:

plot_surface(X, Y, Z, *args, **kwargs)
method of matplotlib.axes._subplots.Axes3DSubplot instance
    Create a surface plot.

    ○ ○ ○ ○ ○ ○
    Added in v2.0.0.
=====================================================
    Argument      Description
=====================================================
    *X*, *Y*, *Z* Data values as 2D arrays
    *rstride*     Array row stride (step size)
    *cstride*     Array column stride (step size)
    *rcount*      Use at most this many rows, defaults to 50
    *ccount*      Use at most this many columns, defaults to 50
    *color*       Color of the surface patches
    *cmap*        A colormap for the surface patches.
    *facecolors*  Face colors for the individual patches
    *norm*        An instance of Normalize to map values to colors
    *vmin*        Minimum value to map
    *vmax*        Maximum value to map
    *shade*       Whether to shade the facecolors
=====================================================

Other arguments are passed on to
:class:`~mpl_toolkits.mplot3d.art3d.Poly3DCollection`
```

5.条形图

条形图（bar chart）亦称条图、条状图、棒形图、柱状图，是一种以条的长度为变量的统计图。条
形图适用于两个或两个以上的数值（不同时间或者不同条件）的比较，通常用于分析较小的数据集。
条形图可以横向排列，或用多维方式表达。示例代码如下。

```
import numpy as np
import matplotlib.pyplot as plt
```

< 175 >

```
# 生成数据
n_groups = 5  # 组数
# 平均分和标准差
means_men = (20, 35, 30, 35, 27)
std_men = (2, 3, 4, 1, 2)

means_women = (25, 32, 34, 20, 25)
std_women = (3, 5, 2, 3, 3)

# 条形图
fig, ax = plt.subplots()
# 生成序例 0,1,2,3,…
index = np.arange(n_groups)
bar_width = 0.35 # 条的宽度

opacity = 0.4     #颜色透明度参数
error_config = {'ecolor': '0.3'}
# 条形图中的第一类条
rects1 = plt.bar(index, means_men, bar_width, #坐标、数据、条的宽度
               alpha=opacity,      #颜色透明度
               color='b',
               yerr=std_men,    # xerr、yerr 分别针对水平误差、垂直误差
               error_kw=error_config,  #设置误差记号的相关参数
               label='Men')
# 条形图中的第二类条
rects2 = plt.bar(index + bar_width, means_women, bar_width,
               alpha=opacity,
               color='r',
               yerr=std_women,
               error_kw=error_config,
               label='Women')

plt.xlabel('Group')
plt.ylabel('Scores')
plt.title('Scores by group and gender')
plt.xticks(index + bar_width, ('A', 'B', 'C', 'D', 'E'))
plt.legend() # 显示图例

# 自动调整 subplot() 的参数给指定的填充区
plt.tight_layout()
plt.show()
```

运行上面的代码，得到的条形图如图 8-9 所示。

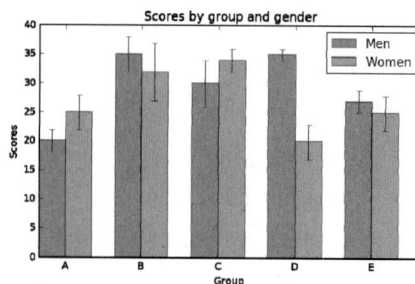

图 8-9　条形图

< 176 >

6. 饼图

饼图或称饼状图，是一个划分为几个扇形（这些扇形拼成了一个切开的饼形图案）的圆形统计图，用于描述量、频率或百分比之间的相对关系。在饼图中，每个扇形的弧长（以及圆心角和面积）大小为其所表示的数量的比例。这些扇形合在一起刚好是一个完全的圆。

我们可以使用 pie() 函数来绘制饼图，示例代码如下。

```
# 饼图
import matplotlib.pyplot as plt

# 切片将按顺时针方向排列并绘制
labels = 'Frogs', 'Hogs', 'Dogs', 'Logs'# 标注
sizes = [15, 30, 45, 10] # 大小
colors = ['yellowgreen', 'gold', 'lightskyblue', 'lightcoral'] # 颜色
# 0.1 代表第二个扇形从圆中分离出来
explode = (0, 0.1, 0, 0)  # 仅第 2 部分 Hogs 分离突出
# 绘制饼图
plt.pie(sizes, explode=explode, labels=labels, colors=colors,
        autopct='%1.1f%%', shadow=True, startangle=90)

plt.axis('equal')
plt.show()
```

运行上面的代码，得到的饼图如图 8-10 所示。

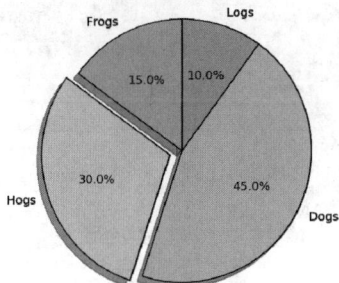

图 8-10 饼图

7. 气泡图

气泡图是散点图的一种变体，它通过每个"气泡"的面积大小，反映第三维。气泡图可以表示多维数据，并且可以通过对颜色和大小的编码表示不同的维度数据，例如，使用颜色对数据分组，使用大小来映射相应值的大小。我们可以通过 scatter() 函数绘制气泡图，示例代码如下。

```
# 气泡图
import matplotlib.pyplot as plt
import pandas as pd

# 导入数据
df_data = pd.read_csv('https:...csv') #此处''中的具体网址见本书配套电子资源
df_data.head()

# 绘制气泡图
fig, ax = plt.subplots()
# 设置气泡颜色
```

< 177 >

```
colors["#99CC01","#FFFF01","#0000FE","#FE0000","#A6A6A6","#D9E021",'#FFF16E',
'#0D8ECF','#FA4D3D','#D2D2D2','#FFDE45','#9b59b6']

# 设置气泡图 SepalLength 为 x、 SepalWidth 为 y，同时设置 PetalLength 为气泡大小，并设置颜
色、透明度等
ax.scatter(df_data['SepalLength'], df_data['SepalWidth'],
    s=df_data['PetalLength']*100,color=colors,alpha=0.6)
    # 第三个变量表明根据['PetalLength']*100 数据设置气泡的大小

ax.set_xlabel('sepal length(cm)')
ax.set_ylabel('sepal width(cm)')
ax.set_title('petal width(cm)*100')

# 显示网格
ax.grid(True)
fig.tight_layout()
plt.show()
```

运行上面的代码，得到的气泡图如图 8-11 所示。

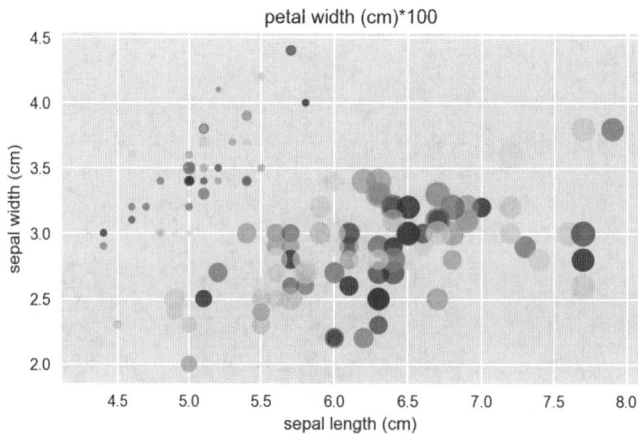

图 8-11　气泡图

8.2　无向图与有向图

无向图与有向图是基于 NetworkX 的可视化库的图，用于构建和操作复杂的图结构，提供分析图的算法。图是由节点、边和可选的属性构成的数据结构，节点表示数据；边由两个节点唯一确定，表示两个节点之间的关系。节点和边可以拥有很多的属性，以存储更多的信息。

8.2.1　模块安装

打开 Anaconda 目录下的 Anaconda Prompt，安装 NetworkX。

```
pip install networkx
```

安装过程及结果显示如图 8-12 所示。

< 178 >

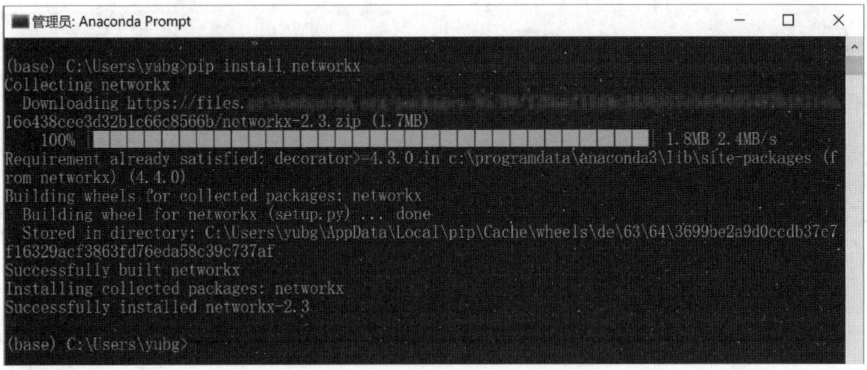

图 8-12　安装 NetworkX 的过程及结果

8.2.2　无向图

无向图的操作比较简单，首先需要导入 NetworkX 库。

```
import networkx as nx
import matplotlib.pyplot as plt
```

绘制无向图之前需要声明无向图。声明无向图的方法有 3 个：

```
G = nx.Graph()                        #建立一个空的无向图 G
G1 = nx.Graph([(1,2),(2,3),(1,3)])    #构建 G 时指定节点数组来构建 Graph 对象
G2 = nx.path_graph(10)                #生成一个包含 10 个节点的路径无向图
```

在无向图中定义一条边：

```
e=(2,4)              #定义关系—— 一条边
G2.add_edge( *e)     #添加关系对象
```

在无向图中增加一个节点：

```
G.add_node(1)       #添加一个节点 1
G.add_edge(2,3)     #添加一条边 2-3（隐含添加了两个节点 2、3）
G.add_edge(3,2)     #对于无向图，边 3-2 与边 2-3 被认为是同一条边
G.add_nodes_from([3,4,5,6])           #添加节点集合
G.add_edges_from([(3,5),(3,6),(6,7)]) #添加边集合
G.add_cycle([1,2,3,4])                #添加环
```

输出节点和边：

```
print("nodes:", G.nodes())       #输出全部的节点：[1, 2, 3]
print("edges:", G.edges())       #输出全部的边：[(2, 3)]
print("number of edges:", G.number_of_edges())   #输出边的数量
```

运行代码输出结果：

```
nodes: [1, 2, 3, 4, 5, 6, 7]
edges: [(1, 2), (1, 4), (2, 3), (3, 5), (3, 6), (3, 4), (6, 7)]
number of edges: 7
```

绘制无向图，输出如图 8-13 所示。

```
nx.draw(G,
        with_labels = True,
        font_color='white',
```

< 179 >

```
        node_size=800,
        pos=nx.circular_layout(G),
        node_color='blue',
        edge_color='red',
        font_weight='bold')    #画出带有标签的图，标签使用粗体显示，让点环形排列
plt.savefig("yxt_yubg.png")    #保存图片到本地
plt.show()
```

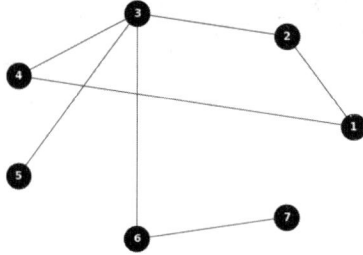

图 8-13　无向图

NetworkX 画图参数如下。

- node_size：指定节点的大小（默认是 300，单位未知，就是图 8-13 所示大小）。
- node_color：指定节点的颜色（默认是红色，可以用字符简单标识颜色，例如'r'为红色，'g'为绿色等，具体可查看手册），用"数据字典"赋值的时候必须先对字典取值（.values()）再赋值。
- node_shape：指定节点的形状（默认是圆，用字符'o'标识，具体可查看手册）。
- alpha：指定颜色透明度（默认是 1.0，不透明，0 表示完全透明）。
- width：指定边的宽度（默认为 1.0）。
- edge_color：指定边的颜色（默认为黑色）。
- style：指定边的样式（默认为实线，可选 solid、dashed、dotted、dashdot）。
- with_label：指定节点是否带标签（默认为 True）。
- font_size：指定节点标签字号（默认为 12）。
- font_color：指定节点标签字体颜色（默认为黑色）。
- pos：指定布局，即指定节点排列形式。

例如，绘制节点的大小为 30，不带标签的网络图：

nx.draw(G, node_size = 30, with_label = False)

用于建立布局，对图进行布局美化，指定节点排列形式的 pos 参数有如下几种形式。

- spring_layout：用 Fruchterman-Reingold 算法排列节点（排列出的图像的形状类似多中心放射状）。
- circular_layout：指定节点在一个圆环上均匀分布。
- random_layout：指定节点随机分布。
- shell_layout：指定节点在同心圆上分布。
- spectral_layout：根据图的（Laplace）拉普拉斯特征向量排列节点。

8.2.3　有向图

有向图和无向图在操作上的区别并不大，同样，绘制有向图之前需要声明有向图。

```
import networkx as nx
import matplotlib.pyplot as plt
```

< 180 >

```
DG = nx.DiGraph()                 #建立一个空的有向图 DG
DG = nx.path_graph(4, create_using=nx.DiGraph())
                                  #默认生成节点 0、1、2、3，生成有向边 0->1、1->2、2->3
```

给有向图添加节点，就添加了有向边。

```
DG.add_path([7, 8, 3])    #生成有向边: 7->8->3
```

绘制有向图的方法与绘制无向图的相同。

```
nx.draw(DG,
        with_labels = True,
        font_color='white',
        node_size=800,
        pos=nx.circular_layout(DG),
        node_color='blue',
        edge_color='red',
        font_weight='bold')   #画出带有标签的图，标签使用粗体显示，让点环形排列
plt.savefig("wxt_yubg.png")   #保存图片到本地
plt.show()
```

输出如图 8-14 所示。

注意：有向图和无向图可以互相转换。

DG.to_undirected()用于将有向图转换为无向图。

G.to_directed()用于将无向图转换为有向图。

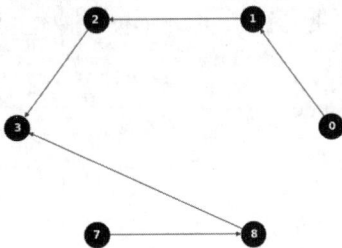

图 8-14 有向图

8.3 plotnine

在数据可视化方面，相对于 R 来说，Python 稍有欠缺，Matplotlib、seaborn 等数据可视化包，也无法与 R 的 ggplot2 相媲美。ggplot2 奠定了 R 语言数据可视化在数据科学中的地位。而 plotnine 可以说是 ggplot2 在 Python 上的移植版，它使得 Python 的数据可视化能力有了大幅提升。

8.3.1 plotnine 的安装与导入

plotnine 可在其官网下载，安装 plotnine 和安装其他第三方库一样，可直接使用 pip install plotnine。

使用时需导入该库，命令为：from plotnine import *。

此处使用的是 0.12.1 版本，查看版本的代码如下。

```
import plotnine as pn
print(pn.__version__)
```

< 181 >

输出为：

```
0.12.1
```

输出显示的是当前使用的版本号。

8.3.2 基本绘图模式框架

plotnine 使用的基本绘图模式框架如下，各种功能用 "+" 连接、叠加，最后用完整的圆括号()进行首尾标识。

(ggplot(df,aes()) + geom_××())+ scale_××() + theme() + …)

上面的基本绘图模式框架就像公式一样，其中 ggplot()用于创建图形，df 为数据框，aes()为数据中的变量到图形成分的映射，即指定 x、y；geom_××()用于创建几何对象，如创建饼图的 geom_bar()、创建线图的 geom_line()；scale_××()、theme()用于调整坐标轴上的元素，如颜色深浅、大小范围以及图像的图例等。对于多个图形的叠加，直接在圆括号内继续用 "+" 连接即可。aes()可以放在 ggplot()里，也可以具体写在 geom_××()里，使用这两种方式的区别是 ggplot()对象里的 aes()具有全局优先级，在绘制多张图时体现。

通过上面的基本绘图模式框架可做如下归纳，函数分为必选项函数和可选项函数。

必选项函数：(ggplot(data,aes()) + geom_××()|stat_××())。

可选项函数：(scale_××() + coord_××() + facet_××() + guides() + theme())。

aes()决定映射对象，geom 决定映射方式，scale 决定映射细节，coord 决定坐标轴选择（如反转和转换等），facet 决定分面，guides()决定图例，theme()决定整体主题。

先看个简单的例子，数据如下。

```
     date   name  price  totle
0  2023/1/26   a    39.0    2.0
1  2023/2/23   c    34.0    3.0
2  2023/3/22   b    36.0    5.0
3  2023/4/20   d    31.0    4.0
```

下面开始对 name 列和 price 列绘制条形图。

```
#导入库
from plotnine import *
import pandas as pd

#创建/导入数据
m={'date':["2023/1/26","2023/2/23","2023/3/22","2023/4/20"],
   'name': ['a','c','b','d'],
   'price': [39.0, 34.0, 36.0, 31.0],
   'totle': [2.0, 3.0, 5.0, 4.0]}
data = pd.DataFrame(m)

#开始画图
(ggplot(data, aes(x='name',y='price')) + geom_bar(stat='identity'))
# stat='identity'表示用数据表原有的数据进行统计，如图 8-15（a）所示。也可用 geom_col()函数
画条形图，此时不需使用 stat 参数
#(ggplot(mpg,aes('displ','hwy')) +geom_col())

p=(ggplot(data, aes(x='name',y='price',fill='name'))+geom_bar(stat='identity'))
#结果如图 8-15（b）所示
```

< 182 >

```
print(p)

p + coord_flip()    #这种写法更简洁,添加coord_flip()函数实现了旋转轴,如图8-15(c)所示
```

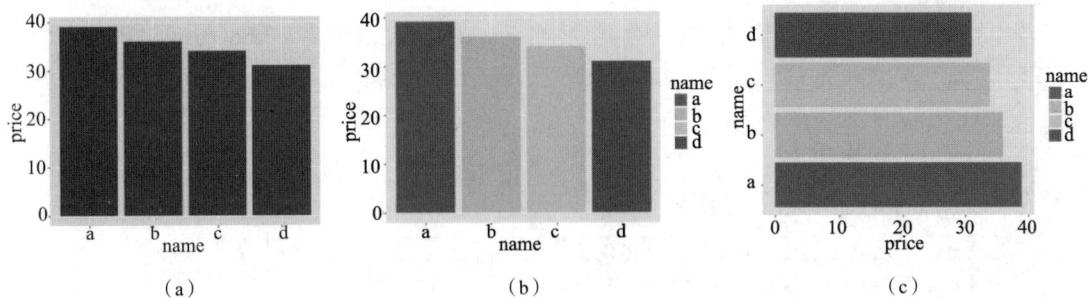

图8-15 条形图

绘制图 8-15(a)到图 8-15(c)使用了很简短的几个函数和参数,实现了单一条形图、分颜色的条形图和条形图的旋转。

说明:

(1)映射 aes()有参数 x、y,还有参数 fill 和 color 用来表示分组和着色,其值可按照指定的列赋值。对于条形图,x 轴默认按照文本的字母顺序排列。

(2)geom_bar()的 stat 参数表示本图层数据使用的统计变换(statistical transformation),该参数默认取值为 count,表示 y 是 x 变量的计数,因此在 aes(x='x',y='y')的情况下,需要设置 stat="identity"。在 plotnine 中,geom_col()更像传统意义上的条形图绘制方法。

8.3.3 绘图

8.3.2 小节中已经使用函数 geom_bar()简单实现了条形图的画法,并在映射 aes()里面添加参数 fill 对条形填充不同的颜色,还使用函数 coord_flip()对轴进行旋转。但是图形上还缺少很多元素,如每个条形上的数据标签、条形的宽度和轴上的数据排序等。

(1)添加数据标签

要对每个条形进行数据标注,可使用 geom_text()函数来实现,需要给函数设置 aes(),label 表示要标注的数据来源,比如在每个条形的上方标注数据。续接 8.3.2 小节的代码。

```
p + geom_text(aes(x='name',y='price',label='price'))    #添加数据标签,如图8-16(a)
所示
```

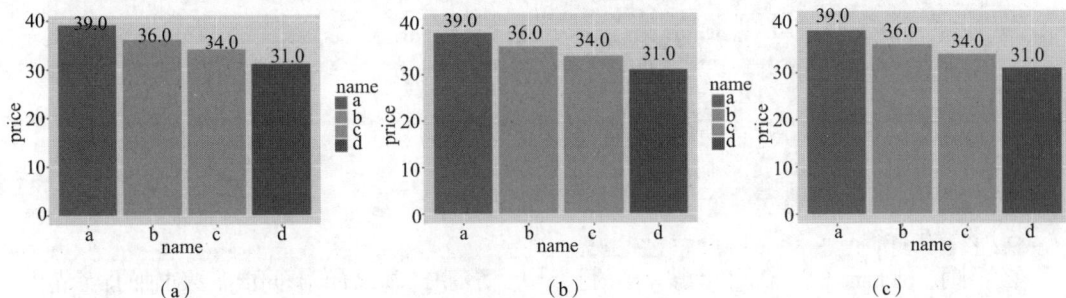

图8-16 条形图

但是上面的图形数字标注的位置不是很理想,需要将数字往上挪一点,在 geom_text()中添加 nudge_y 参数即可。

< 183 >

```
p+geom_text(aes(x='name',y='price',label='price'),nudge_y=2)#向上挪数据,如图 8-16
(b)所示
```

（2）隐藏图例

图中的图例有点多余，我们可以将其隐藏。叠加 theme()函数，参数为 legend_position='none'即可。

```
p + geom_text(aes(x='name',y='price',label='price'),nudge_y=2) \
    + theme(legend_position = 'none')        #隐藏图例,如图 8-16 (c)所示
```

（3）设置条形的宽度

在 geom_bar()函数中添加宽度参数 width。

```
q = (ggplot(data,aes(x='name',y='price',fill='name')) +
    geom_bar(stat='identity',width=0.5) +        #宽度
    geom_text(aes(x='name',y='price',label='price'),nudge_y=2) +
    theme(legend_position = 'none'))        #结果如图 8-17 (a)所示
print(q)
```

（4）添加标题

要在图中添加标题，需叠加 ggtitle()函数。

```
q + ggtitle("here is title")        #添加标题,如图 8-17 (b)所示
```

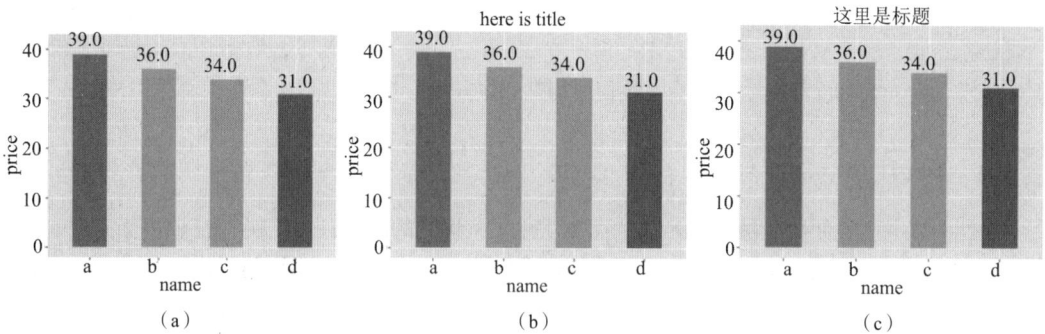

图 8-17 条形图

但若标题中添加的是中文标题，则会显示乱码，因为 plotnine 默认的字体中没有中文字体，我们需要指定显示的中文字体，即需要在 theme()函数中增加关于字体设置的参数 text=element_text(family='SimHei')，这里的'SimHei'表示黑体。

```
w = (ggplot(data,aes(x='name',y='price',fill='name')) +
    geom_bar(stat='identity',width=0.5) +
    geom_text(aes(x='name',y='price',label='price'),nudge_y=2) +
    theme(legend_position = 'none',text=element_text(family='SimHei')) + #显示的
中文字体
    ggtitle("这里是标题")  #结果如图 8-17 (c)所示
    )
print(w)
```

（5）设置坐标轴

在绘图时，plotnine 的 y 轴会自动按 y 值的上下限设置范围，所以有时候可能需要对轴的显示范围进行调整，另外 x 轴标签要设置成 yyyy-mm 格式，或者间隔设置成 5 个月，这就需要对轴进行重新设置。

先对 y 轴的显示范围进行设置，可以用 ylim()函数。同样，当 x 轴为数值时，可以用 xlim()对 x 轴的显示范围进行设置。

< 184 >

```
w + ylim(0,50)    #y 轴的显示范围，如图 8-18（a）所示
```

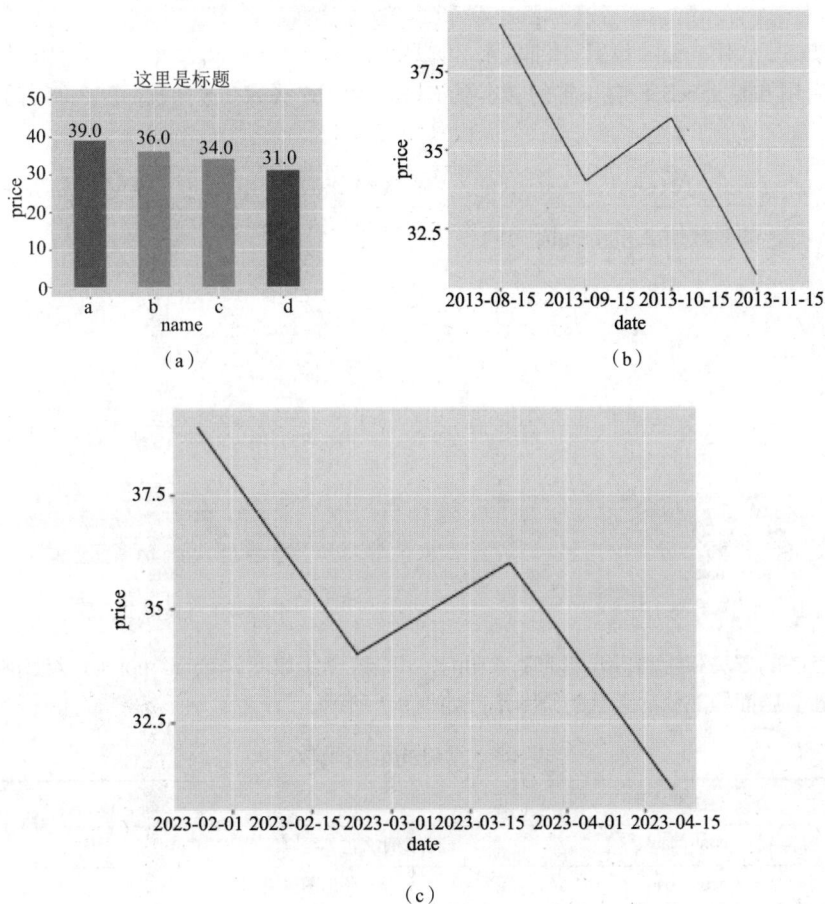

（a）

（b）

（c）

图 8-18　坐标轴设置

当 x 轴需要显示日期格式时，就要用到 scale_x_date()。使用 scale_x_date() 进行设置时，其参数 date_labels='%Y-%m' 用于设置显示标签格式，参数 breaks='5 months' 表示显示间隔。这里我们对 data 的 date 和 price 两列数据绘制折线图，折线图用 geom_line() 函数绘制。

```
(ggplot(data)+ geom_line(aes(x='date',y='price',group = 1)))   #结果如图 8-18（b）
所示
```

由于 x 轴的数据类型不是数值型，所以需要加上 group 参数避免报错。geom_line() 用于绘制折线图，默认的 x 轴数据需要设置数值型变量，分类变量需要设置 group 参数（group = 1）。

上面的 date 是日期格式，并不是日期数据类型。我们可以将 date 列数据处理成日期数据类型。

```
import datetime
import pandas as pd
data["date"] = [pd.to_datetime(i) for i in data.date]
```

可以直接对数据进行绘图，如图 8-18（c）所示。

```
e = (ggplot(data,aes(x='date',y='price')) + geom_line())
e
```

图 8-18（c）中的 x 轴比较拥挤，可以设置 theme() 函数的 axis_text_x 参数将 x 轴标签旋转一个角度以错开显示。

< 185 >

```
    e + theme(axis_text_x = element_text(rotation=60,size=10))   #旋转 x 轴标签，如图 8-19
所示
```

对于日期格式，用 breaks 设置日期间隔，可以用'5 days"、'3 months'、'6 weeks'、'10 years'这样的格式设置，然后用 date_labels 设置 x 轴的文本显示格式为'%Y-%m'，这样我们就绘制出了我们要的折线图。

```
    e + scale_x_date(breaks='2 months', date_labels='%Y-%m')    #结果如图 8-20 所示
```

注意，breaks 的参数值 2 和 months 之间有一个空格。

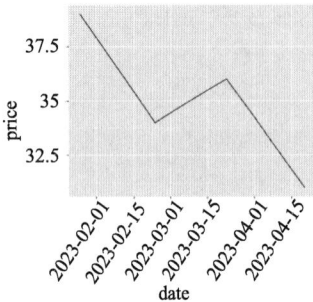

图 8-19　旋转 x 轴标签

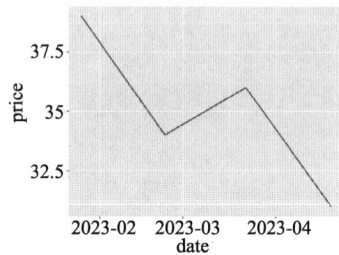

图 8-20　日期格式设置

绘制散点图的方法和绘制折线图的基本相同，只是绘图函数变为 geom_point()。绘图函数的绘图类型取决于 geom_ 后面的部分。常见的绘图函数如表 8-1 所示。

表 8-1　常见的绘图函数

函数名	描　述
geom_blank()	什么也不绘制
geom_bar()	绘制条形图（饼图）
geom_line()	绘制线图
geom_point()	绘制散点图
geom_area()	绘制面积图
geom_histogram()	绘制直方图
geom_map()	绘制地图
geom_boxplot()	绘制箱线图
geom_violin()	绘制小提琴图
geom_text()	设置标签文本，需要添加映射

说明：geom_××()常会用到的参数是 alpha、color、size，例如 geom_××(alpha=0.5,color='black', size=0.25)，其中 alpha 表示图像的透明度，color 表示图形轮廓用的显示颜色，size 表示图形的大小。

（6）设置主题

theme_××()主要用来修改绘图的主题。常见的主题函数如表 8-2 所示。

表 8-2　常见的主题函数

函数名	描述
theme_bw()	黑色网格线、白色背景的主题
theme_classic()	经典主题，带有 x 轴和 y 轴，没有网格线

< 186 >

续表

函数名	描述
theme_dark()	黑暗背景的主题
theme_gray()	灰色背景、白色网格线的主题
theme_linedraw()	白色背景上只有各种宽度的黑色线条的主题
theme_light()	与 theme_linedraw() 相似，但具有浅灰色线条和轴的主题
theme_matplotlib()	默认的 Matplotlib 外观，白色、无网格背景
theme_minimal()	没有背景注释的简约主题
theme_seaborn()	seaborn 主题
theme_void()	具有经典外观的主题，带有 x 轴和 y 轴，没有网格线
theme_xkcd()	xkcd 主题

使用方法：在 plotnine 绘图语句中添加主题函数（后带圆括号），一般在绘图格式末尾添加。

```
e + theme_matplotlib()    #结果如图 8-21 所示
```

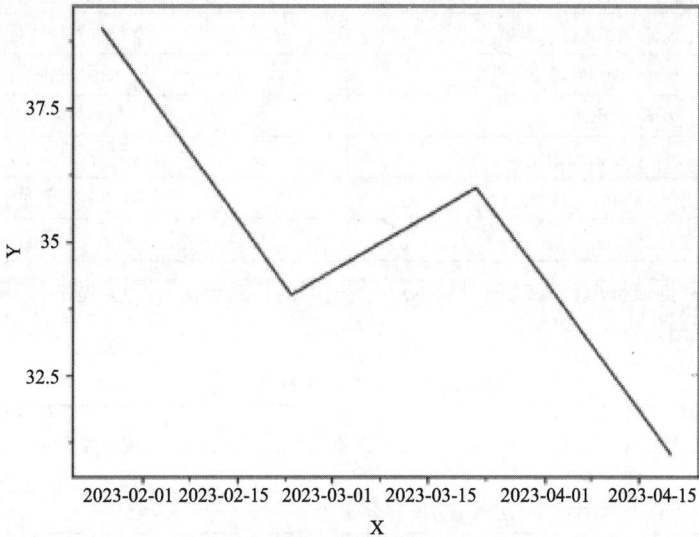

图 8-21　添加主题函数

（7）theme 工具库

theme 工具库用于定义绘图的各个方面，创建主题和修改现有主题。常见的 theme 工具库如表 8-3 所示。

表 8-3　常见的 theme 工具库

参数	描述	参数	描述
axis_line	坐标轴的线条	dpi	像素点数
axis_line_x	x 轴的线条	figure_size	当前绘图的画布大小
axis_line_y	y 轴的线条	legend_background	图例的背景
axis_text	坐标轴的文本	legend_box	图例封装
axis_text_x	x 轴的文本	legend_box_background	图例整体的背景

< 187 >

续表

参数	描述	参数	描述
axis_text_y	y 轴的文本	legend_position	图例的位置
axis_ticks	刻度线	legend_title	图例的标题
axis_title	标题	text	当前图像中的所有文本
axis_title_x	x 轴的标题	title	当前图像中的所有标题
axis_title_y	y 轴的标题	aspect_ratio	高/宽

使用方法：在绘图格式的最后添加 theme_××()函数，在函数中添加不同的参数调整图像，theme_××()需要按照顺序调整参数。

（8）其他设置

标度函数 scale_××()用于对图形进行调整，使用 scale_××()这样的函数将获取的数据进行调整，可以改变图形的长度、颜色、大小和形状等。scale_××()函数类型如表 8-4 所示。

表 8-4　scale_××()函数类型

函数名	描述
scale_x_date()	x 轴标签是日期
scale_x_datetime()	x 轴标签是时间
scale_y_date()	y 轴标签是日期
scale_y_datetime()	y 轴标签是时间
xlim()	x 轴显示范围
ylim()	y 轴显示范围

stat_××()在数据被提取出来之前对数据进行聚合和其他计算，不同类型的计算会产生不同的图形结果，具体函数类型如表 8-5 所示。

表 8-5　stat_××()函数类型

函数名	描述
stat_abline()	添加线条，用斜率和截距表示线条
stat_bin()	分割数据，然后绘制直方图
stat_identity()	绘制原始数据，不进行统计变换
stat_smooth()	拟合数据。参数 method 的默认值为'auto'

标签标题设定，用于调整图表的细节，包括图表背景颜色、网格线的间隔和颜色、中文设置、图例显示、坐标轴标签字体及显示角度等，如表 8-6 所示。

表 8-6　标签标题函数

函数名	描述
ggtitle()	创建图表标题
xlab()	设置 x 轴标签
ylab()	设置 y 轴标签
labs()	设置所有的标签和标题

要设置坐标轴可以用如下方式，按照给定的显示范围以及间隔，显示完整坐标刻度。

```
import numpy as np
```

< 188 >

```
e = (ggplot(data,aes(x='totle',y='price'))+geom_line(color='red',size=2))
e + scale_x_continuous(limits = (0, 6),breaks = np.arange(0,6.5,0.5)) + \
theme(figure_size=(10,5))        #结果如图 8-22 所示
```

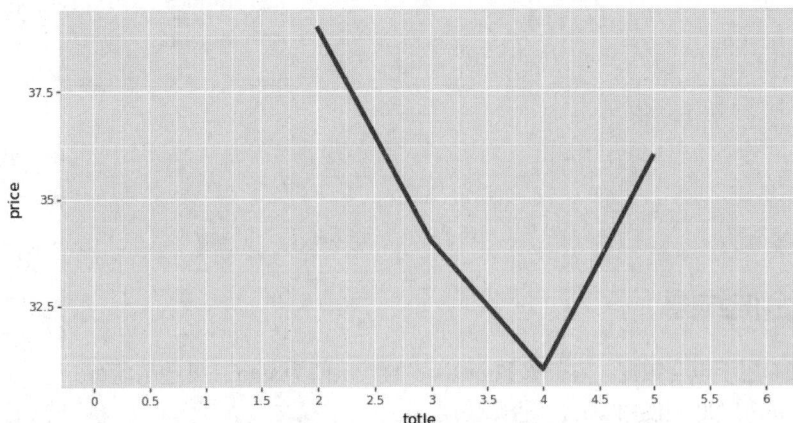

图 8-22　显示完整坐标刻度

8.3.4　堆积条形图

堆积条形图主要用于区分在类中有哪几种组成部分，各组成部分占比是多少，并用颜色将它们区分出来，这里主要使用 fill 进行分类。

```
data["class"]=["A","B","B","A"]
data["place"]=["an","hk","an","hk"]
p = (ggplot(data,aes(x='class',y='totle',fill="place"))+ geom_bar(stat= "identity"))
p  #堆积条形图如图 8-23 所示
```

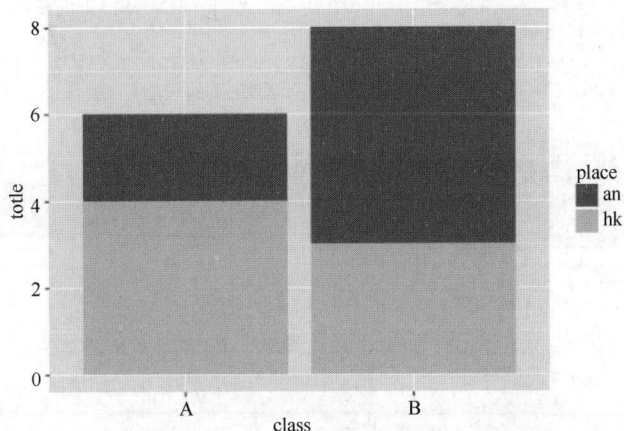

图 8-23　堆积条形图

8.3.5　分组折线图

分组折线图利用 fill 进行分组。

```
t = (ggplot(data,aes(x='totle',y='price',fill="place",color="place"))+ geom_line(size=1))
t + geom_point(aes(shape='place'))    #设置不同的标记，分组折线图如图 8-24 所示
```

< 189 >

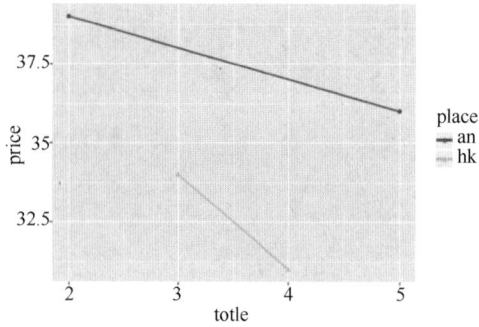

图 8-24　分组折线图

8.3.6　拟合曲线图

stat_smooth()用于拟合数据，它的参数 method 的默认值为'auto'，可选的值有：

'auto'　　　　#n<1000 则使用'loess'，否则使用'glm'

'lm','ols'　　 #线性模型

'wls'　　　　 #加权线性模型

'rlm'　　　　 #鲁棒线性模型

'glm'　　　　 #广义线性模型

'gls'　　　　　#广义最小二乘

'lowess'　　　#局部加权回归（简单）

'loess'　　　 #局部加权回归

'mavg'　　　 #移动平均值

'gpr'　　　　 #高斯过程回归器

```
    e + scale_x_continuous(limits = (0, 6),breaks = np.arange(0,6.5,0.5)) + stat_smooth
(method ='lm')    #拟合曲线图如图 8-25 所示
    from plotnine.data import mtcars
    (ggplot(mtcars, aes('wt', 'mpg', color='factor(gear)'))
        + geom_point()
        + stat_smooth(method='lm')
        + facet_wrap('~gear'))    #数据拟合分面图如图 8-26 所示

    mtcars
```

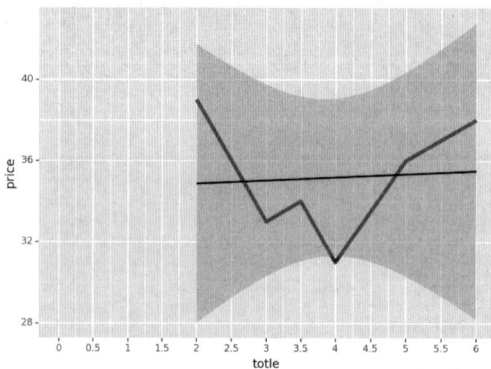

图 8-25　拟合曲线图

< 190 >

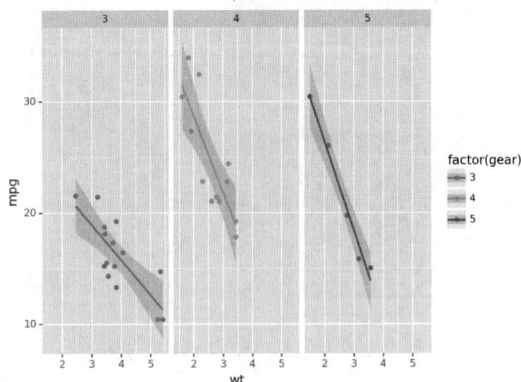

图 8-26　数据拟合分面图

输出数据较多，此处省略。

8.3.7　夹层填充面积图

可使用 geom-area() 函数添加夹层填充面积图，接下来用一个案例来讲解其用法。

先准备数据。

```
date,fz,zhv=['2022-03-01', '2022-03-02', '2022-03-03', '2022-03-04', '2022-03-05',
'2022-03-06', '2022-03-07', '2022-03-08', '2022-03-09', '2022-03-10', '2022-03-11',
'2022-03-12', '2022-03-13', '2022-03-14', '2022-03-01', '2022-03-02', '2022-03-03',
'2022-03-04', '2022-03-05', '2022-03-06', '2022-03-07', '2022-03-08', '2022-03-09',
'2022-03-10', '2022-03-11', '2022-03-12', '2022-03-13', '2022-03-14', '2022-03-15'],['A
组', 'A组', 'A组', 'A组', 'A组', 'A组', 'A组', 'A组', 'A组', 'A组', 'A组', 'A组', 'A
组', 'A组', 'B组', 'B组', 'B组', 'B组', 'B组', 'B组', 'B组', 'B组', 'B组', 'B组', 'B
组', 'B组', 'B组', 'B组', 'B组'],[0.0205, 0.02475, 0.02843, 0.03009, 0.03211, 0.04395,
0.04487, 0.04671, 0.04663, 0.04847, 0.05031, 0.05223, 0.05307, 0.05483, 0.0326, 0.0334,
0.0333, 0.03567, 0.03659, 0.03551, 0.03935, 0.04027, 0.04033, 0.04079, 0.04255,
0.04539, 0.04915, 0.05099, 0.05291]
df = pd.DataFrame(data={"日期":date,"分组":fz,"转化率":zhv})
```

然后绘制折线图。

```
#折线图
(ggplot(df, aes(x='日期', y='转化率', group='分组', color='分组'))
+geom_line(size=1)
+scale_x_date(name='日期', breaks='2 weeks')  #解决 x 轴标签覆盖问题
+scale_fill_hue(s=0.90, l=0.65, h=0.0417, color_space='husl') #自动配色
+xlab('时间')  #重命名 x 轴名称
+ylab('CVR')  #重命名 y 轴名称
+ggtitle('A、B 组活动转化率折线图')
+theme_matplotlib()
+theme(legend_position = 'none',text=element_text(family='SimHei'))
)    #折线图如图 8-27 所示
```

再绘制折线下的面积图。

```
#折线下的面积图
(ggplot(df, aes(x='日期', y='转化率', group='分组'))
    +geom_area(aes(fill='分组'), alpha=0.75, position='identity')
```

< 191 >

```
+geom_line(aes(color='分组'), size=0.75)
+scale_x_date(name='日期', breaks='3 days') # 设置x轴日期标签间隔
+scale_fill_hue(s=0.90, l=0.65, h=0.0417, color_space='husl')
+xlab('时间') +ylab('CVR')
+ggtitle('A、B组活动转化率折线图')
+theme_matplotlib()
+theme(legend_position = 'none',text=element_text(family='SimHei'))
)        #折线下的面积图如图 8-28 所示
```

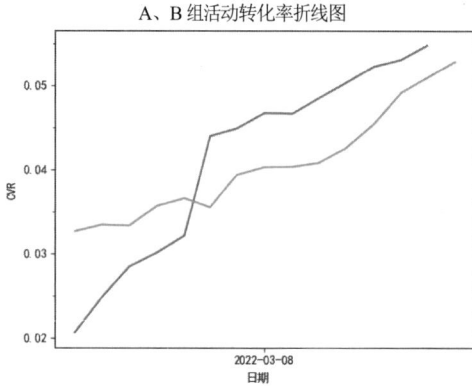

图 8-27　折线图

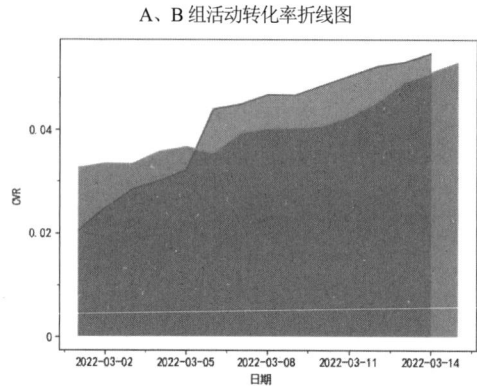

图 8-28　折线下的面积图

　　为绘制夹层填充面积图进行数据准备，如求出 ymin 和 ymax（主要需要求出 df 两列中各行最大、最小值）。

```
#绘制折线之间夹层填充面积图
df_A = df[df['分组'] == 'A组']
df_B = df[df['分组'] == 'B组']
df_new = pd.merge(df_A, df_B, how='left', on='日期', suffixes=('A组', 'B组'))
df_new['最小值'] = df_new.apply(lambda x: x[['转化率A组', '转化率B组']].min(), axis=1)#求两列中各行最小值
df_new['最大值'] = df_new.apply(lambda x: x[['转化率A组', '转化率B组']].max(), axis=1)
#df_new['比较'] = df_new.apply(lambda x: 'A组高' if x['转化率A组'] - x['转化率B组'] > 0 else 'B组高', axis=1)
df_new['ymin1'] = df_new['最小值']
df_new.loc[(df_new['转化率A组']-df_new['转化率B组']) > 0, 'ymin1'] = np.nan
df_new['ymin2'] = df_new['最小值']
df_new.loc[(df_new['转化率A组']-df_new['转化率B组']) <= 0, 'ymin2'] = np.nan
df_new['ymax1'] = df_new['最大值']
df_new.loc[(df_new['转化率A组']-df_new['转化率B组']) > 0, 'ymax1'] = np.nan
df_new['ymax2'] = df_new['最大值']
df_new.loc[(df_new['转化率A组']-df_new['转化率B组']) <= 0, 'ymax2'] = np.nan
```

　　① 最大值、最小值：用于绘制夹层的填充线。
　　② 将 ymin1/ymax1 与 ymin2/ymax2 区分开，以区分填充线颜色。
　　③ 绘制两次 ribbon，除了为了区分填充线颜色外，也为了避免出现多余的填充。

```
(ggplot()
    +geom_ribbon(df_new, aes(x='日期', ymin='ymin1', ymax='ymax1', group=1), alpha=0.5, fill='#00B2F6', color='none')
```

< 192 >

```
     +geom_ribbon(df_new, aes(x='日期', ymin='ymin2', ymax='ymax2', group=1),
alpha=0.5, fill='#FF6B5E', color='none')
     +geom_line(df, aes(x='日期', y='转化率', group='分组', color='分组'), size=1)
     +scale_x_date(name='日期', breaks='3 days')
     +theme_matplotlib()
     +theme(legend_position = 'none',text=element_text(family='SimHei'))
     )    #夹层填充面积图如图 8-29 所示
```

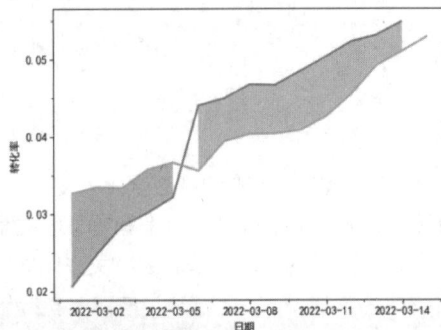

图 8-29　夹层填充面积图

8.3.8　保存图片

生成的图片可以用 save()函数保存，保存时可以携带参数，包括指定的路径、宽度、高度、长度单位以及分辨率。

```
png_path=r'd:\ybg\a.png'
p.save(filename=png_path,width=40,height=15,units='mm', dpi=1000)
```

save()函数中的参数说明如下。

filename：必选参数，表示要保存的文件名和文件的格式（扩展名）。

width：可选参数，表示保存的图片的宽度，单位默认是英寸（1 英寸≈2.54 厘米）。

height：可选参数，表示保存的图片的高度，单位默认是英寸。

units：可选参数，表示图片长宽单位，默认为英寸，要使用其他单位可以将该参数设置为 cm、mm。

dpi：可选参数，表示每英寸分辨率，默认为 300。

family：可选参数，表示字体，默认是 NULL，即使用默认字体。

8.4 实战体验：《红楼梦》部分人物关系图

《红楼梦》中人物繁多，人物关系复杂。为了更好地呈现人物关系，对《红楼梦》中的人物关系进行可视化。我们将使用 NetworkX 库，具体操作如下。

首先读取数据。

```
In[1]:import pandas as pd
      Red_df = pd.read_excel("红楼梦人物关系1.xlsx")
      Gdegree = pd.read_excel("红楼梦人物关系度.xlsx")
      print(Red_df.head())
      print(Gdegree.head())
Out[1]:
```

< 193 >

```
      First Second    weight
0    宝玉    贾母  0.816667
1    宝玉    凤姐  0.766667
2    宝玉    袭人  0.733333
3    宝玉    王夫人  0.858333
4    宝玉    宝钗  0.800000
     name   degree
0    宝玉    39
1    贾母    38
2    凤姐    36
3    袭人    36
4    王夫人    39
```

　　读取人物关系数据和每个人物在社交网络图中的度数据（入度和出度之和，体现了该人物和其他人物之间连线的数量），由上面代码的输出结果可见，宝玉和贾母的关系权重最大，宝玉的度为 39，贾母的为 38。接下来将社交网络可视化，《红楼梦》部分人物关系图如图 8-30 所示，代码如下：

```
In[2]:import networkx as nx
      import matplotlib.pyplot as plt
      # 让输出图显示中文
      import matplotlib
      matplotlib.rcParams['font.family'] = 'Microsoft YaHei'
      plt.rcParams['font.sans-serif'] = ['Microsoft YaHei'] #更新字体格式
      plt.rcParams['font.size'] = 9
      plt.figure(figsize=(12,12))

      # 生成社交网络图
      G=nx.Graph()
      #为图像定义边
      for ii in Red_df.index:
          G.add_edge(Red_df.First[ii],
                     Red_df.Second[ii],
                     weight = Red_df.
                     weight[ii])

      # 根据权重定义两种边
      elarge=[(u,v) for (u,v,d) in G.edges(data=True) if d['weight'] >0.4]
      esmall=[(u,v) for (u,v,d) in G.edges(data=True) if (d['weight'] >0.25) &
(d['weight'] <= 0.4)]
          pos = nx.circular_layout(G)        # 设置图的布局方式为在一个圆环上均匀分布
      # 根据节点的入度和出度来设置节点的大小
      nx.draw_networkx_nodes(G,pos,alpha=0.4,
                          node_size=20 + Gdegree.degree * 15)
      # 设置边的形式
      nx.draw_networkx_edges(G,pos,edgelist=elarge,
                          width=3,alpha=1,edge_color='r')
      nx.draw_networkx_edges(G,pos,edgelist=esmall,
                          width=1,alpha=0.8,edge_color='b',
                          style='dashed')
      nx.draw_networkx_labels(G,pos,font_size=10,
                          font_family='sans-serif')
      #为节点添加标签
      plt.axis('off')
      plt.title("《红楼梦》部分人物关系图")
      plt.show()
```

微课视频

< 194 >

上面的代码首先使用 G=nx.Graph()来定义一张图像，然后使用 G.add_edge()增加有关系的人之间的边，且指定边的起点、终点和权重；根据权重将人物之间的连线（边）分为两种颜色，权重较大（大于 0.4）的边用红色实线显示，权重较小（小于或等于 0.4 且大于 0.25）的边用蓝色虚线表示；nx.circular_layout(G)表示社交网络图节点的布局方式为圆形；用 nx.draw_networkx_nodes()绘制社交网络图的节点，并且指定节点图像的大小、颜色、透明度等性质；用 nx.draw_networkx_edges()绘制社交网络图的边，可以指定边的线宽、颜色、线形等属性；用 nx.draw_networkx_labels()函数为节点添加标签。最后绘制的部分人物关系图如图 8-30 所示。

图 8-30 所示为《红楼梦》部分人物关系图，为了使图像能够清晰地显示，本图只描绘了权重大于 0.25 的人物关系，并且红色实线代表人物关系权重大于 0.4，可见和宝玉连接比较紧密的人物为惜春、李纨、刑夫人、鸳鸯等人。

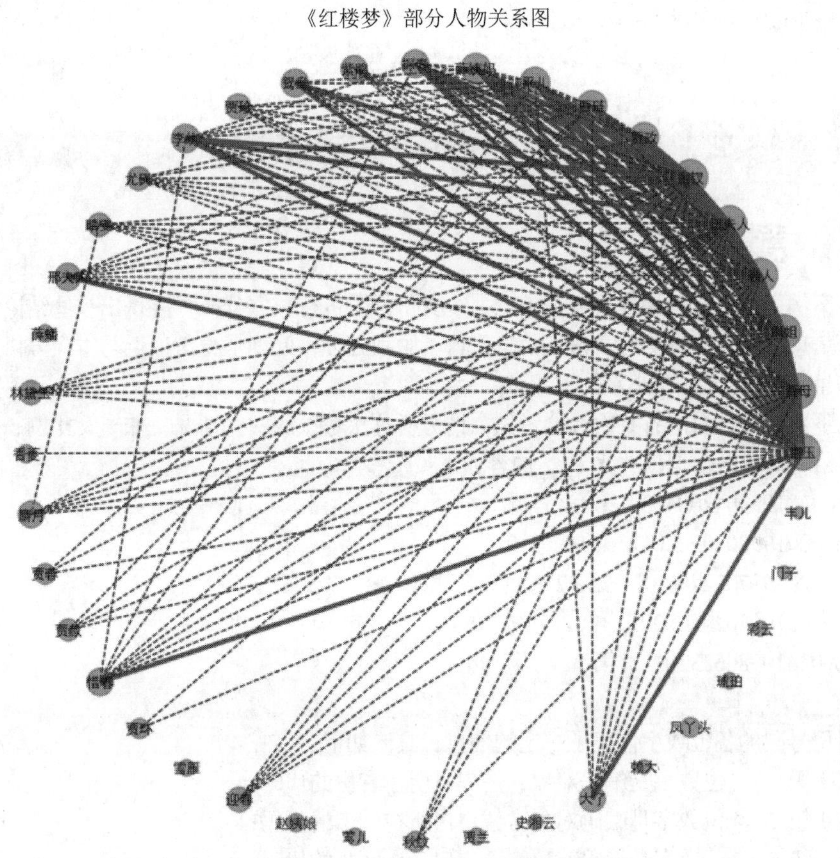

《红楼梦》部分人物关系图

图 8-30 《红楼梦》部分人物关系图

< 195 >

第 9 章 综合应用案例分析

为了更好地理解和应用 Python 进行数据处理与分析，本章选用 3 个综合应用案例进行详细讲解，并附完整的代码，期望读者能够学以致用。

9.1 案例 1：社会考试数据分析

9.1.1 背景介绍

本案例主要介绍利用现有数据信息——身份号码进行数据分析，并得出一些结论。由于身份证信息敏感，本案例对身份证信息进行了脱敏处理，处理了身份证上与本次分析无关的位置信息。

以下数据来自海南省某次社会考试，请分析这次考试的一些情况，如男女比例、生源分布、年龄分布等。数据格式为 txt，内容如下：

460020199304200403，第 01 考场
460000199804070201，第 01 考场
46002019970824000X，第 02 考场
460020199702036809，第 02 考场
469020199806232002，第 02 考场

……

身份号码的各位数字代表了一定的信息，具体如下：

（1）第 1、2 位数字是编码对象常住户口所在省份的代码；

（2）第 3、4 位数字是编码对象常住户口所在城市的代码；

（3）第 5、6 位数字是编码对象常住户口所在区县的代码；

（4）第 7～14 位数字表示出生年、月、日；

（5）第 15、16 位数字是所在地的派出所的代码；

（6）第 17 位数字表示性别（奇数表示男性，偶数表示女性）；

（7）第 18 位数字是校检码，用来检验身份号码的正确性。校检码可以是 0～9 的数字，也可以是 X。

9.1.2　数据的获取与处理

1．数据导入

从本地导入数据文件 Raochang.txt。

```
In [1]:import pandas as pd
        path = r"D:\OneDrive\python\社会考试数据分析\kaochang.txt"
        data = pd.read_table(path,header=None)
        data.head()
Out[1]:
0    1
0 No.01考场 360320199512310020
1 No.01考场 230700200004250037
2 No.01考场 130120199205227017
3 No.01考场 140580199712147012
4 No.01考场 410180199206165048
```

从数据显示来看，有用的数据只有一列——身份号码。基于身份号码我们可以做以下事情：

（1）识别考生所在省份；

（2）识别考生的年龄；

（3）识别考生的性别。

为了方便后续的数据处理，先将数据的列名修改为 room 和 sfz。

```
In [2]: data.columns = ["room","sfz"]
        data.tail()
Out[2]:
        room        sfz
538 No.09考场 460100196708091017
539 No.13考场 420280199601054028
540 No.16考场 513020199807120047
541 No.08考场 342920197906122049
542 No.09考场 NaN
```

2．数据查看

使用 info()函数查看导入的数据。

```
In [3]: data.info()
<class 'pandas.core.frame.DataFrame'>
RangeIndex: 543 entries, 0 to 542
Data columns (total 2 columns):
# Column Non-Null Count Dtype
--- ------ -------------- -----
0 room 543 non-null object
1 sfz 542 non-null object
dtypes: object(2)
memory usage: 8.6+ KB
```

数据共有 543 条，分为 2 列。

按考场统计人数并显示。

```
In [4]: data['room'].value_counts() #按考场统计人数并显示
Out[4]:
No.09考场 36
No.11考场 36
```

< 197 >

```
No.08考场 35
No.12考场 35
No.15考场 35
No.16考场 35
No.03考场 34
No.13考场 34
No.14考场 34
No.02考场 33
No.04考场 33
No.06考场 33
No.07考场 33
No.10考场 33
No.01考场 32
No.05考场 32
Name: room, dtype: int64
```

3. 数据异常检查

从 Out[2]可以看出数据有空值，需要先将有空值的行列找出来。

```
In [5]: df = data[["sfz","room"]] #注意取多列时要使用列表，所以此处使用两对方括号
        df
Out[5]:
sfz room
0 360320199512310020 No.01考场
1 230700200004250037 No.01考场
2 130120199205227017 No.01考场
3 140580199712147012 No.01考场
4 410180199206165048 No.01考场
.. ... ...
538 460100196708091017 No.09考场
539 420280199601054028 No.13考场
540 513020199807120047 No.16考场
541 342920197906122049 No.08考场
542 NaN No.09考场

[543 rows x 2 columns]

In [6]: df.isnull().any() #查找有空值的列
Out[6]:
sfz True
room False
dtype: bool

In [7]: df.loc[df.isnull().values==True] #找出有空值的行
Out[7]:
    sfz room
542 NaN No.09考场
```

通过查找空值列可知，sfz 列有空值，进一步定位到行，行索引为 542。

删除有空值的行，使用 dropna()函数，参数 axis=0。

```
In [8]: df0 = df.dropna(axis=0) #删除有空值的行，使用参数 axis=0
        df0
```

< 198 >

```
Out[8]:
            sfz          room
0   360320199512310020 No.01 考场
1   230700200004250037 No.01 考场
2   130120199205227017 No.01 考场
3   140580199712147012 No.01 考场
4   410180199206165048 No.01 考场
..  ...  ...
537 43042019710519502X No.16 考场
538 460100196708091017 No.09 考场
539 420280199601054028 No.13 考场
540 513020199807120047 No.16 考场
541 342920197906122049 No.08 考场

[542 rows x 2 columns]
```

删除空行可以使用以下两种方法：

df.drop(index=542)用于删除指定的索引对应的行；

df[~(df['sfz'].isnull())]用于删除空行。

这样删除的行不会影响原数据，也可以直接在原数据上进行操作，需要添加参数 inplace=True。

```
In [9]: df0.drop(columns=['room'],inplace=True)  #删除列数据
        df0

C:\Users\yubg\AppData\Local\Temp\ipykernel_12620\2581161672.py:1:
SettingWithCopyWarning:
A value is trying to be set on a copy of a slice from a DataFrame

See the caveats in the documentation: https://...  #此处具体网址见本书配套电子资源
df0.drop(columns=['room'],inplace=True)  #删除列数据
Out[9]:
            sfz
0   360320199512310020
1   230700200004250037
2   130120199205227017
3   140580199712147012
4   410180199206165048
..  ...
537 43042019710519502X
538 460100196708091017
539 420280199601054028
540 513020199807120047
541 342920197906122049

[542 rows x 1 columns]
```

直接在 df0 上删除了 room 列，但出现了警告，可以忽略警告。

```
#忽略出现的警告
import warnings
warnings.filterwarnings('ignore')
```

运行上面两行代码，将不会再出现警告。

要检查 df0 中是否有重复行，可以使用 is_unique 或 duplicated()。

```
In [10]: df0['sfz'].is_unique
         #df['sfz'].unique()  #显示所有不重复的元素
```

< 199 >

```
Out[10]: False

In [11]: df0.duplicated().any() # 查找是否有重复值
Out[11]: True
```

is_unique 与 duplicated()都可以用于判断是否存在重复记录，二者的区别在于：

（1）is_unique 是序列的属性，即只能对序列使用该属性；

（2）duplicated()是数据框的函数，序列和数据框都可以使用。

```
In [12]: df0[df.duplicated( keep=False)] #显示所有的重复行
Out[12]:
           sfz
524 513020199807120047
540 513020199807120047
```

duplicated()的使用格式为：

df.duplicated(subset=None, keep='first')

函数参数说明如下。

（1）subset：指定对某几列进行重复值判断。

（2）keep：指定保留第几个重复值，默认是'first'。可取值如下。

- first：保留第一次出现的重复值，其返回的逻辑值为 False。
- last：保留最后一次出现的重复值，其返回的逻辑值为 False。
- False：所有重复值都不保留，即所有重复记录返回的逻辑值都为 True。

删除重复行，默认删除后一个重复值，也就是保留第一次出现的重复值，直接在 df0 上删除。

```
In [13]: df0.drop_duplicates(inplace=True)
         df0
Out[13]:
                sfz
0    360320199512310020
1    230700200004250037
2    130120199205227017
3    140580199712147012
4    410180199206165048
..        ...
536  460030199908253021
537  43042019710519502X
538  460100196708091017
539  420280199601054028
541  342920197906122049

[541 rows x 1 columns]
```

再次检查一下是否有重复值。

```
In [14]: df0['sfz'].is_unique
Out[14]: True
```

结果为 True，表示都是唯一值，没有重复值了。

为了分析考生的年龄分布，需要对身份号码中表示年份的位进行提取，并形成新的列 year。

```
In [15]: df0["year"] = df0.sfz.str.slice(6,10)
         df0
Out[15]:
              Sfz     year
0 360320199512310020 1995
1 230700200004250037 2000
```

< 200 >

```
2 130120199205227017 1992
3 140580199712147012 1997
4 410180199206165048 1992
.. ... ...
536 460030199908253021 1999
537 43042019710519502X 1971
538 460100196708091017 1967
539 420280199601054028 1996
541 342920197906122049 1979

[541 rows x 2 columns]
```

4. 查看年龄的 top/lastest 值

因为身份号码是字符串，所以对它进行切片得到的还是字符串，对年龄统计排序时需要将年龄数据的类型转换为数值型。

下面两种方式都可以将 year 列数据的类型转换为可计算的数值型。

```
In [16]: pd.to_numeric(df0["year"]) #将序列\列表转换为数值型
Out[16]:
0 1995
1 2000
2 1992
3 1997
4 1992
...
536 1999
537 1971
538 1967
539 1996
541 1979
Name: year, Length: 541, dtype: int64

In [17]: df0["year"] = df0['year'].astype('int') #转换数据类型
         df0
Out[17]:
              sfz   year
0 360320199512310020 1995
1 230700200004250037 2000
2 130120199205227017 1992
3 140580199712147012 1997
4 410180199206165048 1992
.. ... ...
536 460030199908253021 1999
537 43042019710519502X 1971
538 460100196708091017 1967
539 420280199601054028 1996
541 342920197906122049 1979

[541 rows x 2 columns]
```

查找所有考生中年龄最小的考生，也就是 year 值最大的考生。

```
In [18]: df0.loc[df0.year==df0.year.max()] #查找年份最大值，即年龄最小值
         #df.loc[df.year==df.year.min()] #查找 age 最小值
Out[18]:
              sfz   year
67 460020200101090024 2001
73 412820200101200014 2001
89 469020200101216021 2001
```

< 201 >

```
164 460000200101242025 2001
192 341220200104260042 2001
415 460020200101096026 2001
448 460000200107273054 2001
449 460100200105090015 2001
506 4600002001011360 2X 2001
```

通过如下检测，year 列数据的类型已经转化为数值型 int32。

```
In [19]: df0.dtypes
Out[19]:
sfz     object
year     int32
dtype: object

In [20]: print(df0.loc[2,"year"])
         type(df0.loc[2,"year"])

1992
Out[20]: numpy.int32
```

下面将查找年龄最小的 10 个考生的记录，也就是 year 值最大的 10 个考生的记录。

```
In [21]: df0.nlargest(n=10,columns="year")   #注意被查找的列值必须是数值型数据
Out[21]:
              sfz    year
67  460020200101090024  2001
73  412820200101200014  2001
89  469020200101216021  2001
164 460000200101242025  2001
192 341220200104260042  2001
415 460020200101096026  2001
448 460000200107273054  2001
449 460100200105090015  2001
506 4600002001011360 2X  2001
1   230700200004250037  2000
```

同样，查找年龄最大的 5 个考生的记录可用 nsmallest()。

```
In [22]: df0.nsmallest(n=5,columns="year")
Out[22]:
              Sfz     year
538 460100196708091017  1967
537 43042019710519502X  1971
541 342920197906122049  1979
285 460000198608042046  1986
486 460030198607084011  1986
```

将 year 换算成年龄 age，使用 cut()函数进行年龄分段，前面已经查阅过最大年份为 2001，最小年份为 1967。

```
In [23]:bins = [1967-1,1991,1992,1993,1994,1995,1996,1997,1998,
               1999, 2000,2001+1]
        label = ["32+",31,30,29,28,27,26,25,24,23,"22-"]
        print(len(label),len(bins))

11 12

In [24]:df0["age"] = pd.cut(df0.year,
                          bins=bins,
                          labels=label)   #增加分类归属，按年龄分类
```

< 202 >

```
        df0
Out[24]:
sfz year age
0 360320199512310020 1995 28
1 230700200004250037 2000 23
2 130120199205227017 1992 31
3 140580199712147012 1997 26
4 410180199206165048 1992 31
.. ... ... ...
536 460030199908253021 1999 24
537 43042019710519502X 1971 32+
538 460100196708091017 1967 32+
539 420280199601054028 1996 27
541 342920197906122049 1979 32+

[541 rows x 3 columns]
```

5．提取性别

提取性别编码数据。身份号码的倒数第二位数据表示性别，奇数表示男性，偶数表示女性。需要将性别编码的奇偶数据全部替换为1、0来表示"男""女"。

```
In [25]: df0["sex"] = df0.sfz.str.slice(16,17)
         df0
Out[25]:
sfz year age sex
0 360320199512310020 1995 28 2
1 230700200004250037 2000 23 3
2 130120199205227017 1992 31 1
3 140580199712147012 1997 26 1
4 410180199206165048 1992 31 4
.. ... ... ... ...
536 460030199908253021 1999 24 2
537 43042019710519502X 1971 32+ 2
538 460100196708091017 1967 32+ 1
539 420280199601054028 1996 27 2
541 342920197906122049 1979 32+ 4

[541 rows x 4 columns]

In [26]: df0["sex"]=df0.sex.apply(lambda x:'0' if int(x)%2==0 else '1')
    ...: df0
Out[26]:
              sfz year age sex
0 360320199512310020 1995 28 0
1 230700200004250037 2000 23 1
2 130120199205227017 1992 31 1
3 140580199712147012 1997 26 1
4 410180199206165048 1992 31 0
.. ... ... ... ...
536 460030199908253021 1999 24 0
537 43042019710519502X 1971 32+ 0
538 460100196708091017 1967 32+ 1
539 420280199601054028 1996 27 0
541 342920197906122049 1979 32+ 0

[541 rows x 4 columns]
```

6．提取省份

身份号码的前两位表示省份编码，将省份编码转化成省份名称。具体的省份编码与省份名称的对

< 203 >

应关系如下字典所示：

prov = {11: "北京", 12: "天津", 13: "河北", 14: "山西",15: "内蒙古",21: "辽宁", 22: "吉林", 23: "黑龙江",31: "上海", 32: "江苏", 33: "浙江", 34: "安徽", 35: "福建", 36: "江西", 37: "山东", 41: "河南", 42: "湖北", 43: "湖南", 44: "广东", 45: "广西", 46: "海南",50: "重庆", 51: "四川", 52: "贵州", 53: "云南", 54: "西藏",61: "陕西", 62: "甘肃", 63: "青海", 64: "宁夏", 65: "新疆", 71: "台湾", 81: "香港", 82: "澳门",91: "国外"}

```
In [27]: prov={11: "北京", 12: "天津", 13: "河北", 14: "山西",15: "内蒙古",
              21: "辽宁", 22: "吉林", 23: "黑龙江",31: "上海", 32: "江苏",
              33: "浙江", 34: "安徽", 35: "福建", 36: "江西", 37: "山东",
              41: "河南", 42: "湖北", 43: "湖南", 44: "广东", 45: "广西",
              46: "海南",50: "重庆", 51: "四川", 52: "贵州", 53: "云南",
              54: "西藏",61: "陕西", 62: "甘肃", 63: "青海", 64: "宁夏",
              65: "新疆", 71: "台湾", 81: "香港", 82: "澳门",91: "国外"}
        df0["province"] = df0.sfz.str.slice(0,2)
        df0["province"] = df0.province.astype(int)
        df0
Out[27]:
          sfz year age sex province
0 360320199512310020 1995 28 0 36
1 230700200004250037 2000 23 1 23
2 130120199205227017 1992 31 1 13
3 140580199712147012 1997 26 1 14
4 410180199206165048 1992 31 0 41
.. ... ... .. ...
536 460030199908253021 1999 24 0 46
537 43042019710519502X 1971 32+ 0 43
538 460100196708091017 1967 32+ 1 46
539 420280199601054028 1996 27 0 42
541 342920197906122049 1979 32+ 0 34

[541 rows x 5 columns]
In [28]:df0["prov"]=df0.province.apply(lambda x: prov[x])
        #df.sex.apply(lambda x:str(x)+"Yes" if x%2==0 else str(x)+"No")
        df0
Out[28]:
          sfz year age sex province prov
0 360320199512310020 1995 28 0 36 江西
1 230700200004250037 2000 23 1 23 黑龙江
2 130120199205227017 1992 31 1 13 河北
3 140580199712147012 1997 26 1 14 山西
4 410180199206165048 1992 31 0 41 河南
.. ... ... ... .. ...
536 460030199908253021 1999 24 0 46 海南
537 43042019710519502X 1971 32+ 0 43 湖南
538 460100196708091017 1967 32+ 1 46 海南
539 420280199601054028 1996 27 0 42 湖北
541 342920197906122049 1979 32+ 0 34 安徽

[541 rows x 6 columns]
```

< 204 >

9.1.3　数据分析

一般情况下，对数值型的数据可以先进行统计性描述分析，看一看各个数据的整体情况，如总数、最大值、最小值、四分位数、均值等，但是本案例中的数据在这里进行统计性描述没有意义。

```
In [29]: df0.describe()  # 统计性描述。此处没有意义
Out[29]:
          year        province
count 541.000000 541.000000
mean 1995.591497 44.646950
std  3.733413   6.039004
min  1967.000000 13.000000
25%  1994.000000 46.000000
50%  1996.000000 46.000000
75%  1998.000000 46.000000
max  2001.000000 64.000000
```

1. 查看相关性

进行数据分析时，一般要查看各属性（列数据）的相关性。本案例中的数据有出生年份、省份、性别，将这些数据数值化，可以看一看它们之间有没有相关性。

```
In [30]: df0["province"]=df0.province.astype(int)
         df0["sex"]=df0.sex.astype(int)
         df0["year"]=df0.year.astype(int)

In [31]: df0.corr(method="spearman")  #注意相关性的列的值必须是数值型的
Out[31]:
            year        sex       province
year     1.000000  -0.063781   0.089447
sex      -0.063781  1.000000   -0.052809
province 0.089447  -0.052809   1.000000
```

从上面的数值来看省份、性别、年龄都关系不大。

2. 可视化数据

要进行数据可视化，需要先设置好中文显示等。

```
In [32]: import matplotlib.pyplot as plt
         plt.rcParams['font.sans-serif'] = ['SimHei']
         plt.rcParams['axes.unicode_minus'] = False
```

（1）绘制省份与考生人数的条形图

绘图要点：plt.bar(x, height, color='red', width=0.5)。

参数含义如下。

x：横轴数据。

height：纵轴数据。

color：条形的颜色。

width：条形的宽度。

为了绘制出条形图，我们需要把有关每个省份考生人数的数据整理出来，省份作为横轴数据，值作为纵轴数据。

```
In [33]: val_sf = df0.prov.value_counts()
         val_sf.head(3)
Out[33]:
海南 439
```

< 205 >

```
河南  12
广东  11
Name: prov, dtype: int64

In [34]: x = val_sf.index.to_list() #横轴数据
         print(x)
```

['海南', '河南', '广东', '黑龙江', '江西', '湖北', '云南', '重庆', '山东', '内蒙古', '湖南', '江苏', '山西', '四川', '吉林', '甘肃', '陕西', '广西', '辽宁', '安徽', '福建', '宁夏', '西藏', '河北', '贵州']

其实，这里的数据也可以直接使用 val_sf，val_sf 是序列类型变量，横轴用 val_sf 的 index 即可。

```
In [35]: plt.figure(figsize=(12, 6), dpi=80)
         #plt.bar(x,val_sf)
         plt.bar(val_sf.index,val_sf) #按省份分布
         plt.xlabel("省份")
         plt.ylabel("考生人数")
         plt.show()   #省份与考生人数的条形图如图 9-1 所示
```

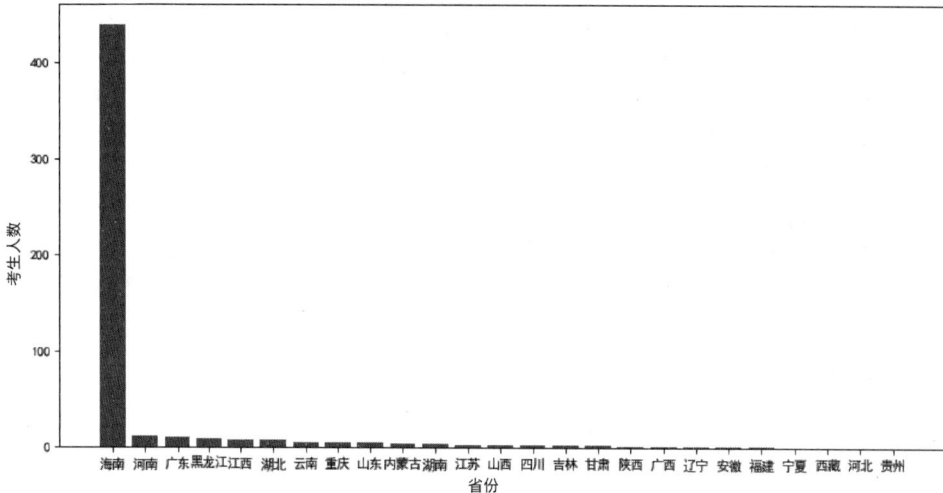

图 9-1　省份与考生人数条形图

可以直接对数据框使用 plot 函数绘图，如下所示。

```
In [36]: val_sf_ = df0.prov.value_counts()
         val_sf_.plot.bar() #对数据框使用 plot 函数绘图结果如图 9-2 所示
         plt.xlabel("省份")
         plt.ylabel("考生人数")
Out[36]: <Axes: >
```

（2）绘制年龄与省份的散点图

绘图要点：df.plot.scatter(x=属性 1, y=属性 2, s=形状大小, c=颜色, alpha=0.4)。

参数含义如下。

x：横轴数据，用 df 中的一个属性列表示。

y：纵轴数据，用 df 中的一个属性列表示。

s：散点形状的大小，默认为 20。

< 206 >

c：散点的颜色，默认为蓝色（"b"）。

alpha：图的透明度。

因为要绘制年龄与省份的散点图，而前面在处理年龄数据时，发现年龄不全是数字，还有用"32+"
"22-"等表示的，这些是需要处理的。

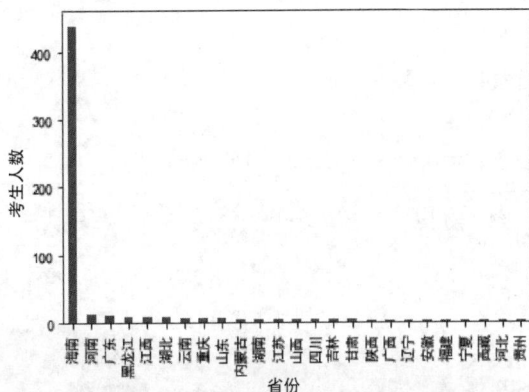

图 9-2　对数据框使用 plot 函数绘图结果

```
In [37]: df_2 = df0[:] #复制df0
         df_2["年龄"].unique() #查看年龄列的唯一值有哪些
Out[37]:
[28, 23, 31, 26, 24, ..., 29, '32+', 27, 30, '22-']
Length: 11
Categories (11, object): ['32+' < 31 < 30 < 29 ... 25 < 24 < 23 < '22-']

In [38]: df_2["年龄"]=df_2["年龄"].replace("32+",32)
         df_2["年龄"]=df_2["年龄"].replace("22-",22)

In [39]: df_2.plot.scatter(x='年龄',
                           y='省份',
                           s=20,c="g",
                           alpha=0.5)#年龄与省份的散点图如图 9-3 所示
Out[39]: <Axes: xlabel='年龄', ylabel='省份'>
```

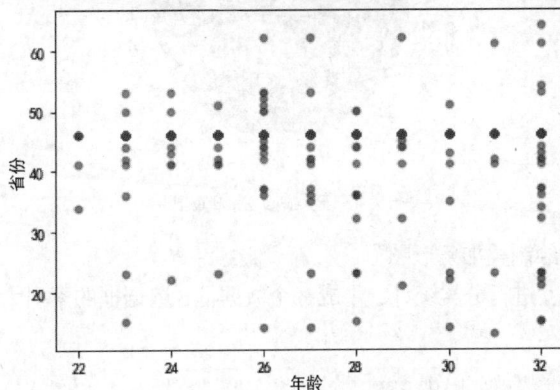

图 9-3　年龄与省份的散点图

在图 9-3 中，颜色越深代表考生人数越密集。从图 9-3 中可以看出，有一行颜色较深的散点对应
46（海南）；考生年龄较多分布在 26 岁和 32 岁。32 岁的考生年龄相对比较大，说明疫情影响了他们

< 207 >

的就业观，他们倾向于选择事业单位人员或者公务员等稳定的岗位。

（3）按年龄段绘制饼图

绘图要点：series.plot.pie(figsize=(6, 6),autopct='%.2f',fontsize=20)。

绘制饼图针对的是数据框的某一属性（Series）。

参数含义如下。

figsize：设置图像画布的大小。

autopct：设置占比的有效数字位数。

fontsize=20：设置标签的字号。

字号和颜色可以一起设置：textprops={'fontsize':15, 'color':'k'}。

```
In [40]: val_age = df_2.age.value_counts() #按年龄段统计
         print(val_age)

32 73
23 62
26 61
25 59
24 58
28 56
27 56
29 45
30 33
31 29
22 9
Name: age, dtype: int64

In [41]: val_age.plot.pie(autopct='%.2f',
         fontsize=20, #textprops = {'fontsize':15, 'color':'k'},
         figsize=(6, 6))#按年龄段绘制的饼图如图 9-4 所示
Out[41]: <Axes: ylabel='年龄（岁）'>
```

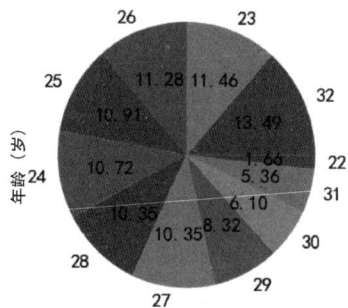

图 9-4　按年龄段绘制的饼图

（4）按省份分男、女绘制叠加条形图

首先要按省份对男、女进行分类统计，生成一个数据框，数据框的索引为省份名称，数据列为男、女考生人数。

```
In [42]: group_data = df0.groupby(["prov","sex"]).count()
         group_data
         #group_data.swaplevel("sex")
Out[42]:
         sfz year age province
prov sex
```

< 208 >

```
云南     0   3   3   3   3
        1   3   3   3   3
内蒙古   0   1   1   1   1
        1   3   3   3   3
吉林     0   2   2   2   2
        1   1   1   1   1
四川     0   3   3   3   3
宁夏     0   1   1   1   1
安徽     0   2   2   2   2
山东     0   2   2   2   2
        1   3   3   3   3
山西     1   3   3   3   3
广东     0   4   4   4   4
        1   7   7   7   7
广西     0   1   1   1   1
        1   1   1   1   1
江苏     0   1   1   1   1
        1   2   2   2   2
江西     0   3   3   3   3
        1   5   5   5   5
河北     1   1   1   1   1
河南     0   9   9   9   9
        1   3   3   3   3
海南     0  235 235 235 235
        1  204 204 204 204
湖北     0   4   4   4   4
        1   4   4   4   4
湖南     0   3   3   3   3
        1   1   1   1   1
甘肃     0   1   1   1   1
        1   2   2   2   2
福建     0   1   1   1   1
        1   1   1   1   1
西藏     1   1   1   1   1
贵州     0   1   1   1   1
辽宁     0   1   1   1   1
        1   1   1   1   1
重庆     0   4   4   4   4
        1   2   2   2   2
陕西     0   1   1   1   1
        1   1   1   1   1
黑龙江   0   4   4   4   4
        1   5   5   5   5
```

将列名和复合索引提取出来。

```
In [43]: group_data.columns
Out[43]: Index(['sfz', 'year', 'age', 'province'], dtype='object')

In [44]: print(group_data.index.to_list())
[('云南', 0), ('云南', 1), ('内蒙古', 0), ('内蒙古', 1), ('吉林', 0), ('吉林', 1), ('
四川', 0), ('宁夏', 0), ('安徽', 0), ('山东', 0), ('山东', 1), ('山西', 1), ('广东', 0),
('广东', 1), ('广西', 0), ('广西', 1), ('江苏', 0), ('江苏', 1), ('江西', 0), ('江西', 1),
('河北', 1), ('河南', 0), ('河南', 1), ('海南', 0), ('海南', 1), ('湖北', 0), ('湖北', 1),
```

< 209 >

('湖南', 0), ('湖南', 1), ('甘肃', 0), ('甘肃', 1), ('福建', 0), ('福建', 1), ('西藏', 1),
('贵州', 0), ('辽宁', 0), ('辽宁', 1), ('重庆', 0), ('重庆', 1), ('陕西', 0), ('陕西', 1),
('黑龙江', 0), ('黑龙江', 1)]

将数据框进行转置。

```
In [45]: q = group_data.T
         q
Out[45]:
```

prov	云南	内蒙古	吉林	四川	宁夏	安徽	山东	...	西藏	贵州	辽宁	重庆	陕西	黑龙江
sex	0 1	0 1	0 1	0	0	0	0	...	1	0 0	1 0	1 0	1 0	1
sfz	3 3	1 3	2 1	3	1	2	2	...	1	1 1	1 4	2 1	1 4	5
year	3 3	1 3	2 1	3	1	2	2	...	1	1 1	1 4	2 1	1 4	5
age	3 3	1 3	2 1	3	1	2	2	...	1	1 1	1 4	2 1	1 4	5
province	3 3	1 3	2 1	3	1	2	2	...	1	1 1	1 4	2 1	1 4	5

4 rows × 43 columns

对数据进行查看。

```
In [46]: for i in q.loc["sfz"].index[:8]:
             print(i,q.loc["sfz"][i])

('云南', 0) 3
('云南', 1) 3
('内蒙古', 0) 1
('内蒙古', 1) 3
('吉林', 0) 2
('吉林', 1) 1
('四川', 0) 3
('宁夏', 0) 1
```

统计各省份男、女考生人数数据。

```
In [47]:k=[i[0] for i in q.loc["sfz"].index]
        d={}
        for i in k:
            if i in d:
                d[i] += 1
            else:
                d[i] = 1
        print(d)

{'云南': 2, '内蒙古': 2, '吉林': 2, '四川': 1, '宁夏': 1, '安徽': 1, '山东': 2, '山西
': 1, '广东': 2, '广西': 2, '江苏': 2, '江西': 2, '河北': 1, '河南': 2, '海南': 2, '湖
北': 2, '湖南': 2, '甘肃': 2, '福建': 2, '西藏': 1, '贵州': 1, '辽宁': 2, '重庆': 2, '
陕西': 2, '黑龙江': 2}
```

将只有单性别数据的省份找出来，为单性别省份缺少的性别数据填补数据 0，并创建一个填补后的新序列。

```
In [48]: #将只有单性别数据的省份找出来
         p=[]
         for i in d:
```

< 210 >

```
                 if d[i]==1:
                     p.append(i)
         print("这些省份只有单性别:",p)

         #为单性别省份缺少的性别数据填补数据0，并创建一个填补后的新序列
         df_0 = pd.Series()
         for i in p:
             if q.loc["sfz"][i].index == "0":
                 df_ = pd.Series(data=[0],index=[(i,"1")])
                 print(df_)
                 df_0=df_0.append(df_)
             if q.loc["sfz"][i].index == "1":
                 df_ = pd.Series(data=[0],index=[(i,"0")])
                 print(df_)
                 df_0=df_0.append(df_)
         df_0
```

```
这些省份只有单性别: ['四川', '宁夏', '安徽', '山西', '河北', '西藏', '贵州']
Out[48]: Series([], dtype: float64)
```

按照省份对性别分组并统计各省份男性考生和女性考生人数，再为单性别的省份缺少的数据填补数据0。

```
In [49]: data1 = df0[["sex","prov","sfz"]].groupby(
                      by=["sex","prov"]).count()#按照性别、省份分类进行统计

         w=[]    #存储有女性考生的省份
         m=[]    #存储有男性考生的省份

         #对使用groupby()分组后的数据提取复合索引
         index_0=[]   #有女性考生的省份索引
         index_1=[]   #有男性考生的省份索引
         for i in data1.index:
             if i[0]==0:
                 w.append(i[1])
                 index_0.append(i)
             else:
                 m.append(i[1])
                 index_1.append(i)
         print(len(data1),"\n",len(w),len(m),"\n",
                      len(index_0),len(index_1))
43
 22 21
 22 21
```

```
In [50]: qs_w = set(m)-set(w)       #提取女性考生有缺失的省份
         qs_m = set(w)-set(m)       #提取男性考生有缺失的省份

         #用省份与对应的男性、女性考生人数数据生成二元元组列表
         prov_0 = []
         for i in zip(w,data1.loc[index_0].sfz.tolist()):
             prov_0.append(i)

         prov_1 = []
         for i in zip(m,data1.loc[index_1].sfz.tolist()):
             prov_1.append(i)
```

< 211 >

```
In [51]: prov_0
Out[51]:
[('云南', 3),
 ('内蒙古', 1),
 ('吉林', 2),
 ('四川', 3),
 ('宁夏', 1),
 ('安徽', 2),
 ('山东', 2),
 ('广东', 4),
 ('广西', 1),
 ('江苏', 1),
 ('江西', 3),
 ('河南', 9),
 ('海南', 235),
 ('湖北', 4),
 ('湖南', 3),
 ('甘肃', 1),
 ('福建', 1),
 ('贵州', 1),
 ('辽宁', 1),
 ('重庆', 4),
 ('陕西', 1),
 ('黑龙江', 4)]

In [52]: prov_1
Out[52]:
[('云南', 3),
 ('内蒙古', 3),
 ('吉林', 1),
 ('山东', 3),
 ('山西', 3),
 ('广东', 7),
 ('广西', 1),
 ('江苏', 2),
 ('江西', 5),
 ('河北', 1),
 ('河南', 3),
 ('海南', 204),
 ('湖北', 4),
 ('湖南', 1),
 ('甘肃', 2),
 ('福建', 1),
 ('西藏', 1),
 ('辽宁', 1),
 ('重庆', 2),
 ('陕西', 1),
 ('黑龙江', 5)]

In [53] for i in qs_w:
```

< 212 >

```
        prov_0.append((i,0))  #为缺失女性考生的省份填补0

    for i in qs_m:
        prov_1.append((i,0))#为缺失男性考生的省份填补0

    print(len(prov_0),len(prov_1))
```

25 25

对由省份与对应的男性、女性考生人数数据生成的二元元组列表进行排序。

```
In [54]: prov_0.sort(key=lambda x:x[0],reverse=True)
         prov_1.sort(key=lambda x:x[0],reverse=True)
```

用省份与对应的男性、女性考生人数数据生成三元元组列表。

```
In [55]: prov_0_1 = []
         for i in zip(prov_0,prov_1):
             prov_0_1.append((i[0][0],i[0][1],i[1][1]))

         #用三元元组列表生成数据框，并指定列名
         data = pd.DataFrame(data=prov_0_1,
                             columns=["prov","women","man"])
```

```
In [56]: data
Out[56]:
   prov women man
0  黑龙江 4 5
1  陕西 1 1
2  重庆 4 2
3  辽宁 1 1
4  贵州 1 0
5  西藏 0 1
6  福建 1 1
7  甘肃 1 2
8  湖南 3 1
9  湖北 4 4
10 海南 235 204
11 河南 9 3
12 河北 0 1
13 江西 3 5
14 江苏 1 2
15 广西 1 1
16 广东 4 7
17 山西 0 3
18 山东 2 3
19 安徽 2 0
20 宁夏 1 0
21 四川 3 0
22 吉林 2 1
23 内蒙古 1 3
24 云南 3 3
```

新增 sum 列，将男性、女性考生人数相加的结果作为 sum 列的值，将数据框按照 sum 列的值由大

< 213 >

到小排列。

```
In [57]: data["sum"]=data.women+data.man
         #将数据框按照 sum 列的值由大到小排列
         data.sort_values("sum",inplace=True,ascending=False)
         print(data)

    prov  women  man  sum
10  海南     235   204  439
11  河南       9     3   12
16  广东       4     7   11
0   黑龙江     4     5    9
9   湖北       4     4    8
13  江西       3     5    8
24  云南       3     3    6
2   重庆       4     2    6
18  山东       2     3    5
8   湖南       3     1    4
23  内蒙古     1     3    4
22  吉林       2     1    3
21  四川       3     0    3
17  山西       0     3    3
7   甘肃       1     2    3
14  江苏       1     2    3
15  广西       1     1    2
3   辽宁       1     1    2
1   陕西       1     1    2
19  安徽       2     0    2
6   福建       1     1    2
20  宁夏       1     0    1
4   贵州       1     0    1
5   西藏       0     1    1
12  河北       0     1    1
```

绘制叠加条形图，结果如图 9-5 所示。

```
In [58]: data.plot.bar(y=["women","man"],color = ["r","b"],stacked=True)
         plt.ylabel("人数")
         plt.xlabel("省份索引号")
Out[58]: <Axes: >
```

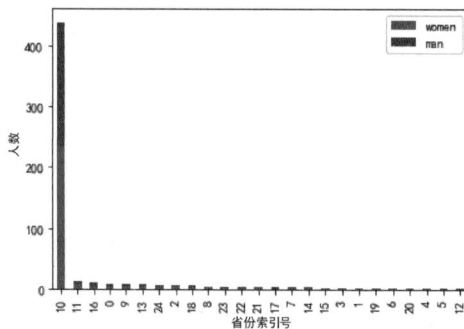

图 9-5　叠加条形图

< 214 >

图 9-5 中的横轴数字是省份的索引，下面用省份名称替换数字。先用 prov 列生成数据框的索引，再重新绘制叠加条形图，结果如图 9-6 所示。

```
In [59]: data = data.set_index("prov")
         data.plot.bar(y=["women","man"],color = ["r","b"],stacked=True)
         plt.ylabel("人数")
         plt.xlabel("省份")
Out[59]: <Axes: xlabel='prov'>
```

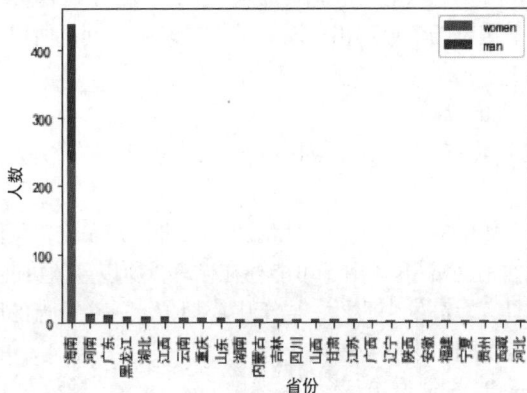

图 9-6　叠加条形图

从图 9-6 中可以看出，考生人数排在第一位的是海南，排在第二位的却是河南，并非很多人认知中的东北，排在第三位的是广东（这个排名比较容易理解，因为海南原来归广东省管辖）。河南排在第二位可能与人口大省移民有关。

9.2 案例 2：航班数据分析

9.2.1 需求介绍

现有一组来源于网络的航班数据，这组数据与航线上各个城市间的航班基本信息（如某个航班的出发地和目的地、起飞时间和到达时间等）相关。现假设 A、B、C、D 分别表示某 4 个机场的名称，有以下几个问题需要你处理。

（1）从 A 到 B 的最短途径是什么？分别从距离和时间的角度考虑。

（2）有没有办法从 C 到 D？

（3）哪些机场的交通最繁忙？

（4）哪个机场位于大多数其他机场"之间"，可以作为当地的一个中转站？

9.2.2 预备知识

1. 图论简介

图论主要用于研究和模拟社交网络、欺诈模式、社交媒体的病毒性和影响力。社交网络分析（Social Network Analysis，SNA）可能是图论在数据科学中最著名的应用，它适合使用聚类算法，特别是 K-Means。系统动力学中也使用了一些图论。

< 215 >

为了后续研究的方便，我们需要熟悉以下术语。

节点 u 和 v 称为边(u, v)的末端节点。如果两条边具有相同的末端节点，则它们是平行的。具有共同节点的边是相邻的。节点 v 的度，写作 $d(v)$，是指以 v 为末端节点的边数。

平均路径长度是所有可能节点对应的最短路径长度的平均值。它给出了对图的"紧密度"的度量，可用于描述网络中某些内容的流动速度。

广度优先搜索（Breadth First Search，BFS）和深度优先搜索是用于在图中搜索节点的两种不同算法。它们通常用于确定我们是否可以从给定节点到达某个节点（这个过程也称为图遍历）。

中心性旨在寻找网络中最重要的节点。由于对重要性的理解不同，所以对中心性的度量标准也不同。但常用的中心性有以下 3 个。

（1）度中心性（degree_centrality）

如果我有 20 个好友，意味着有 20 个节点与我相连，如果你有 50 个好友，那么你的度中心性比我的高，社交圈子比我的广。

节点的度用于表示节点在图中的重要性，默认情况下会进行归一化，其值的计算方法为节点的度 $d(u)$ 除以 n-1（n-1 是归一化使用的常量）。由于可能存在循环，所以该值可能大于 1。如果一个点与其他许多点直接相连，该点就具有较高的中心性，居于中心地位。一个节点的度越大，就意味着这个节点的度中心性越高，这个节点在网络中就越重要。

（2）紧密中心性（closeness_centrality）

如果要建一个大型的娱乐商场（或者仓库的核心中转站），希望周围的顾客到达这个商场（中转站）的距离都尽可能短，就涉及紧密中心性或接近中心性的概念。紧密中心性的值为路径长度的倒数。

紧密中心性需要考量每个节点到其他节点的最短路径的平均长度。对于一个节点而言，它距离其他节点越近，那么它的中心性越高。一般来说，那种需要让尽可能多的人使用的设施的紧密中心度一般是比较高的。

紧密中心性也称节点距离中心系数。它通过距离来表示节点在图中的重要性，它的值一般是节点到其他节点的平均路径的倒数。该值越大，节点到其他节点的距离越近，中心性越高。如果一个节点与网络中所有其他节点的距离都很短，则称该点具有较高的整体紧密中心度（又叫作接近中心度）。

（3）介数中心性（betweenness_centrality）

我们身边可能存在社交达人，我们认识的不少朋友可能都是通过他/她认识的，这个人起到了中介的作用。介数中心性是指所有最短路径中经过该节点的路径数目在最短路径总数中的占比，如经过点 Y 并且连接两点的最短路径占这两点之间的最短路径总数之比。图中节点的介数中心性分为两种：有权图上的介数中心性和无权图上的介数中心性。两者的区别在于求最短路径时使用的方法不同，对于无权图采用 BFS 求最短路径，对于有权图采用 Dijkstra（迪杰斯特拉）算法求最短路径。在无向图中，介数中心性的值表示为通过该节点的最短路径数除以((n-1)(n-2)/2)；在有向图中，该值表示为通过该节点的最短路径数除以((n-1)(n-2))。节点的介数中心性较高，说明其他节点之间的最短路径很多甚至全部都必须经过它中转。假如这个节点消失了，那么其他节点之间的交流会变得困难，甚至可能断开。

还有一个比较有用的概念是图的密度（density）。假设由 A、B、C 这 3 个用户组成了关注网络，其中唯一的边是 A→B，那么你觉得这个网络是否紧密？我们可以这样想，3 个用户之间最多可以有 6 条边，那么我们可以以 1 除以 6 来表示这个网络的紧密程度。如果 6 条边都存在，那么紧密程度是 1，都不存在则为 0。紧密程度就是图的密度。

2．NetworkX 库

NetworkX 是一个用 Python 语言开发的图论与复杂网络建模工具，内置了常用的图与复杂网络分析算法，可以方便地进行复杂网络数据分析、仿真建模等工作。NetworkX 支持创建简单无向图、有向

< 216 >

图和多重图（multigraph），内置许多标准的图论算法（节点可为任意数据），支持任意的边值维度，其功能丰富，简单易用。在第 8 章 "数据可视化" 中已经对 NetworkX 的用法做了介绍。

3．关于图的操作

（1）图的基本操作

图的基本操作如下。

```
G = nx.Graph()                      #建立一个空的无向图 G
G.add_node(1)                       #添加一个节点 1。只能添加一个节点，节点可以用数字或字符表示
G.add_nodes_from([3,4,5,6])         #添加多个节点
G.add_cycle([1,2,3,4])              #添加环
G.add_edge(2,3)                     #添加一条边 2-3（隐含添加了两个节点 2、3）
G.add_edge(3,2)                     #对于无向图，边 3-2 与边 2-3 被认为是同一条边

G.nodes()                           #输出全部的节点
G.edges()                           #输出全部的边
G.number_of_edges()                 #输出边的数量
len(G)                              #返回 G 中节点的数量
nx.degree(G)                        #计算无向图的各个节点的度

nx.draw_networkx(G, with_labels=True)        #绘制出带有刻度标尺及节点标签的无向图
nx.draw(G, with_labels=True)                 #绘制出带有节点标签的无向图
pos=nx.spring_layout(G)                      #生成节点位置
nx.draw_networkx_nodes(G,pos,node_color='g',node_size=500,alpha=0.8) #绘制无向图
的节点
nx.draw_networkx_edges(G,pos,width=1.0,alpha=0.5,edge_color='b')  #绘制无向图的边
nx.draw_networkx_labels(G,pos,labels,font_size=16)       #为节点添加标签
nx.draw_networkx_edge_labels(G, pos, edge_labels)        #绘制出边的权重
plt.savefig("wuxiangtu.png")  #保存图

Graph.to_undirected()               #将有向图转换为无向图
Graph.to_directed()                 #将无向图转换为有向图

G.add_weighted_edges_from([(3, 4, 3.5),(3, 5, 7.0)])   #加权图
G.get_edge_data(2, 3)               #获取边 2-3 的权

sub_graph = G.subgraph([1, 3,4])    #子图
```

（2）给边赋予权重

有向图和无向图都可以给边赋予权重，用到的方法是 add_weighted_edges_from()，它接收 1 个或多个三元组[u,v,w]作为参数，其中 u 是起点，v 是终点，w 是权重，例如：

G.add_weighted_edges_from([(3, 4, 3.5),(3, 5, 7.0)]) #3 到 4 的权重为 3.5，3 到 5 的权重为 7.0

（3）图论经典算法

算法 1：求无向图的任意两点间的最短路径。

```
# -*- coding: cp936 -*-
import networkx as nx
import matplotlib.pyplot as plt

#求无向图的任意两点间的最短路径
G = nx.Graph()
```

< 217 >

```
G.add_edges_from([(1,2),(1,3),(1,4),(1,5),(4,5),(4,6),(5,6)])
path = nx.all_pairs_shortest_path(G)
for i in path:
    print(i)
nx.draw_networkx(G, with_labels=True)
```

算法 2：求图中两点的最短路径。

```
import networkx as nx
G=nx.Graph()
G.add_nodes_from([1,2,3,4])
G.add_edge(1,2)
G.add_edge(3,4)

nx.draw_networkx(G, with_labels=True)
try:
    n=nx.shortest_path_length(G,1,4)
    print(n)
except nx.NetworkXNoPath:
    print('No path')
```

（4）求最短路径和最短距离的函数

NetworkX 中用于求最短路径的函数是 dijkstra_path()，用于求最短距离的函数是 dijkstra_path_length()，示例如下。

```
nx.dijkstra_path(G, source, target, weight='weight')       #求最短路径
nx.dijkstra_path_length(G, source, target, weight='weight')    #求最短距离
```

（5）求其他常用指标的函数

求其他常用指标的函数如下。

```
nx.degree_centrality(G)           #求节点度中心性
nx.closeness_centrality(G)        #求紧密中心性
nx.betweenness_centrality(G)      #求介数中心性

nx.transitivity(G)    #计算图或网络的传递性。传递性是指在图或网络中，认识同一个节点的两个节
```
点也可能认识对方，计算公式为 3×图中三角形的个数/三元组个数（该三元组个数是有公共节点的边对数）

```
nx.clustering(G)     #计算图或网络中节点的聚类系数。计算公式为节点 u 的两个邻居节点间的边数除以
```
$((d(u)(d(u)-1)/2)$

9.2.3 航班数据处理

我们先对航班数据进行了解。查看本案例数据表前 4 行航班数据，如图 9-7 所示。

	A	B	C	D	E	F	G	H
1	year	month	day	dep_time	sched_dep_time	dep_delay	arr_time	sched_arr_time
2	2013	2	26	1807	1630	97	1956	1837
3	2013	8	17	1459	1445	14	1801	1747
4	2013	2	13	1812	1815	-3	2055	2125
5	2013	4	11	2122	2115	7	2339	2353

I	J	K	L	M	N	O	P
arr_delay	carrier	flight	tailnum	origin	dest	air_time	distance
79	EV	4411	N13566	EWR	MEM	144	946
14	B6	1171	N661JB	LGA	FLL	147	1076
-30	AS	7	N403AS	EWR	SEA	315	2402
-14	B6	97	N656JB	JFK	DEN	221	1626

图 9-7 前 4 行航班数据

< 218 >

从图 9-7 可以看出，数据共有 16 列，为了方便理解数据，我们将数据列名称对应关系给出，如表 9-1 所示。

表 9-1　数据列名称对应关系

数据列名称	对应关系	数据列名称	对应关系
year	年	arr_delay	到达延迟时间
month	月	carrier	客机类型
day	日	flight	航班号
dep_time	起飞时间	tailnum	编号
sched_dep_time	计划起飞时间	origin	出发地
dep_delay	起飞延迟时间	dest	目的地
arr_time	到达时间	air_time	飞行时间
sched_arr_time	计划到达时间	distance	距离

1．导入数据

```
In [1]: import pandas as pd
   ...: import numpy as np
   ...:
   ...: data = pd.read_csv(r'c:\Users\yubg\Airlines.csv',
   ...:              engine='python') #使用参数engine='python'是为了防止中文路径出错
   ...: data.shape
Out[1]: (100, 16)

In [2]: data.dtypes
Out[2]:
year int64
month int64
day int64
dep_time float64
sched_dep_time int64
dep_delay float64
arr_time float64
sched_arr_time int64
arr_delay float64
carrier object
flight int64
tailnum object
origin object
dest object
air_time float64
distance int64
dtype: object

In [3]: data.head()
Out[3]:
year month day dep_time ... origin dest air_time distance
0 2013 2 26 1807.0 ... EWR MEM 144.0 946
1 2013 8 17 1459.0 ... LGA FLL 147.0 1076
2 2013 2 13 1812.0 ... EWR SEA 315.0 2402
3 2013 4 11 2122.0 ... JFK DEN 221.0 1626
4 2013 8 5 1832.0 ... JFK SEA 358.0 2422

[5 rows x 16 columns]
```

< 219 >

2．处理时间数据格式

计划起飞时间的格式不标准，将时间数据格式转化成标准格式 std。

```
In [4]: data['sched_dep_time'].head()
Out[4]:
0 1630
1 1445
2 1815
3 2115
4 1835
Name: sched_dep_time, dtype: int64

In [5]: data['std'] = data.sched_dep_time.astype(str).str.replace('(\d{2}$)', '')
+ ':' + data.sched_dep_time.astype(str).str.extract('(\d{2}$)', expand=False) + ':00'
   ...: data['std'].head()
Out[5]:
0 16:30:00
1 14:45:00
2 18:15:00
3 21:15:00
4 18:35:00
Name: std, dtype: object
```

replace()将从 sched_dep_time 字段的末尾取两个数字并用空值替代（即删除末尾的两个数字）。

replace()方法调用格式为：S.replace(old,new[,count=S.count(old)])。

方法参数含义如下。

old：指定的旧子字符串。

new：指定的新子字符串。

count：可选参数，指定替换的次数，默认为指定的旧子字符串在字符串中出现的总次数。

replace()方法返回把字符串中指定的旧子字符串替换成指定的新子字符串后生成的新字符串，如果指定 count 可选参数则返回替换指定的次数后生成的新字符串。

\d{2}$：\d 表示匹配数字 0～9，{2}表示将前面的操作重复 2 次，$表示从字符串末尾开始匹配。

Series.str.extract(pat, flags=0, expand=None)可用正则表达式从字符型数据中抽取匹配的数据，只返回第一个匹配的数据。

函数参数含义如下。

pat：字符串或正则表达式。

flags：整型。

expand：布尔型，用于指定是否返回数据框。

该函数返回数据框索引。

```
In [6]: #将计划到达时间 sched_arr_time 的格式转化为标准格式'sta'
   ...: data['sta'] = data.sched_arr_time.astype(str).str.replace('(\d{2}$)', '')
+ ':' + data.sched_arr_time.astype(str).str.extract('(\d{2}$)', expand=False) + ':00'
   ...:
   ...: #将起飞时间 dep_time 的格式转化为标准格式'atd'
   ...: data['atd'] = data.dep_time.fillna(0).astype(np.int64).astype(str).str.
replace('(\d{2}$)', '') + ':' + data.dep_time.fillna(0).astype(np.int64).astype(str).
str.extract('(\d{2}$)', expand=False) + ':00'
   ...:
   ...: #将到达时间 arr_time 的格式转化为标准格式'ata'
   ...: data['ata'] = data.arr_time.fillna(0).astype(np.int64).astype(str).
str.replace('(\d{2}$)', '') + ':' + data.arr_time.fillna(0).astype(np.int64).
astype(str).str.extract('(\d{2}$)', expand=False) + ':00'
```

< 220 >

```
    ...:
    ...: #将年、月、日时间合并为一列
    ...: data['date'] = pd.to_datetime(data[['year', 'month', 'day']])
    ...:
    ...: # 删除我们不需要的年、月、日时间
    ...: data = data.drop(['year', 'month', 'day'],axis = 1)#drop()函数默认删除行,
删除列需要使用 axis = 1
    ...: data.head(15)
Out[6]:
   dep_time sched_dep_time dep_delay ... atd ata date
0  1807.0 1630 97.0 ... 18:07:00 19:56:00 2013-02-26
1  1459.0 1445 14.0 ... 14:59:00 18:01:00 2013-08-17
2  1812.0 1815 -3.0 ... 18:12:00 20:55:00 2013-02-13
3  2122.0 2115 7.0 ... 21:22:00 23:39:00 2013-04-11
4  1832.0 1835 -3.0 ... 18:32:00 21:45:00 2013-08-05
5  1500.0 1505 -5.0 ... 15:00:00 17:51:00 2013-06-30
6  1442.0 1445 -3.0 ... 14:42:00 18:33:00 2013-02-14
7  752.0 755 -3.0 ... 7:52:00 10:37:00 2013-07-25
8  557.0 600 -3.0 ... 5:57:00 7:25:00 2013-07-10
9  1907.0 1915 -8.0 ... 19:07:00 21:55:00 2013-12-13
10 1455.0 1500 -5.0 ... 14:55:00 16:47:00 2013-01-28
11 903.0 912 -9.0 ... 9:03:00 10:51:00 2013-09-06
12 NaN 620 NaN ... NaN NaN 2013-08-19
13 553.0 600 -7.0 ... 5:53:00 6:57:00 2013-04-08
14 625.0 630 -5.0 ... 6:25:00 8:24:00 2013-05-12

[15 rows x 18 columns]
```

3. 检查数据空缺值

检查数据有没有 0 值或空值。

```
In [7]: np.where(data == 0)
Out[7]:
(array([29, 43, 48, 59, 62, 87, 93, 96], dtype=int64),
array([5, 2, 2, 5, 2, 2, 2, 2], dtype=int64))

In [8]: np.where(pd.isnull(data))     #发现了 nan 数据
Out[8]:
(array([12, 12, 12, 12, 12, 12, 12, 90], dtype=int64),
array([ 0, 2, 3, 5, 11, 15, 16, 16], dtype=int64))
```

对于发现的 0 值和空值，该怎么处理呢？一般使用删除或者填充方法处理。当数据够多，且删除不影响整体数据或者影响很小时，可以采用删除的方法；当数据不够多，或者删除对计算、预测原数据集有影响时，建议采用用固定值填充、用均值填充、用上下数据进行填充等方法填充。

4. 构建机场图，并载入相关数据

构建机场图，图中载入机场之间的航线、距离等相关数据。

```
In [9]: import networkx as nx
    ...:  FG = nx.from_pandas_edgelist(data, source='origin', target='dest',
edge_attr=True,)
    ...: FG.nodes()
Out[9]: NodeView(('EWR', 'MEM', 'LGA', 'FLL', 'SEA', 'JFK', 'DEN', 'ORD', 'MIA',
'PBI', 'MCO', 'CMH', 'MSP', 'IAD', 'CLT', 'TPA', 'DCA', 'SJU', 'ATL', 'BHM', 'SRQ',
'MSY', 'DTW', 'LAX', 'JAX', 'RDU', 'MDW', 'DFW', 'IAH', 'SFO', 'STL', 'CVG', 'IND',
'RSW', 'BOS', 'CLE'))

In [10]: FG.edges()
```

< 221 >

```
Out[10]: EdgeView([('EWR', 'MEM'), ('EWR', 'SEA'), ('EWR', 'MIA'), ('EWR', 'ORD'),
('EWR', 'MSP'), ('EWR', 'TPA'), ('EWR', 'MSY'), ('EWR', 'DFW'), ('EWR', 'IAH'),
('EWR', 'SFO'), ('EWR', 'CVG'), ('EWR', 'IND'), ('EWR', 'RDU'), ('EWR', 'IAD'),
('EWR', 'RSW'), ('EWR', 'BOS'), ('EWR', 'PBI'), ('EWR', 'LAX'), ('EWR', 'MCO'),
('EWR', 'SJU'), ('LGA', 'FLL'), ('LGA', 'ORD'), ('LGA', 'PBI'), ('LGA', 'CMH'),
('LGA', 'IAD'), ('LGA', 'CLT'), ('LGA', 'MIA'), ('LGA', 'DCA'), ('LGA', 'BHM'),
('LGA', 'RDU'), ('LGA', 'ATL'), ('LGA', 'TPA'), ('LGA', 'MDW'), ('LGA', 'DEN'),
('LGA', 'MSP'), ('LGA', 'DTW'), ('LGA', 'STL'), ('LGA', 'MCO'), ('LGA', 'CVG'),
('LGA', 'IAH'), ('FLL', 'JFK'), ('SEA', 'JFK'), ('JFK', 'DEN'), ('JFK', 'MCO'),
('JFK', 'TPA'), ('JFK', 'SJU'), ('JFK', 'ATL'), ('JFK', 'SRQ'), ('JFK', 'DCA'),
('JFK', 'DTW'), ('JFK', 'LAX'), ('JFK', 'JAX'), ('JFK', 'CLT'), ('JFK', 'PBI'),
('JFK', 'CLE'), ('JFK', 'IAD'), ('JFK', 'BOS')])
```

5. 找出最繁忙的机场

```
In [11]: nx.draw_networkx(FG, with_labels=True) # 绘图，我们看到 3 个繁忙的机场
```

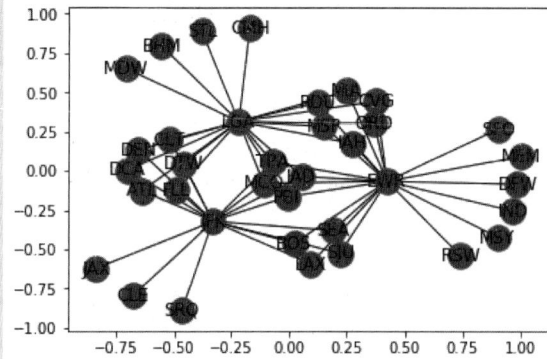

```
In [12]: dd = nx.algorithms.degree_centrality(FG) # 节点度中心系数
    ...: max(dd, key=lambda x:dd[x])#或者使用直接字典方法 max(dd,key=dd.get)，但不能
显示并列值
Out[12]: 'EWR'
```

其实，这里有一个"坑"。节点度中心性最大的并非只有 EWR，LGA 与 EWR 拥有相等的值。所以我们需要自定义一个函数来查看最大值，这里仅判断前 3 项是否并列，并抛出最大值。

```
In [13]: def top(dd):
    ...:         '''
    ...:         通过节点度中心系数来求最大值。
    ...:         此处仅判断前 3 项是否并列
    ...:         '''
    ...:         dd_id = list(dd.items())
    ...:         dd_id_0=[]
    ...:         for i in dd_id:
    ...:             i= list(i)
    ...:             i[0],i[1]=i[1],i[0]
    ...:             dd_id_0.append([i[0],i[1]])
    ...:         sor_dd = sorted(dd_id_0,reverse=True)
    ...:         if sor_dd[0][0]== sor_dd[1][0]:
    ...:             if sor_dd[1][0]== sor_dd[2][0]:
    ...:                 print(sor_dd[0:3])
    ...:             else:
    ...:                 print(sor_dd[0:2])
    ...:         else:
    ...:             print(sor_dd[0])
    ...:
    ...: top(dd)
[[0.5714285714285714, 'LGA'], [0.5714285714285714, 'EWR']]
```

< 222 >

由结果可知 EWR 和 LGA 是所有机场中最繁忙的两个机场。

6．找出某两个机场间的最短路径和最省时的路径

找出 JAX 和 DFW 两个机场间的最短路径和最省时的路径。

```
In [14]: all_path = nx.all_simple_paths(FG, source='JAX', target='DFW')#从 JAX
到 DFW 的所有路径

In [15]: dijpath = nx.dijkstra_path(FG, source='JAX', target='DFW')
    ...: dijpath
Out[15]: ['JAX', 'JFK', 'SEA', 'EWR', 'DFW']

In [16]: shortpath = nx.dijkstra_path(FG, source='JAX', target='DFW', weight=
'air_time')
    ...: shortpath
Out[16]: ['JAX', 'JFK', 'BOS', 'EWR', 'DFW']
```

7．找出适合做中转的机场

```
In [17]: cc = nx.closeness_centrality(FG)
    ...: top(cc)
[[0.5555555555555556, 'LGA'], [0.5555555555555556, 'EWR']]

In [18]: bc = nx.betweenness_centrality(FG)
    ...: top(bc)
[0.44733893557422966, 'EWR']
```

从上面可以看出，适合做中转的机场不仅需要具有较大的度，还需要具有紧密中心性和介数中心性，通过这两个条件我们看出，最适合作为中转机场的是 EWR 机场。

9.2.4　完整代码

```
import pandas as pd
import numpy as np

#【导入数据】
data = pd.read_csv(r'c:\Users\yubg\Airlines.csv',engine='python')    #使用参数
engine='python'是为了防止中文路径出错
data.shape
data.dtypes
data.head()

#【处理时间数据格式】
#将时间数据格式转化成标准格式
data['sched_dep_time'].head()
#计划起飞时间的格式不标准，将它转化为标准格式'std'
#replace()将从 sched_dep_time 字段的末尾取两个数字并用空值替代（即删除末尾的两个数字）
#Series.str.extract(pat,expand=False) 用正则表达式从字符型数据中抽取匹配的数据，只返回
第一个匹配的数据
data['std'] = data.sched_dep_time.astype(str).str.replace('(\d{2}$)', '') + ':'
+ data.sched_dep_time.astype(str).str.extract('(\d{2}$)', expand=False) + ':00'
data['std'].head()

#将计划到达时间 sched_arr_time 的格式转化为标准格式'sta'
data['sta'] = data.sched_arr_time.astype(str).str.replace('(\d{2}$)', '') + ':'
+ data.sched_arr_time.astype(str).str.extract('(\d{2}$)', expand=False) + ':00'
```

< 223 >

```
#将起飞时间 dep_time 的格式转化为标准格式'atd'
data['atd'] = data.dep_time.fillna(0).astype(np.int64).astype(str).str.replace
('(\d{2}$)', '') + ':' + data.dep_time.fillna(0).astype(np.int64).astype(str).
str.extract('(\d{2}$)', expand=False) + ':00'

#将到达时间 arr_time 的格式转化为标准格式'ata'
data['ata'] = data.arr_time.fillna(0).astype(np.int64).astype(str).str.replace
('(\d{2}$)', '') + ':' + data.arr_time.fillna(0).astype(np.int64).astype(str).
str.extract('(\d{2}$)', expand=False) + ':00'

#将年、月、日时间合并为一列
data['date'] = pd.to_datetime(data[['year', 'month', 'day']])

# 删除我们不需要的年、月、日时间
data = data.drop(['year', 'month', 'day'],axis = 1)#drop()函数默认删除行，删除列需
要使用 axis = 1
data.head(15)

#【检查数据空缺值】
#检查数据有没有 0 值或者空值
np.where(data == 0)
#np.where(np.isnan(data))#有时会报错，报错就使用 pd.isnull(data)
np.where(pd.isnull(data))#发现了 nan 数据

#【构建机场图，并载入相关数据】
#使用 NetworkX 函数导入数据集
import networkx as nx
FG = nx.from_pandas_edgelist(data, source='origin', target='dest', edge_attr=
True,)
FG.nodes()
FG.edges()

#【找出最繁忙的机场】
nx.draw_networkx(FG, with_labels=True) # 绘图，我们看到 3 个繁忙的机场

dd = nx.algorithms.degree_centrality(FG)  # 节点度中心系数，通过节点的度表示节点在图中
的重要性
#dd = nx.degree_centrality(FG)
max(dd, key=lambda x:dd[x])#或者使用直接字典方法 max(dd,key=dd.get)，但不能显示并列值

#下面定义一个函数来查看最大值
def top(dd):
    '''
    通过节点度中心系数来求最大值。
    此处仅判断前 3 项是否并列
    '''
    dd_id = list(dd.items())
    dd_id_0=[]
    for i in dd_id:
        i= list(i)
        i[0],i[1]=i[1],i[0]
        dd_id_0.append([i[0],i[1]])
    sor_dd = sorted(dd_id_0,reverse=True)
    if sor_dd[0][0]== sor_dd[1][0]:
        if sor_dd[1][0]== sor_dd[2][0]:
            print(sor_dd[0:3])
```

< 224 >

```
        else:
            print(sor_dd[0:2])
    else:
        print(sor_dd[0])

top(dd)

nx.density(FG)  #图的平均边密度
nx.average_shortest_path_length(FG)  #最短路径的平均长度
nx.average_degree_connectivity(FG)  #均值连接度（平均连接度）
nx.degree(FG)#每个节点的度

#找出某两个机场之间的所有路径
all_path = nx.all_simple_paths(FG, source='JAX', target='DFW')
for path in all_path:
    print(path)

# 找出最短路径（Dijkstra 算法）
dijpath = nx.dijkstra_path(FG, source='JAX', target='DFW')
dijpath

# 找出最省时的路径
shortpath = nx.dijkstra_path(FG, source='JAX', target='DFW', weight='air_time')
shortpath

#找出适合做中转的机场
cc = nx.closeness_centrality(FG)
top(cc)

bc = nx.betweenness_centrality(FG)
top(bc)
```

9.3　案例 3：豆瓣小说数据分析

本案例将使用从豆瓣网中爬取的数据，保存在 db_data.txt 中。相关数据请到本书提供的电子资源里下载。

9.3.1　数据处理

（1）重新读取已经保存好的数据 db_data.txt 并进行数据处理。

```
In [1]: f1 = open(r'c:\Users\yubg\db_data.txt','r',encoding='utf-8')
   ...: f2 = f1.read()
   ...: type(f2)
Out[1]: str

In [2]: f2[:159]      #读取其中的前159个字符以查看数据情况
Out[2]: "[{'title': '解忧杂货店', 'price': ' 39.50元', 'star': 8.5}, {'title': '活着', 'price': ' 20.00元', 'star': 9.3}, {'title': '追风筝的人', 'price': ' 29.00元', 'star': 8.9}, {'"
```

读取到的数据 f2 是字符型数据，需要对数据进行转换，将 f2 转化为列表 f3。

< 225 >

```
In [3]: f3 = eval(f2)    #还原到了data_all 状态
   ...: type(f3)
   ...: f3[:5]
Out[3]:
[{'price': ' 39.50元', 'star': 8.5, 'title': '解忧杂货店'},
{'price': ' 20.00元', 'star': 9.3, 'title': '活着'},
{'price': ' 29.00元', 'star': 8.9, 'title': '追风筝的人'},
{'price': ' 23.00', 'star': 8.8, 'title': '三体'},
{'price': ' 29.80元', 'star': 9.1, 'title': '白夜行'}]
```

这里用到了 eval()函数，将数据 f2 还原到了爬取数据时的 data_all 状态，即由字典组成的列表。

（2）将 f3 中的每一个字典元素中的值提取出来形成列表 k，k 中的一个元素是一部小说 [名称，价格，星级] 的列表。

```
In [4]: k=[]
   ...: for i in f3:
   ...:     k.append(list(i.values()))
   ...:
   ...: k[:10]#查看前10 行
Out[4]:
[['解忧杂货店', ' 39.50元', 8.5],
['活着', ' 20.00元', 9.3],
['追风筝的人', ' 29.00元', 8.9],
['三体', ' 23.00', 8.8],
['白夜行', ' 29.80元', 9.1],
['小王子', ' 22.00元', 9.0],
['房思琪的初恋乐园', ' 45.00元', 9.2],
['嫌疑人X的献身', ' 28.00', 8.9],
['失踪的孩子', ' 62.00元', 9.2],
['围城', ' 19.00', 8.9]]
```

我们已经用从网上获取到的数据生成了列表，列表中的每个元素就是由一部小说的名称、价格、星级3 个数值组成的列表，即列表 k 中的每个元素还是列表。

（3）用 k 列表生成一个数据框 df，便于后面的数据清洗。

```
In [5]: import pandas as pd
   ...: df = pd.DataFrame(columns = ["title", "price", "star"])
   ...: p=0
   ...: for j in k:
   ...:     df.loc[p]=j
   ...:     p+=1
   ...: df.tail() #查看最后5 行数据
Out[5]:
title price star
1479 大唐明月1·风起长安 27.00元 8.6
1480 伊斯坦布尔 36.00元 8.4
1481 如果蜗牛有爱情 45.00 7.0
1482 人性的因素 62.00元 8.7
1483 翅鬼 45 7.3

In [6]: df.to_excel(r'c:\Users\yubg\db_data.xlsx')#保存处理好的原数据
```

已经将数据处理成了数据框，查看数据框的最后 5 行数据，数据按照第 1 列为 title、第 2 列为 price、

< 226 >

第 3 列为 star 排列，总共 1484 条数据（包含索引为 0 的数据）。

9.3.2 计算平均星级

我们已经用列表生成了数据框，星级数据在 star 列，可以使用 df['star'].mean()计算平均星级，但是运行 df['star'].mean()时发现会报错：

```
In [7]: df['star'].mean()
Traceback (most recent call last):

File "<ipython-input-6-e967f6eeb502>", line 1, in <module>
df['star'].mean()

File "C:\Users\yubg\Anaconda3\lib\site-packages\pandas\core\generic.py", line
6342, in stat_func
numeric_only=numeric_only)

File "C:\Users\yubg\Anaconda3\lib\site-packages\pandas\core\series.py", line
2381, in _reduce
return op(delegate, skipna=skipna, **kwds)

File "C:\Users\yubg\Anaconda3\lib\site-packages\pandas\core\nanops.py", line 62,
in _f
return f(*args, **kwargs)

File "C:\Users\yubg\Anaconda3\lib\site-packages\pandas\core\nanops.py", line
122, in f
result = alt(values, axis=axis, skipna=skipna, **kwds)

File "C:\Users\yubg\Anaconda3\lib\site-packages\pandas\core\nanops.py", line
312, in nanmean
the_sum = _ensure_numeric(values.sum(axis, dtype=dtype_sum))

File "C:\Users\yubg\Anaconda3\lib\site-packages\numpy\core\_methods.py", line
32, in _sum
return umr_sum(a, axis, dtype, out, keepdims)

TypeError: unsupported operand type(s) for +: 'float' and 'str'
```

从错误类型来看，出错的主要原因是数据 star 列中的数据类型不全是 float，也就是说 star 中含有 str 类型，错误信息提示 float 和 str 不能相加。这就说明数据中有"异类"，它要么是字符，要么是 Nan，或者是其他数据，总之数据的类型不全是数值型。我们需要对"异类"进行排查。

```
In [8]: import pandas as pd
   ...: df['star'] = pd.to_numeric(df['star'],errors='coerce')#将数据类型转换成数
值型，'coerce'表示将无效数据设置成 NaN
   ...: df['star'].astype(float).tail()
Out[8]:
1479 8.6
1480 8.4
1481 7.0
1482 8.7
1483 7.3
Name: star, dtype: float64

In [9]: df['star'].isnull().any()#对列进行判断，列有为空或 NAN 的元素则输出为 True，否则
输出为 False
Out[9]: True
```

< 227 >

```
In [10]: df['star'][df['star'].isnull().values==True]#可以只显示存在缺失值的行列，以
便清楚地确定缺失值的位置
Out[10]:
970  NaN
1016 NaN
1388 NaN
1443 NaN
1447 NaN
1450 NaN
1457 NaN
Name: star, dtype: float64
```

发现有 7 个数据为缺失值 NaN，为了方便进行数据处理，我们以 0 填充它们。

```
In [11]: df['star'] = df['star'].fillna(0)   #用 0 填充空值，覆盖原 df

In [12]: df['star'][df['star'].isnull().values==True]#核查是否还有空缺值
Out[12]: Series([], Name: star, dtype: float64)

In [13]: df['star'].mean()   #在没有空缺值的情况下再次计算 star 列的数据的均值
Out[13]: 8.327021563342328
```

故所有被爬取的小说的平均星级约为 8.327。

说明：

对于缺失数据一般处理方法为删除或者填充。

删除缺失数据：dropna()。

如果要在行里的数据全部为空的情况下才删除数据，可向 dropna()传入参数 how='all'；如果想以同样的方式按列删除，可以传入 axis=1。

填充缺失数据：fillna()。

（1）用固定值填充。

如果不想删除缺失数据，而想用固定值填充这些缺失值，可以使用 fillna()函数，如 df.fillna(0)；如果不想只以某个标量填充，可以传入一个字典（如 fillna({})），对不同的列填充不同的值，例如：

```
df.fillna({3:-1,2:100})  #第 3 列填充-1，第 2 列填充 100
```

（2）用均值填充。

```
data_train.fillna(data_train.mean())   # 将所有行用各自的均值填充
data_train.fillna(data_train.mean()['browse_his', 'card_num'])  # 可以指定某些行进
行均值填充
```

（3）用上下数据进行填充。

```
data_train.fillna(method='pad')   #用前一个数据代替 NaN: method='pad'
data_train.fillna(method='bfill')#与 pad 相反，bfill 表示用后一个数据代替
```

fillna()函数还有一个参数 limit，默认值为 None。如果指定了 method，则 limit 参数指定了连续的 NaN 的前向/后向填充的最大数量，换句话说，如果连续 NaN 数量超过该参数值，它将只被部分填充；如果未指定 method，则 limit 参数指定了沿着整个轴填充的最大数量，其中 NaN 将被填充。示例如下。

```
df.fillna(value=0, limit=3)  #以 0 替换空值，并最多替换前 3 个
```

< 228 >

9.3.3　计算均价

下面我们看一看数据 df 的第二列 price 数据的情况。从数据的前 5 行来看，price 列数据不整齐，有的数据带有单位元，属于字符型数据。为了计算小说的均价，需要处理掉汉字"元"，仅保留数字。

首先，浏览一下数据概况。

```
In [14]: df['price'].head()
Out[14]:
0 39.50元
1 20.00元
2 29.00元
3 23.00
4 29.80元
Name: price, dtype: object

In [15]: df['price'].tail(15)
Out[15]:
1469 18.00
1470 89.00
1471 46.00元
1472 68
1473 68.00元
1474 22.00元
1475 20.00元
1476 10.20元
1477 水如天儿
1478 32.00元
1479 27.00元
1480 36.00元
1481 45.00
1482 62.00元
1483 45
Name: price, dtype: object
```

从数据的前 5 行和最后 15 行可以看出，数据不是很整齐，数据形式包括 29.00 元、23.00、68、水如天儿等。为了发现更多的其他情况，查看中间的数据情况。

```
In [16]: df['price'][500:].head(15)#查看第 500 行以后（包括第 500 行）的 15 行数据
Out[16]:
500 39.80元
501 39.50元
502 38.00元
503 CNY 39.50
504 16.80元
505 18.80元
506 32.00
507 16.00元
508 28.00
509 9.20元
510 24.80
511 35.00元
512 12.00元
```

< 229 >

```
513 12.00
514 32.00元
Name: price, dtype: object
```

第 503 行数据为 CNY 39.50。

为了将 price 列数据处理为数值型数据，需要对 price 列数据的前后非数字字符进行处理。

```
In [17]: df_rstrip = df['price'].str.rstrip('元')

In [18]: df_rstrip.head()
Out[18]:
0 39.50
1 20.00
2 29.00
3 23.00
4 29.80
Name: price, dtype: object

In [19]: df_rstrip.tail(10)
Out[19]:
1474 22.00
1475 20.00
1476 10.20
1477 水如天儿
1478 32.00
1479 27.00
1480 36.00
1481 45.00
1482 62.00
1483 45
Name: price, dtype: object

In [20]: df_rstrip[503]
Out[20]: ' CNY 39.50'

In [21]: df['price']= df_rstrip
```

为了删除左侧的非数字字符，需要将空缺值找出来并赋值为 0。

```
In [22]: a = df[df['price'].isin([''])].index.tolist()#从price列中定位给定值，即找
出空缺值的位置，并给出这些值的索引列表
    ...: print(a)
[1160]
```

可以看出空缺值仅在索引为 1160 的行。给第 1160 行的空缺值赋值 0。

```
In [23]:df['price'][1160] = 0

In [24]: df.iloc[1160] #查看第1160行的数据
Out[24]:
title 六爻
price 0
star 8.7
Name: 1160, dtype: object
```

我们先写一个函数，它的功能是删除给定的字符串的左侧的非数字字符，如果全部为非数字字符，则将此字符串赋值为 0，如果字符串全部为数字，则字符串不变。

```
In [25]: def del_l_str(string):
    ...:            '''
```

< 230 >

```
         ...:
         ...:            删除字符串左侧非数字字符，当全部为非数字字符时，将字符串赋值为 0。
         ...:            输入只能是字符型数据，若输入为空则返回错误
         ...:            '''
         ...:            string = str(string)
         ...:            j = 0
         ...:            while not string[j].isdigit(): #判断数据中的第 j 个字符是否是数字
         ...:                print(string[j])
         ...:                if j+1 == len(string): #当 string 中的每一个字符全部为非数字字
符时，跳出循环，并将此时的 string 赋值为 0
         ...:                    string = '0'*len(string)
         ...:                    break
         ...:                else:
         ...:                    j += 1
         ...:                    string = string[j:]
         ...:            return string
```

使用函数 del_l_str()删除 price 列每个数据左侧的非数字字符。

```
In [26]: len(df['price'])
     ...: n = 0 #标记索引号
     ...: for k in df['price']:
     ...:     df['price'][n] = del_l_str(k)
     ...:     n += 1
In [27]: df['price'].tail(50)#查看最后 50 行数据
Out[27]:
1434 69.90
1435 34.8
1436 26.00
1437 23.00
1438 12.00
1439 42.00
1440 38.00
1441 49.50
1442 36.00
1443 36.80
1444 68
1445 48.00
1446 22.00
1447 36.8
1448 11.00
1449 25.00
1450 48.00
1451 39.90
1452 25.00
1453 18.00
1454 20.00
1455 38.00
1456 21.00
1457 32.8
1458 128.00
1459 9.80
1460 22.00
1461 65.00
1462 25.00
1463 29.80
1464 32.80
1465 18.00
1466 49.50
1467 36.00
```

< 231 >

```
1468 50.00
1469 18.00
1470 89.00
1471 46.00
1472 68
1473 68.00
1474 22.00
1475 20.00
1476 10.20
1477 0
1478 32.00
1479 27.00
1480 36.00
1481 45.00
1482 62.00
1483 45
Name: price, dtype: object
```

通过删除数据左、右侧的非数字字符，绝大部分数据已经被处理成了纯数字，但为了防止数据中还有其他的"杂质"，强制将其他非数字行转化为 NaN，再将 NaN 替换成数值 0。

```
In [28]: df['price'] = pd.to_numeric(df['price'],errors='coerce')

In [29]: c = df[df['price'].isin(['nan'])].index.tolist() #找出空缺值的位置并给出其
索引列表
    ...: print(c)
[68, 166, 212, 290, 553, 651, 697, 775, 1127, 1221, 1331]
```

将这些强制转化为 NaN 的数据替换成数值 0。

```
In [32]: for i in c:
    ...: df['price'][i] = 0
    ...:
    ...: df.iloc[697] #查看索引为 697 的行的数据
__main__:2: SettingWithCopyWarning:
A value is trying to be set on a copy of a slice from a DataFrame

See the caveats in the documentation: http://pandas.pydata.org/pandas-docs/stable/
indexing.html#indexing-view-versus-copy
Out[32]:
title 杀破狼
price 0
star 9
Name: 697, dtype: object
```

至此，数据已经处理完毕。为了查验数据是否缺项，可以先用 count()函数进行统计再求均值。

```
In [35]: df['price'].count()
Out[35]: 1484

In [36]: df['price'].mean()
Out[36]: 45.7841509433964
```

说明：

数据已经处理完毕，均值也已经计算出来了，但是这样处理数据不是很合理，还存在一些问题，比如，数据的单位不统一，有新台币、人民币、美元，应该先进行相应的单位换算，再计算均值，或者将相应不同单位的数据删除，并在将这些行删除后，再进行均值计算。这些留给读者自行思考与完成。

< 232 >

9.3.4　完整代码

```
# coding=utf-8
#############################
#爬取豆瓣小说数据并处理
#Created on 2019-3-3 13:44
#@author: yubg
#############################

#自定义函数【删除字符串左侧非数字字符】
def del_l_str(string):
    '''
    删除字符串左侧非数字字符，当全部为非数字字符时，将字符串赋值为0。
    输入只能是字符型数据，若输入为空则返回错误
    '''
    string = str(string)
    j = 0
    while not string[j].isdigit(): #判断数据中的第j个字符是否是数字
        print(string[j])
        if j+1 == len(string): #当k中的每一个字符全部为非数字字符时，跳出循环，并将此时
的k赋值为0
            string = '0'*len(string)
            break
        else:
            j += 1
    string = string[j:]
    return string

#【第一步 获取网页数据】
import requests
from bs4 import BeautifulSoup        #导入bs4库
data_all =[]
for i in range(0,7660,20):
    url = 'https://book.douban.com/tag/%E5%B0%8F%E8%AF%B4'+'?start=%d&type=T'%i
    douban_data = requests.get(url)
    soup = BeautifulSoup(douban_data.text,'lxml')
    titles = soup.select('h2 a[title]')
    prices = soup.select('div.pub')
    stars = soup.select('div span.rating_nums')
    for title,price,star in zip(titles,prices,stars):
        data = {'title':title.get_text().strip().split()[0],
                'price':price.get_text().strip().split('/')[-1],
                'star' :star.get_text()}
#       print(data)
        data_all.append(data)
len(data_all)
data_all[:5]   #查看前5行

#将整理好的数据存储到c:\Users\yubg\db_data.txt
with open(r'c:\Users\yubg\db_data.txt','w',encoding='utf-8') as f:
    f.write(str(data_all))


####【第二步 数据处理】
#将c:\Users\yubg\db_data.txt 读取到f1变量
f1 = open(r'c:\Users\yubg\db_data.txt','r',encoding='utf-8')
```

< 233 >

```
f2 = f1.read()
type(f2)
f2[:159]

f3 = eval(f2)    #还原到了 data_all 状态
type(f3)
f3[:5]

k=[]
for i in f3:
    k.append(list(i.values()))

k[:10]#查看前10行

import pandas as pd
df = pd.DataFrame(columns = ["title", "price", "star"])
p=0
for j in k:
#    print(j)
    df.loc[p]=j
    p+=1
df.tail() #查看后5行数据
type(df)
df.to_excel(r'c:\Users\yubg\db_data.xlsx')#保存处理好的数据


###【第三步 计算出所有爬取的小说的平均星级】
df['star'].mean()    #发现错误

import pandas as pd
from pandas import DataFrame
df['star'] = pd.to_numeric(df['star'],errors='coerce')#将数据类型转换成数值型，
'coerce'表示将无效数据设置成 NaN
df['star'].astype(float).tail()

df['star'].isnull().any()#对列进行判断，列有为空或 NAN 的元素则输出为 True，否则输出为
False
df['star'][df['star'].isnull().values==True]#可以只显示存在缺失值的行列，以便清楚地确
定缺失值的位置

df['star'] = df['star'].fillna(0)

df['star'][df['star'].isnull().values==True]#核查是否还有空缺值

df['star'].mean()    #在没有空缺值的情况下再次计算 star 列的数据的均值
        #说明：此处的均值是包含空值或者0的项的结果，实际上应该剔除这些项

df['star'].count()#统计 star 列的总项数
(df == 0).sum(axis=0)#统计各列出现0的次数
df.groupby(['star']).size()[0]#统计 star 列出现0的次数


'''
import pandas as pd
data0 = [0,1,2,0,1,0,2,0]
pd.value_counts(data0) #df['price'].value_counts()
```

< 234 >

```
#输出每个数出现的频数:
0 4
2 2
1 2
'''
df.to_excel(r'd:\db_data_star.xlsx')  #保存处理好 star 列的数据

##【第四步 计算所有小说的均价】
#查看数据概况
df['price'].head()
df['price'].tail(15)
df['price'][500:].head(15)

#为了将 price 列数据处理为数值型数据, 需要对 price 列数据的前后非数字字符进行处理
df_rstrip = df['price'].str.rstrip('元')   #删除 price 列数据后的单位 "元"
df_rstrip.head()
df_rstrip.tail(10)
df_rstrip[503]
df['price'] = df_rstrip

#将左侧非数字字符全部删除
##为了删除左侧的非数字字符, 需要将空缺值找出来并赋值为 0
a = df[df['price'].isin([''])].index.tolist()#从 price 列中定位给定值, 即找出空缺值的
位置, 并给出这些值的索引列表
print(a)
for i in a:
    df['price'][i] = 0

df.iloc[1160]  #查看第 1160 行的数据

#删除左侧非数字的字符
len(df['price'])
n = 0     #标记索引号
for k in df['price']:
    df['price'][n] =  del_l_str(k)
    n += 1
#   print(n)
df['price'].tail(50)

#为了防止数据中还有其他的 "杂质",
#强制将其他非数字行转化为 nan, 再将 nan 替换成数值 0
df['price'] = pd.to_numeric(df['price'],errors='coerce')
#df['price'][1331]

c = df[df['price'].isin(['nan'])].index.tolist()#从 price 列中定位给定值, 即找出空缺
值的位置, 并给出这些值的索引列表
print(c)
for i in c:
    df['price'][i] = 0
df.iloc[697]  #查看索引为 697 的行的数据
df['price'].count()
df['price'].mean()

df.to_excel(r'd:\db_data_price.xlsx')#保存处理好 price 列的数据
```

< 235 >

附　　录

附录 A　常用函数与注意事项

A.1　常用函数

（1）查看已安装模块的帮助文档：help('modules')。

对于初学者而言，也许 dir() 和 help() 这两个函数是最实用的。使用 dir() 可以查看指定模块中所包含的所有成员或者指定对象类型所支持的操作方法，而使用 help() 函数可以查看指定模块或函数的帮助文档。例如：

```
>>> help(list)
Help on class list in module builtins:
 | ...
 | append(...)
 |     L.append(object)-> None -- append object to end
 | pop(...)
 | L.pop([index])->item--remove and return item at index (default last).
 |     Raises IndexError if list is empty or index is out of range.
 | sort(...)
 |     L.sort(key=None, reverse=False) -> None -- stable sort *IN PLACE*
>>>
```

（2）查询相关命令的属性和方法：dir()。例如，列表和元组是否都有 pop() 方法呢？用 dir() 查询一下就很清楚了。

```
>>> dir(list)
['__add__', '__class__', '__contains__', '__delattr__', '__delitem__', '__dir__',
'__doc__', '__eq__', '__format__', '__ge__', '__getattribute__', '__getitem__',
'__gt__', '__hash__', '__iadd__', '__imul__', '__init__', '__iter__', '__le__',
'__len__', '__lt__', '__mul__', '__ne__', '__new__', '__reduce__', '__reduce_ex__',
'__repr__', '__reversed__', '__rmul__', '__setattr__', '__setitem__', '__sizeof__',
'__str__', '__subclasshook__', 'append', 'clear', 'copy', 'count', 'extend', 'index',
'insert', 'pop', 'remove', 'reverse', 'sort']
 >>>
```

从上面列表中能看出列表包括两个属性 pop 和 remove（pop() 默认删除最后一个元素，remove() 删除首次出现的指定元素）。

（3）测试变量类型：type(变量)。

（4）转换变量类型：str(变量) 用于将变量类型转换为字符型，int(变量) 用于将变量类型转换为整型。

（5）查询两个变量的存储地址是否一致：id()。

（6）查询字符的 ASCII（American Standard Code for Information Interchange，美国信息交换标准代码）值（十进制）：ord()。

```
>>> ord('a')
97
```

< 236 >

```
>>>
```

相反，查询十进制的整数对应的字符：chr()。

```
>>> chr(97)
'a'
>>>
```

（7）查询字符串的长度：len()。

（8）字符串通过索引能找出对应的元素，相反，通过元素找出索引的方法如下：

```
>>>s='python good'
>>>s[1]
'y'
>>>s.index('y')
1
>>>
```

（9）元组、列表、字符串的相同点：它们中的每一个元素都可以通过索引来读取，它们都可以用len()查询长度，都可以使用加法"+"和数乘"*"（数乘表示将元组、列表、字符串重复倍数）。但列表的.append()、.insert()、.pop()、del()和list[n]赋值等方法和属性均不能用于元组和字符串。

（10）str.split()用于将字符串转换成列表，例如：

```
>>> s='I love Python, and\nyou\t?hehe'
>>> print(s)
I love Python, and
you  ?hehe
>>> s.split(",")    #半角逗号
['I love Python, and\nyou\t?hehe']
>>> s.split("，")    #全角逗号
['I love Python', 'and\nyou\t?hehe']
>>>
```

当分隔符 sep 不在字符串中时，字符串会整体转换成一个列表。

```
>>> s.split()
['I', 'love', 'Python,and', 'you', '?hehe']
>>>
```

当分隔符省略时，字符串会按所有的分隔符号分割，包括\n（换行）、\t（Tab 缩进）等。

（11）split()的逆运算：jion()。

```
'sep'.join(list)  #sep 为分隔符
```

（12）列表和元组之间是可以相互转换的：list(tuple)、tuple(list)。

元组的操作速度比列表的快；列表可改变，元组不可改变，可以将列表转换为元组；字典的键也要求不可改变，所以元组可以作为字典的键，但元素不能重复。

（13）检测字符串开头和结尾：

```
string.endswith('str')、string.startswith('str')
```

例如：

```
>>> file = 'F:\\ data\\catering_dish_profit.xlsx'
>>> file.endswith('xlsx')      #判断file是否以xlsx结尾
True
>>>
>>> url = 'http://www.i-nuc.com'
```

< 237 >

```
>>> url.startswith('https')  #判断 URL 是否以 https 开始
False
>>>
```

（14）查找与替换：S.replace(被查找词,替换词)。

```
>>> S='I love Python, do you love Python?'
>>> S.replace('Python','R')
'I love R, do you love R?'
>>>
```

查找与替换（忽略大小写）：re.sub(被替换词,替换词,替换域, flags=re.IGNORECASE)。

```
>>> import re        #导入 re 模块（包含所有正则表达式的功能）
>>> S='I love Python, do you love python?'
>>> re.sub('python','R',S)       #在 S 中用 R 替换 python
'I love Python, do you love R?'
>>> re.sub('python','R',S, flags=re.IGNORECASE) #替换时忽略大小写
'I love R, do you love R?'
>>> re.sub('python','R',S[0:15], flags=re.IGNORECASE)
'I love R, '
>>>
```

A.2 注意事项

1. 英文半角符号

代码中所涉及的括号、引号以及冒号都需要在英文半角状态下输入。

2. 关于复制

很多时候处理数据前都需要先对数据进行备份，以防不测。但在 Python 里复制数据有不少"坑"，下面是具体的例子：

```
>>> a = [3,2,5,4,9,8,1]
>>> id(a)              #查看 a 的存储地址
55494776
>>> c=a                #复制 a，得到 a 的副本 c
>>> c
[3, 2, 5, 4, 9, 8, 1]
>>> id(c)              #查看 c 的存储地址
55494776               #发现 c 的存储地址跟 a 的一致，说明 c 不是真正意义上的副本
>>> b=a[:]             #复制 a，得到 a 的副本 b，把 a 的所有元素赋值给 b
>>> b
 [3, 2, 5, 4, 9, 8, 1]
>>> id(b)              #查看 b 的存储地址
55486264               #发现 b 的存储地址和 a 的不同，说明 b 是真正意义上的副本
```

从上面代码显示的存储地址可知，c 仅是 a 的一个标签，并不是真正意义上的副本，不论是 a 改变，还是 c 改变，其实改变的都是同一个存储地址里的内容，所以互相有影响。只有 b 才是真正意义上的副本。另外，可以利用函数 copy()对数据进行复制。

```
>>>a=[1,2]
>>>b=a
>>>c=a.copy()     #对 a 进行复制
>>>d=a[:]
>>>b
```

< 238 >

```
 [1, 2]
>>>c
 [1, 2]
>>>d
>>>id(a)
 1532321535816
>>>id(b)
 1532321535816
>>>id(c)
 1532321535560
>>>id(d)
 1532321020616
```

3．Python 命名规范

Python 命名规范如下。

（1）包名、模块名、局部变量名、函数名：全小写+下画线式驼峰命名，如 this_is_var。

（2）全局变量：全大写+下画线式驼峰命名，如 GLOBAL_VAR。

（3）类名：首字母大写式驼峰命名，如 ClassName()。

（4）关于下画线：以单下画线开始的变量名，是弱内部使用标识，执行 from M import * 时，将不会导入该对象；以双下画线开始的变量名，主要用于类内部标识类私有，不能直接访问。双下画线开始且双下画线结尾的命名方法尽量不要使用，用这种方法命名的是特殊标识。

< 239 >

附录 B　数据操作与分析函数速查手册

在本附录中，我们使用如下缩写。

df：任意的 pandas DataFrame 对象。

s：任意的 pandas Series 对象。

同时我们需要进行如下的导入操作：

import pandas as pd

import numpy as np

导入数据

- pd.read_csv(filename)：从.csv 文件导入数据。
- pd.read_table(filename)：从限定分隔符的文本文件导入数据。
- pd.read_excel(filename)：从 Excel 文件导入数据。
- pd.read_json(json_string)：从 JSON（JavaScript Object Notation，JavaScript 对象表示法）格式的字符串导入数据。
- pd.read_html(url)：解析 URL、字符串或者 HTML 文件，抽取其中的 tables 表格。
- pd.read_clipboard()：从剪贴板获取内容，并传给 read_table()。
- pd.DataFrame(dict)：从字典对象导入数据，键是列名，值是数据。

导出数据

- df.to_csv(filename)：导出数据到.csv 文件。
- df.to_excel(filename)：导出数据到 Excel 文件。
- df.to_json(filename)：以 JSON 格式导出数据到文本文件。

创建测试对象

- pd.DataFrame(np.random.rand(20,5))：创建 20 行 5 列、由随机数组成的 DataFrame 对象。
- pd.Series(my_list)：用可迭代对象 my_list 创建一个 Series 对象。
- df.index = pd.date_range('1900/1/30', periods=df.shape[0])：增加一个日期索引。

查看、检查数据

- df.head(n)：查看 DataFrame 对象的前 n 行。
- df.tail(n)：查看 DataFrame 对象的最后 n 行。
- df.shape()：查看行数和列数。
- df.info()：查看索引、数据类型和内存信息。
- df.describe()：查看数值型列的汇总统计。
- s.value_counts(dropna=False)：查看 Series 对象的唯一值和计数结果。
- df.apply(pd.Series.value_counts)：查看 DataFrame 对象中每一列的唯一值和计数结果。

数据选取

- df[col]：根据列名选取数据，并以 Series 的形式返回列。
- df[[col1, col2]]：根据列名选取数据，并以 DataFrame 的形式返回多列。

< 240 >

- s.iloc[0]：按位置选取数据。
- s.loc['index_one']：按索引选取数据。
- df.iloc[0,:]：返回第一行。
- df.iloc[0,0]：返回第一列的第一个元素。
- df.values[:,:-1]：返回除最后一列之外其他列的所有数据。
- df.query('[1, 2] not in c')：返回 c 列中不包含 1、2 的其他数据集。

数据清洗

- df.columns = ['a','b','c']：重命名列。
- pd.isnull()：检查 DataFrame 对象中的空值，并返回一个布尔型数组。
- pd.notnull()：检查 DataFrame 对象中的非空值，并返回一个布尔型数组。
- df.dropna()：删除所有包含空值的行。
- df.dropna(axis=1)：删除所有包含空值的列。
- df.dropna(axis=1,thresh=n)：删除所有小于 n 个非空值的行。
- df.fillna(x)：用 x 替换 DataFrame 对象中所有的空值。
- s.astype(float)：将 Series 中的数据类型更改为 float 类型。
- s.replace(1,'one')：用 one 代替所有等于 1 的值。
- s.replace([1,3],['one','three'])：用 one 代替所有等于 1 的值，用 three 代替所有等于 3 的值。
- df.rename(columns=lambda x: x + 1)：批量更改列名。
- df.rename(columns={'old_name': 'new_name'})：选择性更改列名。
- df.set_index('column_one')：更改索引列。
- df.rename(index=lambda x: x + 1)：批量重命名索引。

数据处理

- df[df[col] > 0.5]：选择列 col 的值大于 0.5 的行。
- df[(3 <= df['tim_int']) & (df['tim_int'] < 5)]：显示 tim_int 列在[3, 5)内的数据。
- df.sort_values(col1)：按照列 col1 排列数据，默认升序排列。
- df.sort_values(col2, ascending=False)：按照列 col2 降序排列数据。
- df.sort_values([col1,col2], ascending=[True,False])：先按列 col1 升序排列数据，后按列 col2 降序排列数据。
- df.groupby(col)：返回一个按列 col 进行分组的分组对象。
- df.groupby([col1,col2])：返回一个按多列进行分组的分组对象。
- df.groupby(col1)[col2]：返回按列 col1 进行分组后，列 col2 的均值。
- df.pivot_table(index=col1, values=[col2,col3], aggfunc=max)：创建一个按列 col1 进行分组，并计算 col2 和 col3 的最大值的数据透视表。
- df.groupby(col1).agg(np.mean)：返回按列 col1 分组的所有列的均值。
- data.apply(np.mean)：对 DataFrame 中的每一列应用函数 np.mean()。
- data.apply(np.max,axis=1)：对 DataFrame 中的每一行应用函数 np.max()。
- s.unique()：取出 s 中不同的值，类似于 set()。
- filter(f, S)：将条件函数 f 作用在序列 S 上，符合条件的序列会被输出。
- map(f, S)：将函数 f 作用在序列 S 上，获取新的序列。对序列中每个元素进行同样的操作。
- reduce(f(x,y), S)：将序列 S 中的第 1、2 个数作用于二元函数 f(x,y)的结果与第 3 个数继续作用于 f(x,y)，直到作用到最后一个数。

< 241 >

数据合并

- df1.append(df2)：将 df2 中的行添加到 df1 的尾部。
- df.concat([df1, df2],axis=1)：将 df2 中的列添加到 df1 的尾部。
- df1.join(df2,on=col1,how='inner')：对 df1 的列和 df2 的列执行 SQL 形式的 join()。

数据统计

- df.describe()：一次性输出多个描述性统计指标。
- df.mean()：返回所有列的均值。
- df.corr()：返回列与列之间的相关系数。
- df.count()：返回每一列中的非空值的个数。
- df.max()：返回每一列的最大值。
- df.min()：返回每一列的最小值。
- df.median()：返回每一列的中位数。
- df.std()：返回每一列的标准差。
- df.idxmin()：返回最小值的位置，类似于 R 中的 which.min() 函数。
- df.idxmax()：返回最大值的位置，类似于 R 中的 which.max() 函数。
- df.quantile(0.1)：返回 10%分位数。
- df.sum()：求和。
- df.median()：求中位数。
- df.mode()：求众数。
- df.var()：求方差。
- df.std()：求标准差。
- df.mad()：求平均绝对偏差。
- df.skew()：求偏度。
- df.kurt()：求峰度。
- df.groupby('sex').sum()：进行分组统计。

< 242 >

附录 C　操作 MySQL 库

C.1　对 MySQL 的连接与访问

在新版的 pandas 中，主要以 SQLALchemy 方式与数据库建立连接，支持 MySQL、PostgreSQL、Oracle、Microsoft SQL Server、SQLite 等主流数据库。

```
import pymysql

#连接数据库
conn = pymysql.connect(host='192.168.1.152',   #访问地址
        port= 3306,                #访问端口
        user = 'root',             #登录名
        passwd='123123',           #登录密码
        db='test')                 #数据库名

#创建游标
cur = conn.cursor()

#查询 test 数据库的 lcj 表中存在的数据
cur.execute("select * from lcj")

#fetchall():获取 lcj 表中所有的数据
ret1 = cur.fetchall()
print(ret1)

#获取 lcj 表中前 3 行数据
ret2 = cur.fetchmany(3)
print(ret2)

#获取 lcj 表中第一行数据
ret3= cur.fetchone()
print(ret3)

#关闭游标对象
cur.close()

#关闭数据库连接
conn.close()
```

C.2　对 MySQL 的增、删、改、查

现有以下 MySQL 数据库 test，其数据表 user1 如表 C-1 所示，现对数据表利用 Python 进行增、删、改、查操作。

表 C-1　test 库的数据表 user1

id	username	password
1	张三	333333
2	李四	444444

< 243 >

续表

id	username	password
3	刘七	777777
5	赵八	888888

C.2.1　查询操作

Python 在查询 MySQL 时，使用 fetchone()方法获取单条数据，使用 fetchall()方法获取多条数据。

fetchone()：用于获取下一个查询结果集，结果集是一个对象。

fetchall()：接收全部的返回结果行。

rowcount：一个只读属性，使用它将返回执行 execute()方法后影响的行数。

```python
import pymysql  #导入 pymysql

#打开数据库连接
db= pymysql.connect(host="localhost",
                    user="root",
                    password="123456",
                    db="test",
                    port=3307)

# 使用 cursor()方法获取操作游标
cur = db.cursor()

# 编写 SQL 语句，user1 为 test 数据库中表的名称
sql = "select * from user1"
try:
    cur.execute(sql)                    #执行 SQL 语句

    results = cur.fetchall()            #获取查询的所有记录
    print("id","name","password")
    #遍历结果
    for row in results :
        id = row[0]
        name = row[1]
        password = row[2]
        print(id,name,password)
except Exception as e:
    raise e
finally:
    db.close()   #关闭数据库连接
```

C.2.2　插入操作

用 Python 对 MySQL 进行插入操作的示例如下。

```python
import pymysql
db= pymysql.connect(host="localhost",
                    user="root",
                    password="123456",
                    db="test",
                    port=3307)

# 使用 cursor()方法获取操作游标
```

< 244 >

```
cur = db.cursor()

sql_insert ="insert into user1(id,username,password) values(4,'孙二','222222')"

try:
    cur.execute(sql_insert)
    db.commit()    #提交到数据库执行
except Exception as e:
    # 错误提示返回
    db.rollback()
finally:
    db.close()
```

上面代码向 user1 表中插入了一条记录：id=4,username='孙二',password='222222'。

上面代码中 sql_insert 语句可写成如下形式：

```
# SQL 插入语句
sql_insert = "INSERT INTO user1(id, username, password) \
              VALUES ('%d', '%s', '%s' )" % (4, '孙二', '222222')
```

C.2.3　更新操作

用 Python 对 MySQL 进入更新操作的示例如下。

```
import pymysql
db= pymysql.connect(host="localhost",
                    user="root",
                    password="123456",
                    db="test",
                    port=3307)

# 使用 cursor()方法获取操作游标
cur = db.cursor()

sql_update ="update user1 set username = '%s' where id = %d"

try:
    cur.execute(sql_update % ("xiongda",3))    #向 SQL 语句传递参数
    db.commit()    #提交
except Exception as e:
    #错误提示返回
    db.rollback()
finally:
    db.close()
```

上面代码更新了 user1 表中 id=3 的记录，将 username 修改为 xiongda。

C.2.4　删除操作

用 Python 对 MySQL 进行删除操作的示例如下。

```
import pymysql
db= pymysql.connect(host="localhost",
                    user="root",
                    password="123456",
                    db="test",
                    port=3307)
```

< 245 >

```
# 使用 cursor()方法获取操作游标
cur = db.cursor()

sql_delete ="delete from user1 where id = %d"

try:
    cur.execute(sql_delete % (3))  #向 SQL 语句传递参数
    db.commit()
except Exception as e:
    #错误提示返回
    db.rollback()
finally:
    db.close()
```

上面代码删除了 user1 表中 id=3 的记录。

C.3　创建数据库表

如果数据库连接存在，我们可以使用 execute()方法来为数据库创建表，例如，创建表 YUBG：

```
import pymysql
db= pymysql.connect(host="localhost",
user="root",
                password="123456",
db="test",
port=3307)

# 使用 cursor() 方法创建一个游标对象 cursor
cursor = db.cursor()

# 使用 execute() 方法执行 SQL 语句，如果要创建的表已存在则删除新表
cursor.execute("DROP TABLE IF EXISTS YUBG")

# 使用预处理语句创建表
sql = """CREATE TABLE YUBG (
        Name  CHAR(20) NOT NULL,
        Nickname  CHAR(20),
        Age INT,
        Sex CHAR(1),
        Income FLOAT )"""

cursor.execute(sql)

# 关闭数据库连接
db.close()
```

< 246 >

参考文献

[1] 余本国. 基于 Python 的大数据分析基础及实战[M]. 北京: 中国水利水电出版社, 2018.

[2] 余本国. Python 数据分析基础[M]. 北京: 清华大学出版社, 2017.

[3] 余本国,孙玉林. Python 在机器学习中的应用[M]. 北京: 中国水利水电出版社, 2019.

< 247 >